高等职业教育“十四五”规划教材

宠物美容与护理

第 2 版

陈艳新　李志伟　廖云琼　主编

中国农业大学出版社
· 北京 ·

内 容 简 介

本书主要包括犬猫分类、宠物美容器具与用品、宠物养护技术、宠物鸟养护技术、犬猫美容技术、宠物美容辅助措施以及宠物标本的制作技术等内容。本书理论阐述清楚，技术通俗易懂，图文并茂，并根据目前宠物美容行业发展趋势，介绍了宠物摄影技术、宠物按摩、宠物 SPA、常见宠物疾病的诊治等内容。本书根据职业教育培养高技能应用型人才需要，以突出学生的职业能力需求为中心，在保留第一版框架基础上进一步丰富了内容的基础性和知识的针对性，更好地体现了职业教育的时代特征。为进一步增强职业院校学生的就业能力，提供良好的理论素材。

图书在版编目(CIP)数据

宠物美容与护理 / 陈艳新，李志伟，廖云琼主编. --2 版. --北京：中国农业大学出版社，2024.12. --ISBN 978-7-5655-3349-5

Ⅰ. S865.3

中国国家版本馆 CIP 数据核字第 2024P7Z737 号

书　　名　宠物美容与护理　第 2 版

作　　者　陈艳新　李志伟　廖云琼　主编

策划编辑　林孝栋　康昊婷　　**责任编辑**　康昊婷

封面设计　郑　川　李尘工作室

出版发行　中国农业大学出版社

社　　址　北京市海淀区圆明园西路 2 号　　**邮政编码**　100193

电　　话　发行部 010-62733489，1190　　读者服务部 010-62732336

编辑部 010-62732617，2618　　出　版　部 010-62733440

网　　址　http://www.caupress.cn　　**E-mail** cbsszs@cau.edu.cn

经　　销　新华书店

印　　刷　天津鑫丰华印务有限公司

版　　次　2025 年 1 月第 2 版　　2025 年 1 月第 1 次印刷

规　　格　185 mm×260 mm　　16 开本　　13 印张　　318 千字

定　　价　39.00 元

编写人员

主　编　陈艳新（河北旅游职业学院）

李志伟（河北旅游职业学院）

廖云琼（徐州生物工程职业技术学院）

副主编　马燕茹（云南农业职业学院）

黄俊梅（广东梅州职业技术学院）

孙甲川（甘肃农业职业技术学院）

参　编　张丽梅（德阳农业科技职业学院）

李明俊（广东茂名农林科技职业技术学院）

审　稿　闫　港（河北旅游职业学院）

前　言

随着人民生活质量的稳步提高，宠物在家庭中的地位日益凸显，已成为不可或缺的家庭成员。在此背景下，“宠物经济”的概念逐渐进入公众视野，并吸引了大量投资者的关注。据2024年统计数据显示，中国宠物行业展现出蓬勃发展的态势，宠物市场保持稳健增长，宠物经济持续繁荣。具体而言，宠物市场规模不断扩大，仅城镇地区犬猫消费市场的规模就已超过3 000亿元人民币；同时，宠物主人的年轻化趋势显著，特别是“00”后宠物主人的比例持续上升；在消费观念上，宠物主人愈发重视产品的品质、口碑、性价比及实用性；此外，异宠市场展现出巨大的发展潜力，饲养宠物鸟等异类宠物的人群数量有所增加。

本教材的编写严格遵循党的二十大精神，深入贯彻落实立德树人的根本任务，积极践行社会主义核心价值观。通过对教材内容的学习，培养学习者热爱本职工作的职业情怀，树立远大的职业理想，期望他们能够在未来的职业生涯中怀揣激情、勇攀高峰，成为具备高尚职业操守与卓越专业能力的新时代杰出人才。

党的二十大报告中提出的高质量发展理念和致力于增强人民群众获得感、幸福感、安全感的目标，为宠物养护行业的健康发展提供了有力的政策支撑。作为新兴经济领域的重要组成部分，宠物养护行业的高质量发展不仅能够有效提升民众的生活品质，还能带动相关产业的协同发展，而宠物美容与护理技术作为核心环节，其发展速度尤为迅猛，展现出广阔的市场前景和巨大的发展潜力。

为了紧跟这一行业发展趋势，众多职业院校积极响应，增设了宠物美容与护理及相关课程，从而促使该领域专业人才队伍迅速壮大。鉴于此现状，我们专门成立了一支专业的教材编写团队，该团队紧密围绕当前宠物美容行业的最新动态，同时充分考虑学生的学习特点与需求，精心策划并编写了这本教材，以确保其内容的科学性、实用性和前瞻性。

在教材的编写过程中，我们严格遵循高等职业教育的教学宗旨与目标，着重于塑造学生的专业素养与综合能力，尤其是实践技能的强化。理论部分的构建遵循“精简而实用”的原则，确保所涵盖的知识“既必要又充分”，并在此基础上适度拓宽知识边界，丰富信息维度，以满足学生未来职业生涯的多元化需求。实践环节则着重于基础技能的扎实训练，同时巧妙融入综合性实践项目，旨在通过实战演练，全面增强学生的动手操作能力和解决实际问题的能力，确保其能够在宠物美容与护理领域得心应手。

本教材系统性地涵盖了犬类与猫类的起源、分类、宠物行为心理学基础、宠物美容所需用品与工具、犬猫基础养护技术、犬猫美容专业技术及辅助手段、宠物标本制作技术等核心知识体系。自 2018 年第 1 版出版以来，我们持续收集并分析了高校师生的宝贵反馈，结合宠物美容与护理领域内的最新技术进展，于 2024 年 4 月对教材进行了全面的修订与升级。新版教材不仅新增了宠物常见疾病的诊断与治疗、鸟类宠物的选择与日常护理等前沿内容，还对原有章节进行了细致的更新与扩充，旨在确保教材内容的时效性、实用性及科学性，以满足日益增长的行业需求与教育标准。

本教材语言严谨、内容翔实、逻辑清晰，既可作为宠物美容与护理专业以及畜牧兽医相关专业的教学权威用书，为专业学生提供坚实的知识基础与实践指导，同时也适宜作为宠物爱好者的自学参考资料，帮助他们深入了解并实践宠物养护与美容的专业知识。鉴于参考资料的局限性和时间紧迫性，书中难免存在疏漏之处，我们诚挚地邀请广大读者和同行提出宝贵意见与建议，以便我们不断补充新知、完善教材，提升教学质量与学习成效，共同推动宠物美容与护理领域的专业发展。

编　者

2024 年 4 月

目　录

项目一
宠物行业发展概况

知识目标

掌握我国宠物行业的发展模式及不足，了解我国宠物行业今后的发展空间。

技能目标

1. 掌握我国目前的宠物管理机构名称、职能。
2. 掌握目前国际上有影响力的宠物品牌名称。

学习任务

结合教材，根据上课所学内容总结自己所在的地区，宠物行业发展的不足与今后的发展空间。

一、国外宠物行业的发展概况

（一）发展历程

国外宠物行业的发展历程可以追溯到19世纪工业革命之后，尤其是在英国，随着生活水平的提高和对宠物需求的增加，宠物业逐渐兴起。在发达国家或地区，宠物行业经历了100多年的发展，形成了包括宠物用品、宠物食品、宠物饲养、宠物医疗、宠物培训以及宠物保险等产品和服务组成的成熟行业体系。

美国是全球最大的宠物市场，其宠物行业发展较早，经历了从萌芽期到成熟期的多个阶段。萌芽期始于20世纪初，以宠物食品为主，玛氏公司从1935年开始生产宠物食品。快速发展期从1956年开始，美国宠物产品协会（APPA）成立，标志着行业的快速发展期开始。进入20世纪80年代后，随着人均可支配收入的增长和人口结构的变化，美国宠物行业进入了加速发展期，宠物数量增加带动了整个行业的快速增长。目前，美国宠物市场已步入相对成熟期，养宠已成为社会标志之一。

欧洲的宠物行业发展也较为成熟，尤其是在养宠家庭数量庞大的国家或地区，宠物拥有率超过50%。日本作为亚洲最早涉足该行业的国家或地区，其宠物行业发展经历了起步期、成长期和成熟期三个阶段，二战后进入高速发展期。

总体来看，国外宠物行业的发展历程体现了从萌芽到成熟的过程，伴随着经济的发展、人口结构的变化以及社会文化的进步，逐渐形成了一个庞大且成熟的产业体系。目前，国外宠物行业已经进入了一个相对成熟的阶段，但仍具有巨大的发展潜力和市场机会。

（二）市场规模与增长趋势

近年来，全球宠物市场持续扩张，2022 年市场规模已达到 2 610 亿美元，同比增长 12.5%。到 2023 年，市场规模进一步增长至约 3 044 亿美元，显示出宠物行业在全球经济中的重要地位。根据预测，到 2027 年，全球宠物行业市场规模将达到 3 500 亿美元，复合年均增长率（CAGR）为 6.1%。这一增长趋势预示着宠物行业在未来几年内将继续保持稳健的发展态势。

（三）区域市场特点

从区域结构看，北美是全球宠物市场的核心区域，市场份额占比最高，达到 38%，主要由于北美地区较高的养宠率和庞大的宠物数量规模。欧洲市场则以科学养宠观念的普及为特点，各细分市场规模趋于稳定。亚洲市场中，虽然日本的宠物市场规模相对较小，但抗周期性明显，且不断成长完善。同时，新兴市场如东南亚地区的越南、泰国等也展现出强劲的增长潜力，成为推动全球宠物行业进一步扩展的重要力量。

（四）产业链与线上市场

国外宠物行业已经形成了一个相对成熟的产业链，包括繁育、食品、用品、医疗、训练、寄养、洗澡、美容、摄影、保健、克隆、保险、宠物乐园及宠物殡葬等一系列产品与服务。目前全球宠物市场线上销售规模持续增长，为市场注入了新的活力。北美地区线上销售额领先，欧洲和东南亚地区增幅显著。特别是在美国市场，宠物市场线上销售额和销量均呈现稳定增长趋势。

（五）发展趋势与机遇

随着全球居民可支配收入水平的提高和对动物健康关注度的增加，宠物经济在全球范围内持续增长。未来，个性化服务和创新型产品将成为宠物行业的重要发展方向，宠物智能穿戴设备、定制化宠物食品等创新产品将不断涌现，满足宠物主人日益多样化的需求。同时，新兴市场的快速发展也将为宠物行业带来新的增长机遇。特别是在东南亚等新兴市场，随着宠物数量的增加和宠物主人消费能力的提升，宠物市场将迎来更多的发展机遇。此外，跨境电商的发展为宠物行业带来了新的增长点。企业可以通过跨境电商平台将产品销往全球市场，拓展销售渠道和市场份额。同时，企业也需要结合自身优势，抓住市场机遇，不断创新和升级产品，以满足消费者的多样化需求。

二、国内宠物行业的发展概况

（一）发展历程

启蒙期（1990—1999 年）：1992 年，中国小动物保护协会的成立标志着国内宠物行业的初步框架形成。随后，玛氏、雀巢等国际宠物品牌的涌入，不仅丰富了市场选择，更促进了“宠物伴侣”文化的兴起。

孕育期（2000—2010 年）：此阶段，随着规范化饲养政策的逐步推行，养宠观念发生了深刻转变。同时，宠物生产制造企业及服务平台如雨后春笋般涌现，为行业的后续发展奠定了坚实基础。

快速发展期(2011—2020年):经济的持续增长与人口结构的变化共同推动了宠物数量的激增,行业迎来了前所未有的发展机遇。消费观念的升级促使养宠方式更加精细化,宠物服务业也随之蓬勃发展,特别是宠物医疗企业更是迅速壮大。

成熟发展期(2021年至今):人口结构的变化进一步激发了人们的养宠热情,宠物数量保持稳定增长。行业逐渐形成了覆盖宠物全生命周期服务的完整产业链,国内企业也在此过程中崭露头角。

(二)市场规模与消费趋势

从市场规模来看,中国宠物经济呈现强劲的增长态势。2000年前后,全国宠物数量约为4 000万只;而到了2021年,全国城镇宠物狗和宠物猫的总数已突破1.1亿只;至2023年,这一数字更是增长至1.22亿只。与此同时,宠物经济市场规模也在不断攀升,2022年宠物市场已达到2 123亿元;2023年,城镇宠物(犬猫)消费市场规模更是达到了2 793亿元。截至2024年,中国宠物市场规模已突破3 000亿元大关。在消费趋势方面,年轻人、高学历、高收入人群已成为宠物消费的主力军,且东部发达地区和一线及省会城市的养宠人群更为集中。年轻人和已婚人士展现出最强的养宠消费能力,而"00后"也逐渐成为宠物消费的新兴力量。

(三)行业特点与挑战

中国宠物行业具有市场迅速扩展、多元化需求以及智能化趋势等显著特点。随着居民收入水平的提升和消费升级的推动,养宠已成为越来越多都市人生活的重要组成部分。宠物消费市场的产业链不断延伸,市场规模持续扩大。同时,智能化升级也成为宠物用品行业的一大趋势。然而,宠物行业也面临着一些挑战。投资集中可能导致行业经历短期的阵痛期,而产业高度整合后将更加稳健。此外,市场暴利现象和经营问题也需引起关注。

展望未来,中国宠物市场发展的驱动因素主要包括老龄化社会的加深、单身率的增长、宠物经济的崛起、单宠消费的增长以及饲养率的提升。随着科学养宠、健康养宠理念的普及,精致养宠、智能养宠等生活方式将推动宠物行业多元化细分市场的爆发式增长。尽管中国宠物行业起步较晚,但凭借其快速的发展和广阔的市场前景,已成为全球宠物市场中不可或缺的一部分。未来,随着政策的不断完善和市场的进一步规范,中国宠物行业将继续保持稳健增长态势。

三、国内现有的影响较大的宠物管理机构与组织

1. 中国畜牧业协会犬业分会

中国畜牧业协会犬业分会(CNKC)是中国畜牧业协会的分支机构,是在原中国犬业协会的基础上,经农业部和民政部批准,由从事犬业及相关产业的单位和从事繁育、饲养的爱犬人员组成的全国性唯一全犬种行业内联合组织。

中国畜牧业协会犬业分会的宗旨是整合行业资源、规范行业行为、开展行业活动、维护行业利益、推动行业发展。在行业中发挥管理、服务、协调、自律、监督、维权、咨询、指导作用。

2. 中国小动物保护协会

中国小动物保护协会(China Small Animal Protection Association)是国家一级专业性社会团体,可在全国吸收会员、建立地方性组织和开展国际交流活动。中国小动物保护协会以珍

爱生命、倡导精神文明和发扬人道主义精神为思想基础，以保护动物、维护动物的生存权利和不受虐待的权利，以及改善和提高小动物的生命条件、饲养水平为宗旨，坚决反对任何虐待、残害动物的行为和思想。

中国小动物保护协会自 1988 年 11 月开始筹备，1992 年 9 月经农业部批准正式成立，同年 12 月，在民政部注册登记(社证字第 3685 号)，具有独立法人资格。2000 年 1 月，又通过了清理整顿，再次注册登记。2000 年 8 月，农业部召开社团管理工作大会，部领导在会上的讲话中，赞扬“中国小动物保护协会的活动体现了中华民族修德行善、珍爱生命的传统美德”。

协会总部在北京，设有组织、宣传、研究、联络、开发、救护收容、医疗保健等部门和办公室。20 多年来，协会在组织、宣传和救护动物等方面做了大量的工作。

3. 中国工作犬管理协会

中国工作犬管理协会(CWDMA)简称工作犬协，是由从事工作犬事业及与工作犬行业有关的个人和单位自愿结成的全国性、行业性、非营利性的社会组织。协会成立于 2002 年 6 月，业务主管单位为公安部。中国工作犬管理协会的宗旨是团结和组织全国从事工作犬事业的单位和个人以及其他有志于工作犬事业的社会各界，共同开展工作犬技术的研究，促进行业的交流与合作，提高全行业的科学技术水平；规范工作犬的繁育、训练、使用；建立和完善同业自律管理机制，当好行政管理部门的参谋助手；促进工作犬技术的繁荣和发展，为国民经济建设和维护社会稳定服务。协会内设四个部(室)，分别为办公室(综合处、财务处)、犬资源管理部(繁育管理处、犬籍管理处)、竞赛培训部(培训处、竞赛处)、信息联络部(交流合作处、信息中心、杂志社)，四部门统筹协作开展各项工作。

项目二
犬猫的起源及分类

任务一　犬的起源

知识目标

了解宠物犬的品种演变史。

技能目标

了解早期犬的分类。

学习任务

结合教材，自主学习宠物犬的早期演化史。

一、犬的起源

犬是食肉目、犬科、犬属哺乳动物。狼驯化演变为犬的过程经过了几千年，并且始终以人类对食物、安全和伙伴的需求为基础。与其他动物相比，犬的嗅觉更灵敏，动作更敏捷，所以人类打猎时很需要犬的帮助。不仅如此，犬还是忠实的保镖，它们会杀死潜入人类居所窃食的动物。而在狼的驯化过程中，有的狼在各个方面的表现均很出色，人类不同的需求使狼逐渐演变为各种类型的犬。

8 000 年前开始的新石器时期，人类学会了种植，还驯化并养殖了山羊、绵羊和牛。于是，人类对犬又多了一份要求，那就是放牧。

当时人类按照犬的不同特点对刚驯化的犬进行分工。这些特点包括性情、体形和个体大小等。

在性情的选择方面，人们偏爱好玩，喜欢外出，有攻击性，入侵者一出现就会吠的犬。而且这些特征不会因年纪大而丢失。在科学上，这个特点被称为“幼态持续”。

二、犬的原始分类

在某一类犬的形成过程中，体形和个体大小是相当关键的。追赶跑得快的猎物的犬跑步速度一定要快，反应一定要灵敏，所以要求体轻、骨骼结实、腿长并且有良好的柔韧性。体形较大而强壮的犬则适合追赶羚羊之类的动物。抓老鼠或挖野兔洞的犬要求迅速敏捷，所以体形小而腿短的最适合。用来拖拉猎物的犬必须强壮结实，并且体型要够大，这样才能叼起较重的猎物。

除了体型外，性情也是一个很重要的因素。看家犬必须有面对任何入侵者的勇气和好斗精神；用来拖东西的犬，因为经常要跟陌生人接触，所以体型上虽然跟看家犬差不多，但是应该更值得信任，更沉着；追捕猎物的犬则必须保持它们的狩猎本能，保证能在最短的时间内捕获猎物。

1. 早期驯养的犬

因为环境、气候和人们的生活方式不同，世界上不同地区的人们对犬的要求也不一样。北方人需要能拖重物且耐寒的犬，考古学家在北美发现了早在 7 500 年前那里就已经有体重达到 23 kg 的犬，跟现在的爱斯基摩犬差不多重。这种犬的嘴比灰狼的短，但是基本上保留了祖先的抵抗力和体力。

亚洲和欧洲的犬是从印度狼和欧亚狼演变而来的，也是人们为了自身的需求而驯养的，比如狩猎。早在 5 000 年前的埃及壁画上就出现了灵𫘧这种善于狩猎和赛跑的犬。当时的小猎犬跟今天的法老王猎犬和伊维萨猎犬相似。

另外还有一种犬，也是起源于那个时期，它就是萨卢基猎犬。这种犬身体细长高大，皮毛光滑，耳朵和尾巴有长毛。这种犬是在公元前 2 000 年被古代法老豢养的皇家犬，跟现在的巴辛吉犬相似。

2. 视觉猎犬和嗅觉猎犬

最早驯化的大部分都是猎犬，这表示人们最初驯化犬的目的就是要训练它们适应不同的狩猎要求。当然，因为世界各地人们的要求不同，所以各地的猎犬也不尽相同。

在埃及，由于天气干热，动物散发的气味很快就会挥发，所以早期驯化的大部分猎犬主要依赖它们的视觉来寻找猎物，因此有了视觉猎犬，如阿富汗猎犬和萨卢基猎犬。同时，这种犬跑动速度快（腿长，柔韧性好）并且具有良好的耐力（肺活量大）。

在寒冷或潮湿环境的森林和林地，如希腊和意大利等地，动物的气味不容易挥发，同时由于草木繁盛，靠视觉很难找到猎物，所以这些地区的犬主要依赖嗅觉寻找猎物。

这些嗅觉猎犬与视觉猎犬不一样，它们的腿比较短，体形较小，结实，并且能吃苦。据记载，这种犬几千年前就已经存在了。

3. 其他早期驯化的犬种

在西藏和其他地区还出现了远古的犬种，常常当作人们的宠物或用来看家，这些犬逐渐演化形成了现代的一些短鼻犬种，如北京犬、拉萨犬、西施犬、西藏猎犬、西藏㹴犬和日本犬等。

罗马时期的地中海地区至少存在 6 个完全不同的犬种。其中有小猎犬，跟现在的腊肠犬有点像；有速度快的犬，像灵𫘧；有体形大的看家犬，很像马士提夫獒犬；还有长鼻犬和短鼻犬，跟现在的巴哥犬和俄罗斯猎狼犬相似。英国早在罗马入侵前就已经有了赛尔特猎犬。

4. 宠物犬的起源

随着时间的推移，更多的犬种逐渐完成进化。能同时使用视觉和嗅觉狩猎的犬越来越受欢迎，其中有些小猎犬还能钻地洞，现在称之为“㹴类犬”。它们的名字起源于拉丁词 terra，意为“地，地球”。这种犬腿短，健壮，勇敢，特别擅长侦探和捕捉小猎物，用来驱赶侵占人类居所的小动物是最好的。

放牧牛羊的犬要求灵敏，机智，并具有狼的很多原始特征，在捕捉弱小猎物时能同样出色。

獒犬高大威猛，常用于拖拉重物、保护牛、羊和驱赶危险的入侵者，如野熊或狼；或保护财物免遭动物和他人的破坏。

现在人类与犬之间的关系并不是新建的。2 000 年前的土耳其牧人虽然感觉到了犬的陪伴能给他们带来很多乐趣，但是他们养犬都是为了生存，而不是为了找个伴，只有他们的生活富裕了，才会刻意将犬当作宠物来养。在当时的中国和日本，皇族和高官养犬当“玩物”。游访到这些国家的欧洲人“发现”了很多犬种并将它们带回欧洲和英国。到公元 500 年出现了比熊族犬，也就是今天卷毛比熊犬和劳臣犬的祖先。修道院也驯养出很多种小型犬，其中有看家犬，也有专门的宠物犬。

几个世纪后，人类又驯养出了更多的新犬种。公元 1300 年，黑猎犬——警犬的祖先，在英国驯养成功。而在欧洲和亚洲，人们则驯养了很多牧羊犬，其中就有匈牙利长毛牧羊犬和白卫犬。

现有的犬种中约有 3/4 的品种是在过去的 300 年驯养成功的。随着火枪的射程和准确度不断进步，人们训练出了很多现代的猎枪犬，与此同时越来越多的人把犬当作宠物。

到 20 世纪初期，犬的演化基本完成。此后犬的完善主要表现在外表上。

任务二 现代犬种的起源

知识目标

了解现代犬种的起源。

技能目标

掌握目前世界上有名的宠物组织名称，了解宠物大赛。

学习任务

结合教材，自主学习现代宠物犬的分类并会举例。

当前全世界的犬种多达几百种（有的百科全书记载达 400 多种），其中有很多犬种只有其起源国才能区分出来。犬种都有一定的界定标准，因此养犬者和鉴赏人员可以按标准选出符合要求的犬后裔，从而保证品种的延续。要获得承认，一个犬种必须具有代代相传的明显区别性特征，这些区别性特征也是该犬种的根本特征。

1. 宠物组织

很多国家建立了养犬俱乐部或类似的组织，其作用主要是负责控制和监管犬的注册和血统说明；犬种的认可，并按用途或特征方面的相似性将犬分成若干组。

目前世界上主要的国际宠物组织有以下 8 个。

(1)英国养犬俱乐部:KC。

(2)美国养犬俱乐部:AKC。

(3)世界犬业联盟:FCI。

(4)日本养犬俱乐部:JKC。

(5)韩国宠物协会:KKC。

(6)德国牧羊犬协会:SV。

(7)西敏寺养犬俱乐部:WESTMINSTER KENNEL CLUB。

(8)法国中央养犬协会:SCC。

其中以美国养犬俱乐部(AKC)最为著名,这个组织于1884年成立于费城,到现在已经成为美国最大的犬业机构。现有452个有决议的俱乐部,每年大约组织13 000场犬展,训练比赛几百次。世界著名的西敏寺犬展使用的就是由AKC制订的赛制规则。AKC已经有上百年的历史。现在它已经成为美国最大的犬业俱乐部。在世界范围内,能取得AKC比赛的名次,则直接提升犬的身价及认可度。

日本养犬俱乐部成立于1949年,现拥有980多个养犬俱乐部,7万多会员,年登记犬超过23万头;英国KC俱乐部,年登记达164个品种,18万头犬,其他很多国家也都有养犬协会。

2. AKC的分类

尽管各个国家的养犬俱乐部在犬的分组、名称以及犬种的区分上并不相同。但目前世界级的犬赛中大多以AKC的标准为参考。

(1)枪猎犬(运动犬)。枪猎犬的家族种类很多,如指示猎犬类,它们的工作是利用敏锐的嗅觉和听觉,帮人们发现猎物的位置,并且把情报反馈给猎人。激飞猎犬类,它们的任务是追赶、驱逐猎物,让野鸭、野兔受惊逃窜,以便猎人射击。寻回猎犬类是完成收尾工作的,当猎人将猎物击落后,它们会迅速出动,将猎物衔回来。总之,凡是能协助猎人完成打猎工作的犬,都属于枪猎犬。

基于以上原因,很多的枪猎犬都具有活泼、温顺、亲和力强的特点,自然也很容易受到人们的宠爱。如拉布拉多犬、金毛寻回猎犬、美国可卡犬、雪达犬,都是枪猎犬中的一员。

(2)狩猎犬。因为犬最早协助人类完成的工作就是狩猎,所以很多的狩猎犬都是非常古老的犬种。另外,狩猎犬还是枪猎犬的祖先,也可以说,在人类发明猎枪之后,很多的狩猎犬才“转业”成为枪猎犬。

狩猎犬的种类非常多,它们有的可以用敏锐的嗅觉追踪猎物,有的会挖洞,最厉害的狩猎犬可以追捕猎物,然后将它们杀死。所以,很多狩猎犬做宠物饲养的难度比较大,因为最初它们的任务是帮助人类捕杀凶猛的狼、熊还有麋鹿等大型动物,所以通常它们需要的空间、运动和训练都较多。如阿富汗猎犬、苏俄猎狼犬、萨路基猎犬、灵缇,都属于奔跑速度极高、杀伤力很强的犬种,而腊肠犬、比格猎兔犬这样的小型犬,它们的目标虽然是兔子、貂这样的小型动物,但出于原始本质考虑也归类为狩猎犬。

(3)工作犬。工作犬组是目前对人类贡献最大的一个犬组,通常它们的体形都比较大,因为它们要帮助人类完成各种“不可能的任务”,如警卫、拉雪橇、导盲、缉毒、搜索、救援等。所以大部分工作犬都是接受人类长期的选育培养之后才诞生的,如杜宾犬、罗威纳、纽芬兰犬等都属于服从性和工作能力很强的犬种。虽然工作犬的智商都很高,但是它们更适合经验丰富的主人,因为体形较大的犬必须经过良好的训练,才能成为人们的好伙伴,否则是很难控制的。

(4)㹴类犬。㹴犬的英文名称是 Terrier,这个词在拉丁文字中有“土地”的意思,所以不难分析,大部分犬都是挖洞高手。除了广受欢迎的迷你雪纳瑞外,大多数犬都起源于英国。犬通常都拥有勇敢、活泼的性格,坚硬的被毛,较小的体型和较大的牙齿,以及极强的好奇心。这些特征是因为人类专门利用它们来捕杀狐狸、老鼠、臭鼬、黄鼠狼等小型野兽。如猎狐㹴,从名字上就能得知,它们是专门用来猎捕的,还有现在非常流行的西高地白㹴和约克夏㹴,最初也是用来捕捉老鼠的。

(5)玩具犬。在早期,人们利用犬的天性,让它们帮助人类完成狩猎、牧羊等各种工作。不过一些体型较小的犬不能胜任,但是人们依然选择养育它们,原因是它们体型小,需要的食物也很少,所以饲养起来很容易,同时它们可以帮人们取暖。在此之后,人们才发现原来犬可以成为非常好的伴侣,来满足人类的精神需要。此后便有越来越多的工作犬在“失业”之后被小型化,改良成为玩具犬,现在非常流行的博美犬、玩具贵宾犬都是由体形较大的犬改良而来的。玩具犬体形娇小,性格温顺,长相乖巧,因此深受年轻女孩子喜爱,市场广阔。比较著名的有北京犬、比熊犬、查理士王小猎犬,这些都曾经是皇室贵族独有的宠物。但玩具犬潮流趋势明显,目前我国的玩具犬紧跟日韩风潮,缺乏自己独特的玩具犬犬种。

(6)家庭犬。家庭犬组是一个涵盖种类比较多元化的组别,通常有很多的外来犬种,无法按照常规方法分类,所以就被列入家庭犬组。家庭犬组确实是一个来自五湖四海的大家庭,如我国的松狮犬,法国的标准型贵宾犬以及南斯拉夫的斑点犬,都被列入了家庭犬的范围。因此,家庭犬组没有一个统一的特征。

(7)牧羊犬。AKC 直到 1983 年才建立了牧羊犬组,所以牧羊犬组是一个最新的组别,它们基本上是由工作犬派生出来的。直到现在,很多牧羊犬依然在帮助人类放牧牛、羊、鸡、鸭等各种家禽、家畜。所以,它们都拥有非常高的智商和极为敏锐的洞察力。而且很多牧羊犬的放牧本领是与生俱来的,它们生来就有控制其他动物的欲望。

在早期,牧羊犬的主要任务是负责保护羊群的安全,使它们不致受到狼的侵害。所以,像可蒙犬、大白熊犬等很多古老的牧羊犬都是纯白色的,这使得它们可以很好地伪装在羊群中,当狼接近时,它们会在羊群中迂回前进,然后突然从背后袭击,攻其不备。现在,这些犬已经被归为工作犬类了。

而我们所定义的牧羊犬,是在后期出现的。这个时候,随着枪支的发明,羊群已经完全摆脱了狼和其他野兽的侵害。而牧羊犬的主要任务也由保护羊群转变成了控制羊群,它们的体形不再巨大,但是却更加灵敏,善于奔跑。而且你会发现,像柯利牧羊犬、边境牧羊犬等很多牧羊犬也不再是纯白色,而是在四肢、尾巴、胸部有白色分布,使它们看起来非常耀眼。这是因为羊群是纯白色,而狼和熊都是深棕色,所以人们将牧羊犬培育成黑白双色。这样可以很清晰地看到它们在羊群中的位置,还可以很容易地分辨出哪些是狼,哪些是犬,在打击野兽的时候可以防止误伤它们。

除此之外,还有一些纯种犬是未被 AKC 承认的犬种,如著名的藏獒犬、高加索犬都是如此。因为这些犬种的发展并不够成熟,所以它们还不能参加正规的比赛,准确地说,是可以比赛,但是没有资格争夺冠军。但是这些纯种犬有资格参加敏捷性比赛和服从性比赛。当一个犬种发展到一定程度时,就很有可能被登记承认,AKC 也在不断地登记承认新的犬种。

而另一宠物机构——世界犬业联盟(FCI)与 AKC 不同之处在于比较官方化,它包含有 79 个成员机构,日本的 JKC、法国的 SCC 等机构都是其成员机构。FCI 致力于发展繁殖优良的纯种犬，并完善出一套规范合理的纯种犬管理繁殖理念，将纯种犬的管理和繁殖更加系统化、优越化，是国际最具权威的犬类认证机构。成立于 1911 年，在世界几十个国家有分支机构，旨在提升和保障世界犬类的品质。FCI 承认的犬类品种共计 337 种，其认证的“血统证书”则是唯一世界通用的资格证书。

参考

AKC 犬种分组

一、牧羊犬组(Herding Group)

澳大利亚牧羊犬(Australian Shepherd)
澳大利亚牧牛犬(Australian Cattle Dog)
粗毛柯利犬(Bearded Collie)
比利时马林诺斯犬(Belgian Malinois)
比利时牧羊犬(Belgian Sheepdog)
比利时特伏丹犬(Belgian Tervuren)
边境牧羊犬(Border Collie)
波兰德斯布比野犬(Bouvier des Flandres)
布雷猎犬(Briard)
迦南犬(Canaan Dog)
柯利犬(Collie)
德国牧羊犬(German Shepherd Dog)
英国古代牧羊犬(Old English Sheepdog)
波兰低地牧羊犬 (Polish Lowland Sheepdog)
波利犬(Puli)
喜乐蒂牧羊犬(Shetland Sheepdog)
威尔士柯斯基犬(卡狄根)[Welsh Corgi (Cardigan)]
威尔士柯斯基犬(彭布罗克)[Welsh Corgi (Pembroke)]

二、工作犬组(Working Group)

秋田犬(Akita)
阿拉斯加雪橇犬(Alaskan Malamute)
安纳托利亚牧羊犬(Anatolian Shepherd)
伯恩山犬(Bernese Mountain Dog)
拳狮犬(Boxer)
斗牛獒犬(Bullmastiff)
杜宾犬(Doberman Pinscher)
巨型雪纳瑞犬(Giant Schnauzer)
大丹犬(Great Dane)
大瑞士山地犬(Greater Swiss Mountain Dog)
大白熊犬(Great Pyrenees)

匈牙利牧羊犬(Komondor)
库瓦兹犬(Kuvasz)
马士提夫獒犬(Mastiff)
纽芬兰犬(Newfoundland)
葡萄牙水犬(Portuguese Water Dog)
罗威纳犬(Rottweiler)
圣伯纳犬(Saint Bernard)
萨摩耶犬(Samoyed)
西伯利亚雪橇犬(Siberian Husky)
标准型雪纳瑞犬(Standard Schnauzer)

三、运动犬组(Sporting Group)

美国水猎犬(American Water Spaniel)
布列塔尼犬(Brittany)
切萨皮克海湾寻回犬(Chesapeake Bay Retriever)
西班牙小猎犬(Clumber Spaniel)
美国可卡犬(Cocker Spaniel)
卷毛寻回犬(Curly-Coated Retriever)
英国可卡猎犬(English Cocker Spaniel)
英格兰雪达犬(English Setter)
英国跳猎犬(English Springer Spaniel)
田野猎犬(Field Spaniel)
弗莱特寻回犬(Flat-Coated Retriever)
德国短毛指示犬(German Shorthaired Pointer)
德国硬毛指示犬(German Wirehaired Pointer)
金毛寻回犬(Golden Retriever)
戈登雪达犬(Gordon Setter)
爱尔兰雪达犬(Irish Setter)
爱尔兰水猎犬(Irish Water Spaniel)
拉布拉多寻回犬(Labrador Retriever)
波音达猎犬(Pointer)
史毕诺犬(Spinone Italiano)
萨塞克斯猎犬(Sussex Spaniel)
维希拉猎犬(Vizsla)
威玛犬(Weimaraner)
威尔士跳猎犬(Welsh Springer Spaniel)
硬毛指示格里芬犬(Wirehaired Pointing Griffon)

四、狩猎犬组(Hound Group)

阿富汗猎犬(Afghan Hound)

巴辛吉犬(Basenji)
巴吉度犬(Basset Hound)
比格猎犬(Beagle)
黑色和褐色猎浣熊犬(Black and Tan Coonhound)
寻血猎犬(Bloodhound)
苏俄猎狼犬(Borzoi)
腊肠犬(Dachshund)
美国猎狐犬(American Foxhound)
英国猎狐犬(English Foxhound)
格雷伊猎犬(Greyhound)
猎兔犬(Harrier)
伊比赞猎犬(Ibizan Hound)
爱尔兰猎狼犬(Irish Wolfhound)
挪威猎鹿犬(Norwegian Elkhound)
猎水獭犬(Otter hound)
迷你贝吉格里芬凡丁犬(Petit Basset Griffon Vendeen)
法老王猎犬(Pharaoh Hound)
罗得西亚脊背犬(Rhodesian Ridgeback)
萨路基犬(Saluki)
苏格兰猎鹿犬(Scottish Deerhound)
惠比特犬(Whippet)

五、㹴犬组(Terrier Group)

万能㹴(Airedale Terrier)
美国斯塔福郡㹴(American Staffordshire Terrier)
澳大利亚㹴(Australian Terrier)
贝灵顿㹴(Bedlington Terrier)
博得猎狐犬(Border Terrier)
斗牛㹴(Bull Terrier)
凯恩㹴(Cairn Terrier)
短脚长身㹴(Dandie Dinmont Terrier)
短毛猎狐㹴(Fox Terrier (Smooth))
刚毛猎狐㹴(Fox Terrier (Wire))
爱尔兰㹴(Irish Terrier)
杰克拉希尔㹴(Jack Russell Terrier)
凯利蓝㹴(Kerry Blue Terrier)
湖畔㹴(Lakeland Terrier)
标准型曼彻斯特㹴(Manchester Terrier (Standard))
小型斗牛㹴(Miniature Bull Terrier)
小型雪纳瑞犬(Miniature Schnauzer)

诺福克㹴(Norfolk Terrier)
挪威㹴(Norwich Terrier)
苏格兰㹴(Scottish Terrier)
锡利哈姆㹴(Sealyham Terrier)
凯斯㹴(Skye Terrier)
爱尔兰软毛㹴(Soft Coated Wheaten Terrier)
斯塔福郡斗牛㹴(Staffordshire Bull Terrier)
威尔士㹴(Welsh Terrier)
西高地白㹴(West Highland White Terrier)

六、非运动犬组(Non-Sporting Group)

美国爱斯基摩犬(American Eskimo Dog)
卷毛比雄犬(Bichon Frise)
波士顿㹴(Boston Terrier)
英国斗牛犬(Bulldog)
中国沙皮犬(Chinese Shar-pei)
松狮犬(Chow Chow)
大麦町犬(Dalmatian)
芬兰波美拉尼亚丝毛犬(Finnish Spitz)
法国斗牛犬(French Bulldog)
荷兰毛狮犬(Keeshond)
拉萨犬(Lhasa Apso)
罗秦犬(Löwchen)
标准型贵妇犬(Poodle)
西藏㹴(Tibetan Terrier)
西藏猎犬(Tibetan Spaniel)
西帕基犬(Schipperke)
柴犬(Shiba Inu)

七、玩具犬组(Toy Group)

猴头㹴(Affenpinscher)
布鲁塞尔格里芬犬(Brussels Griffon)
骑士查理王小猎犬(Cavalier King Charles Spaniel)
吉娃娃(Chihuahua)
中国冠毛犬(Chinese Crested)
英国玩具犬(English Toy Spaniel)
哈瓦那犬(Havanese)
意大利灰犬(Italian Greyhound)
日本狆(Japanese Chin)
马尔济斯犬(Maltese)

玩具曼彻斯特犬(Manchester Terrier)
迷你杜宾犬(Miniature Pinscher)
蝴蝶犬(Papillon)
北京犬(Pekingese)
博美犬(Pomeranian)
玩具贵妇犬(Poodle)
巴哥犬(Pug)
西施犬(Shih Tzu)
丝毛㹴(Silky Terrier)
约克夏㹴(Yorkshire Terrier)

任务三 猫的起源及分类

知识目标

了解宠物猫的品种演变史。

技能目标

了解宠物猫的起源及原始分类。

学习任务

结合教材,自主学习现代宠物猫的分类并会举例。

一、猫的起源

在40 000万年以前,地球上正是哺乳动物兴旺发达的时期,有一种动物叫做剑齿虎。它可以说是猫最早的祖先,它在2万年前就已经灭绝了,现在我们只能在生物、地质博物馆看到它的化石,想象着它那令人生畏的样子。

还有一种说法是,猫和犬的共同祖先是一种很久以前就灭绝了的动物——古猫兽,熊、黄鼠狼、浣熊、狐狸、美洲小狼等许多动物的祖先很可能也是这种动物。根据考古发现的结果和对古生物的分析、研究,这种动物生活在树上,跟猫、犬有着相似的外表,身体较大,尾巴较长,腿较短,能像猫、犬一样自由伸缩爪子。

家猫是由野猫不断进化而来的。亚洲家猫的祖先是印度沙漠猫,欧洲家猫的祖先是非洲山猫。一些古生物学家在南欧和北非的古代地层中发现了众多的野猫遗骸,因而可推测猫在上新世冰河期就已经是足迹遍布全球的野生动物了。

世界上第一只被人驯养的猫,可能是出现在中东。据专家的研究,早在公元前2 500年,古埃及人所驯养的非洲山猫,Libyca,应该就是第一只短毛家猫的始祖。它的体态轻盈,身披虎斑毛。根据对古埃及墓穴中挖掘出的猫盖骨进行观察,发现大部分都类似非洲野猫

(Libyca)，少部分则类似丛林猫，Chaus。可见，古埃及可能同时驯养 Libyca 和 Chaus 两种猫。只是 Libyca 可能较容易被驯服。经过这么多个世纪，猫的体型并没有太大的改变，成猫体重约 3.6 kg，并保有狩猎的本能。

二、猫的分类

世界上现存猫的品种有百余种，但常见的品种只有 30～40 种。目前，猫品种的分类方法有以下几种。

(一)根据生存环境可分为野猫和家猫

野猫：是家猫的祖先，它们生活在野外环境。

家猫：是由野猫经过人类长期驯化饲养的猫。

(二)从品种培育的角度可分为纯种猫和杂种猫

纯种猫是指人们按照某种目的精心培育而成的猫，一般要经过数年才能培育成功。至少经过四代，其遗传性才能稳定。

杂种猫是未经人为控制，任其自然繁衍的猫，经过数年，也可能形成具有一定特性的品种。

(三)根据猫被毛的长短可分为无毛猫、短毛猫和长毛猫

1. 无毛猫

主要品种有斯芬克斯猫。斯芬克斯猫原产于加拿大，中等瘦长型，通常也称加拿大无毛猫。此猫是一种全身无毛的奇特品种，有些像古埃及神话中有名的怪物“狮身人面斯芬克斯”，因此人们给它取名为“斯芬克斯猫”。

斯芬克斯猫除在耳、口、鼻、尾毛前端、脚和睾丸等部位有些稀薄的短毛外，全身无毛，皮肤多皱、有弹性，耳朵大，眼睛大且圆，稍倾斜，多为蓝色或金黄色，由于此猫御寒能力差，喜欢用身体蹭温暖、柔软的物体如主人的身体、沙发等，所以外部表现很容易与人亲近，近年传入我国，深受对猫毛过敏的养猫人士的喜爱。

2. 短毛猫

短毛猫品种较多，目前世界上有 200 多种。短毛猫被毛较短，不需梳理，易于照管，体魄强壮。另外，短毛猫捕鼠能力也比较强，是以防鼠为目的的家庭饲养的首选品种。主要品种有美国短毛猫、阿比西尼亚猫、日本短尾猫、曼克斯猫、苏格兰塌耳猫、东方短毛猫、俄国蓝猫、孟买猫、英国短毛猫、泰国猫、埃及猫、新加坡猫、缅甸猫、印度猫、异国短毛猫、北部湾猫、色点短毛猫、欧西猫、欧塞特猫、叭蜜子猫等。现将其主要品种介绍如下。

(1)美国短毛猫。原产地在美国，稍大型的粗胖型。18—19 世纪，英国的清教徒和大批欧洲人迁移到美洲大陆，在他们移居时，同时也带去了一些欧洲猫的品种，他们将带来的短毛猫和美国当地猫进行杂交，经过细心的培育改良，从而培育成了体质强壮、体型优美的美国短毛猫。这种猫很受美国当地人的喜爱，并在猫展上受到好评。

美国短毛猫素以体格强健，骨骼粗壮，肌肉发达，生性聪明，温顺而著称，是短毛猫类中的大型品种。该猫被毛厚密，毛色多达 30 余种(图 2-1)，其中银色条纹品种尤为名贵。美国短毛猫遗传了其祖先健壮、勇敢和吃苦耐劳的特性，它们的性格温和，不会因为环境或心情的改变

而改变。它们总是充满耐性、和蔼可亲，不会乱发脾气，不喜欢乱吵乱叫，十分适合有小孩子的家庭饲养。它们自身的抵抗力很强，很少生病，是发生医疗费用最少的猫。

图 2-1 美国短毛猫

美国短毛猫身体过肥或过瘦，被毛太长或太短，鼻子凹陷，多趾以及尾巴太短等为不合格。

(2)阿比西尼亚猫。原产地在英国，瘦长型。这种猫经过改良后，身材修长，四肢高而细，尾长而尖，头略尖，眼睛大而圆，眼睛为金黄色、绿色或淡褐色，耳朵大且直立，耳内有长毛。毛短，毛色漂亮，最常见的毛色是黄褐色，间有黑色杂毛(有白色杂毛者为劣种)。被毛细密，绒毛层较发达，富有弹性。这种猫喜欢独居，善爬树，体态轻盈，性情温和，通人性，产仔数不多，一窝可产 4 只仔，幼仔较小，发育较慢，初生仔猫被毛开始时较暗，以后逐渐消退。

图 2-2 苏格兰塌耳猫

(3)苏格兰塌耳猫。又称小弯耳猫。原产地在英国，中等粗短胖型。这种猫最大的特点是小巧的双耳往前方弯曲。头呈方形，颈短而粗壮。鼻子小而扁，眼睛大而圆，眼睛的颜色因毛色不同而异。四肢粗壮，尾较短，尾尖钝圆。被毛短而密，柔软富有光泽。毛色有金黄色、黑色和浅蓝色等。苏格兰塌耳猫具有特别平和的性格，对其他的猫和犬很友好。温柔，感情丰富，有爱心，很贪玩，非常珍惜家庭生活。声音柔和，生命力顽强，该品种的猫是优秀的猎手，抗病和御寒能力强。每窝平均产仔 3～4 只。小猫刚出生时，两耳直立，这时若想鉴别是不是塌耳猫，只能看其尾巴，尾巴短而粗的是塌耳猫。4 周龄以后，耳朵下垂(图 2-2)。

近几年来塌耳猫在我国市场上开始流行，养的人也多了起来，多集中为黑色和浅蓝色。

(4)暹罗猫。暹罗猫又称西母猫、泰国猫，是世界著名的短毛猫，也是短毛猫的代表品种。暹罗猫原产于泰国(故名暹罗)，在 200 多年前，这种珍贵的猫仅在泰国的王宫和大寺院中饲养，是足不出户的贵族。

暹罗猫头细长呈楔形。头盖平坦，从侧面看，头顶部至鼻尖成直线。脸形尖而呈“V”字形，口吻尖突呈锐角，从吻端至耳尖形成“V”字形。鼻梁高而直，从鼻端到耳尖恰为等边三角形。两颊瘦削，齿为剪式咬合。耳朵大，基部宽，耳端尖、直立。眼睛大小适中，杏仁形，颜色为深蓝或浅绿色。从内眼角至眼梢的延长线，与耳尖构成“V”字形。眼微凸。尾长而细，尾端尖略卷曲，长度与后肢相等。柔韧性好，肌肉发达，身材苗条，长得棱角分明，腿细而长。掌很小，呈椭圆形。尾巴长而美丽，尾端尖。暹罗猫性格外向，表情丰富，聪明伶俐，活泼好动，好奇心强。喜欢与人做伴，对主人忠心又善解人意，如犬一般地给人感情与信赖，甚至可以像犬一样和主人上街，因而获得了“猫中之犬”的称号。然而暹罗猫嫉妒心强是出了名的，拥有一副大嗓门的它，发起脾气时非常吵闹。

(5)德文卷毛猫。该品种近年在我国较为流行的一种短毛猫，又名“德文帝王猫”。德文卷毛猫的耳朵又尖又大，眼睛为椭圆形，四肢细长；皮毛又短又细密，比柯尼斯卷毛猫的被毛更加卷曲，薄而且显得比较粗糙；毛色各样，白色、蓝色、乳黄色、银白色玳瑁虎斑、乳黄和白色、乳黄色虎斑重点色等(图 2-3)。

图 2-3　德文卷毛猫

德文卷毛猫起源于 1960 年，是继 1950 年在英国柯尼斯郡发现的柯尼斯猫后的又一卷毛猫品种。德文卷毛猫游戏攀爬时精力无穷；喜欢被关注，不适合全天出门在外的家庭。德文卷毛猫在高兴时会摇动尾巴，感到吃惊时尾巴会变大，遭遇危险时会把尾巴夹到两腿之间并趴下。德文卷毛猫平易近人，是理想的家养猫品种，能够快速和人类成为伴侣。德文卷毛猫有让人印象深刻的圆眼、小脑袋，不太相称的大耳朵，以及沿体表生长的卷毛，这些特征让德文卷毛猫拥有“妖精猫”“外星猫”“卷毛猫”等各种称号。所有的培育者一致认为，德文卷毛猫的生活总是丰富而有趣的，因此其也赢得了“贵宾猫”的美誉。

3. 长毛猫

长毛猫原在英国培育，现分布于世界各地。长毛猫是一种家猫，以毛长、软、平滑著称。长毛猫相对于短毛猫而言，一般毛长 10 cm 以上。长毛猫体大或中型、粗壮、腿短、头大而圆、鼻扁、尾短多毛。长毛猫性格恬静可爱、举止高雅，恋家性强，乐观向上，对人忠诚，易于沟通，具有很高的观赏价值。主要品种有以下几种。

(1)波斯猫。猫中贵族，性情温文尔雅，聪明敏捷，善解人意，少动好静，叫声尖细柔美，爱撒娇，举止风度翩翩，天生一副娇生惯养之态，给人一种华丽高贵的感觉。历来深受世界各地爱猫人士的宠爱，是长毛猫的代表。脸圆，鼻扁，腿粗短，耳小，眼大，尾短圆。一只纯种的波斯猫可达上千美元，是世界上爱猫者最喜欢的猫之一。

波斯猫的身体呈近似正方形的长方形，肌肉发达，骨骼健壮。头大面宽，鼻子短而扁小。耳朵圆且小，耳间距离宽，耳朵上的毛很厚。眼睛大而圆，其颜色有绿色、蓝色和金黄色等。四肢较短，显得结实粗壮，脚尖小。尾巴中等大小，毛长而蓬松柔软，有光泽。被毛丰富、有弹性，肩膀和脖子的毛特别长而松散，犹如公狮的鬃毛，下层毛很短。被毛长而密，质地如棉，轻如丝；毛色艳丽，光彩华贵，变化多样。脚尖上的毛密生(图 2-4)。容易适应新的环境。每窝产 2～3 只仔猫，刚出生时仔猫的毛短。波斯猫经繁殖培育，颜色品种越来越多。但与早期相比，外貌已发生了相当大的变化。现在的长毛波斯猫脸更扁、更圆(俗称“京叭脸”),耳朵更小,被毛更加茂密。

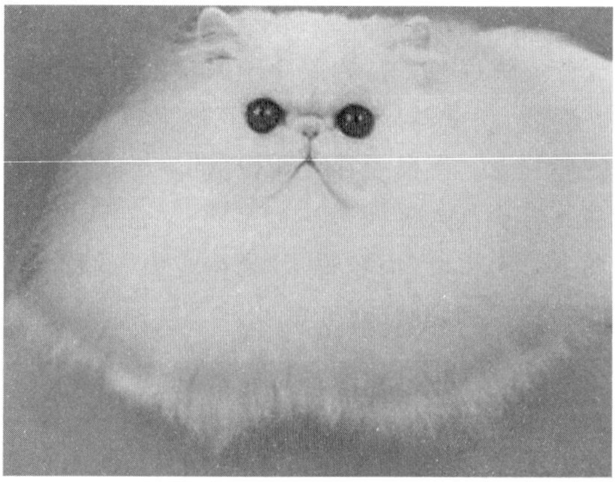

图 2-4 波斯猫

波斯猫的毛色大致分五大色系,近 88 种毛色。其中单色系有白色、黑色、蓝色、红色、奶油色等。金吉拉色系有鼠灰色(毛尖色)、渐变银色、渐变金色等。烟色系有烟色,毛根白色、渐变蓝色、渐变红色等。虎斑色系有银色、棕色、红色、奶油色、蓝色等。混合色系包括玳瑁色、三色、蓝奶油色,以及黑白、蓝白、红白等双色。毛色中红色(多半雄性)和玳瑁色(多半雌性)较为罕见,故这两种毛色的波斯猫也十分珍贵。

图 2-5 喜马拉雅猫

(2)喜马拉雅猫。原产地在英国。这个名字是由于它和叫这个名字的兔子的长相十分相似,而和喜马拉雅山无关。喜马拉雅猫的四肢肥短而直,身体很短,胸部深,它有强有力的圆顶状的头部,圆圆的脸颊和下腭,小巧的耳朵和短鼻,还有圆滚滚的大眼睛,这些几乎都和波斯猫相似。眼睛是蓝色的,而且越蓝越珍贵。它的被毛长而柔软,有深色斑点,斑点的色度深浅对比明显而引人注目,有海豹点、巧克力点、蓝色点、丁香点、橙色点、玳瑁点和蓝奶油点等 7 种,都很有观赏价值,这些色点分布在猫的腿、脚、尾巴,耳朵和面部(图 2-5)。母猫发情较早,8 个月就可交配产仔,但为了保证繁殖质量,一般要到 1 岁以后才让其繁殖。公猫要 18 个月龄才可作种猫。每窝产 2～3 仔,小猫刚出生时全身被有短的白毛,几天以后色点开始出现,首先是耳朵,然后是鼻子、四肢和尾巴。

喜马拉雅猫融合了波斯猫的轻柔、妩媚和反应灵敏,暹罗猫的聪明、温柔和高雅。它有波斯猫的体态和长毛,暹罗猫的毛色和眼睛。它的性情介于暹罗猫和波斯猫之间,集两者的优点于一身,便于饲养,招人喜爱,特别适合需要精神安慰的人饲养。

(3)布偶猫。别称布娃娃猫。原产地是美国,于 1960 年开始繁育,1965 年在美国获得认可。布偶猫全身松弛柔软,像软绵绵的布偶一样,性格温顺而恬静,对人非常友善,对疼痛的忍受性强,常被误认为缺乏疼痛感,非常能容忍孩子的玩弄,所以得名布偶猫,是非常理想的家庭宠物。

布偶猫是一种大型、可爱而温顺的长毛猫,它有大而美丽的蓝色眼睛。布偶猫的颜色像暹罗猫一样,身体部分较浅,而脸部、腿部、尾巴和耳朵的颜色较深。在多数颜色图案中,这些部位末端都可能出现一些白色的斑纹(图 2-6)。一只理想的布偶猫必须发育均衡,没有极端的特征。绝育过的雄性布偶猫可以长到20磅(接近10 kg)甚至更重;而母猫则会相对小些。布偶猫是一个晚熟的品种,它们的毛色至少要到2岁才会足够丰满,而体格和体重则要至少4岁才能发育完全。

图2-6　布偶猫

刚出生的幼猫全身是白色的,一周后幼猫的脸部、尾巴开始有颜色变化。布偶猫有重点色和双色两种,花色又分巧克力色、蓝色、淡紫色、红色、暗褐色;双色猫脸部带白色,呈倒"V"字形的斑纹,下巴白色。直到2岁时被毛才稳定下来,直到3～4岁才完全长成。

(4)挪威猫。原产地是挪威,在北欧神话中说,爱的女神是坐着由两只猫拉引的车登场的,这故事的确合乎具有强壮体格的挪威猫。其被毛最为耐寒,由具有保温作用的下毛和具有防水作用的上毛等双层被毛构成。

图2-7　挪威猫

挪威猫身体健壮、高大,肌肉发达,四肢健壮有力,脚爪灵巧,善于爬树。头圆而强壮,眼睛明亮有神,眼睛的颜色随毛色的不同而异(图2-7)。尾巴中等长。该猫为抵御严寒,皮毛渐渐变得丰厚致密,内层绒毛保暖性能好,领毛较为丰富,颇具魅力。挪威猫聪颖机敏,行动谨慎,能捕善捉。性情偏于沉稳,很少喵叫。

(5)缅因猫。北美自然产生的第一个长毛猫品种,约于18世纪中叶形成较稳定的品种。缅因猫属于中间脸型,耳位高,耳朵大,眼间距较宽,脑门上有"M"字形虎斑,身体强壮,脚掌大而圆。因原产于美国缅因州而得名。缅因猫是一个大型的猫种,拥有大的耳朵,宽的胸部,结实的骨骼,非常强壮的长方形身体和飘逸的尾巴,有饰毛的大大的脚掌。缅因猫有多种毛色,包括纯色、斑纹、双色、三色、银影色、玳瑁色等。每窝产2～4只仔猫,仔猫的大小和毛色差异很大,其发育缓慢,4岁时才能达到完全成熟。

项目三
宠物的行为心理

任务一　犬的行为心理

知识目标

掌握宠物犬行为心理的种类。

技能目标

掌握宠物犬各种心理行为的诱因以及表现。

学习任务

结合教材，自主学习，学会根据犬的心理制订出相应的训导方法。

虽然宠物犬能跟人和平相处，并具有相似的社会结构，但是宠物犬仍具有其与生俱来的一些独特心理，从而从外部表现出了一些明显的行为特征，不同类型的宠物犬往往在某一方面还特别突出，了解这些宠物犬的行为心理，便于我们在生活、工作中更好地与它们相处。

一、怀旧依恋心理

当人们远离故土，来到一个陌生的环境时，总会回忆过去、思念亲人，总想抽空回去看看亲人，这种留恋故土的心理状态，心理学家称为怀旧依恋心理或回归心理。犬也同样具有这种心理，且回归欲望比人更强烈。人们常讲的犬有极强的归家能力，这是犬怀旧依恋心理的最好体现。犬，尤其是成年犬易主后，来到一个陌生环境，会有一段时间闷闷不乐，对待新主人冷漠，心存戒备，有时甚至恩将仇报，伺机逃跑，奔回故土。犬之所以要回家是因为主人在家，犬要回到主人身边，犬希望维持在主人爱抚照料下的单纯环境。正因如此，犬才会忍受各种困苦，历尽艰辛，从遥远陌生的地方独自归来。在归途中，除必须承受不安与焦虑外，还要面临各种危险，忍受饥饿，即使是死亡也无法阻拦犬对主人的思念之情。犬回归心理的实现与其优秀的方向感是分不开的。犬回归欲望的强弱与其对主人的感情有很大的关系。一般感情越深，依恋心理越强。我们在引进犬的过程中，应考虑到犬的依恋心理。在引进时，应详细向原犬主问明犬的活动及生活规律。引进后，应花时间与犬建立感情，转移其怀旧的注意力。

在日常生活中，犬依赖于主人。见到主人后，总是迅速跑上前去，在主人的身前、背后盘跑跳跃，表现出特殊的亲昵。犬既可从主人那里得到食物、爱抚、安慰、鼓励和保护，也可因为犯有“过错”而受到主人的责罚。但犬相信，主人是永远不会抛弃它的。犬往往极力维护主人的一切利益，尽自己一切可能满足主人的意愿。犬对主人的感情，胜过与同类的感情。这种对主人的依恋心理，是犬忠诚于主人的心理基础。犬可以奋不顾身地保护主人，也可以仗着主人的威势侵犯他人。

二、占有心理

犬有很强的占有心理。在这种占有心理的支配下，表现出人们常见的领土行为。正因如此，犬才具备了保护公寓、家园，巡逻宅地，保护财产及主人的能力。犬表示占为己有最常用的方法是排尿做气味标记。同时，关养多头犬的犬舍内，犬会依其顺位各占据一定的空间，即使是一块狭小的土地，也一定有其固定的睡觉场所。有些占有欲特别强的犬会任意进入空犬舍，检查一番。在原有足够空间的情形下，纵然看见别的犬来了，也会发出咆哮，不愿让开。犬有贮藏物品的行为，这也是其占有心理的表现。犬储藏吃剩食物的方法是用两前肢在地面上挖洞，将衔来的肉埋于其内，再仔细地用鼻尖将土推回去埋好。在其他犬途经此地时，这头犬往往站在贮藏地上面獠牙咆哮，以示自己的所有权。与住所及食物一样，在我们人类眼中看来毫无用处的东西，犬也会加以收集，并表现出强烈的占有观念。犬常将木球、石头、树枝等衔入自己的领地啃咬、玩耍。

犬十分重视对自己领域的保护。对自己领域内的各种财产，包括犬主人、主人家园及犬自己使用的东西(如犬床、垫草、食盆等)均有很强的占有欲。正因为如此，养犬看家护院是很有效的。公犬在配种期间，并不喜欢有人接近它和母犬的居住地，似乎怕人们夺走它的爱妻，这表明了公犬对母犬也存在占有心理。犬的占有心理常导致犬与犬之间的领域争斗。此外，也正因为犬有对主人的占有心理，才使护卫犬面对敌人能英勇搏斗，保护主人。

三、好奇心理

在犬的生活中，无时无刻不被好奇心所驱使，如犬来到一陌生环境时更是如此。犬在好奇心的驱动下，利用其敏锐的嗅觉、听觉、视觉、触觉去认识世界，获得经验。每当犬发现一个新的物体，总是用好奇的眼神专注，表现出明显的视觉好奇性。然后用鼻子嗅闻，舔舐，甚至用前肢翻动，进行认真的研究。好奇心促使犬乐于奔跑、游玩。犬的好奇心有助于犬智力的增长，犬的好奇心可以说成是一种探求反射的活动，在好奇心的驱动下，犬表现出模仿行为和求知的欲望。这种心理状态为使用科目的训练提供了极大的方便。犬的牧羊模仿学习是一种很重要的训练手段，其训练基础便是充分利用幼犬的好奇心理。幼犬通过模仿，能从父母那里很快学会牧羊、狩猎本领。无交配经验的年轻公犬，通过模仿可以很快掌握交配要领。

四、 等级心理

一般认为，犬的行为和狼是一脉相承的。狼群居，狼群一般由公狼、母狼和它们的幼崽组成。阿尔法狼（狼的领袖）通过自己的行为来体现自己在家庭的统治地位。如表现瞪眼、吼叫或尾巴向上、毛发耸立等站在地位低的狼面前。而地位比较低的狼则用谦卑的动作来避免跟阿尔法狼发生冲突，这些谦卑行为包括蜷着身子侧躺，将易受攻击的部位袒露在外甚至有时还会小便。一般来说，公狼和母狼都各有一个领袖，公狼的领袖和母狼的领袖总是成双成对的。而狼的等级区别犹如“金字塔”，地位越高区别越明显，而地位很低的狼之间几乎没有什么分别。

犬正是秉承了狼的传统，因而在所有驯养的动物中，犬是一种最适合和人生活在一起的动物。犬能顺从主人，听从指挥，建立互相理解、互相信任的关系。在犬的心目中，主人是自己的自然领袖，主人的家园是其领土。这种顺应的等级心理沿袭于其家族顺位效应。同窝仔犬在接近断奶期时，便已开始了决定顺位的争夺战。刚开始并没有性别差异，一段时间后，杰出的公犬就会镇压其他犬。其实这种顺位等级心理，仔犬出生时便已存在，比较聪明的仔犬在全盲的时候，就已开始探索乳汁最多的乳头，如果其他犬也来吸，它就会从下面插进去将这头犬推开，抢回这个乳头。在犬的家庭中，根据性别、年龄、个性、才能、体力等条件决定首领。往往公的、年龄大、个性强、智慧高的为家长。家长的权力是至高无上的，家族中的其他成员只能顺从于它。对仔犬而言，父母犬是自然的家长。当年轻的仔犬发现了某种情况，并不会立即独自跑过去，而只是站起来，以等待指示般的紧张表情回头看家长，如果家长站起来就高兴地跟在后面。如果家长不理它，依旧躺着，那么这头年轻犬心里虽然很想动，也不得不再度坐下来。此外，我们经常发现，当母犬（家长）从外面回来时，家族中的成员会兴奋地跑跳，争相围绕在它的身边，舔它的嘴边、鼻子，使它几乎无法动弹。相反，家长一声怒吼，成员往往会胆怯畏缩，有的甚至会腹部朝上仰躺，等待家长的责备。这都是犬等级心理及理智直觉的外在表现。同样，在一个犬群中，也存在着顺位等级，这种顺序我们可以在将一群犬叫进犬舍时看出，往往犬群中的领导者领先，然后依照位次，逐一进入。最后进入的犬从不争先，只因为它明白自己处于最低位。有时，这样的犬会同时受到许多犬的攻击。犬的这种理智的等级心理，维护着犬群的安定，避免了无谓的自相残杀，保证了种族的择优传宗，繁衍旺盛。犬在等级心理的支配下，会发生等级争斗行为。人们通过观察争斗行为来了解犬的等级心理，掌握等级顺位，优势序列，选择出优秀的头领犬。在犬的家族中，犬知道自己的顺位，对于自己的地位绝不会搞错。有研究者提出，犬对人的顺位也很了解，并且大体上与我们所认定的顺位一致，如主人、妻子、小孩、佣人的顺序。在家养犬中，犬对一家人的话并不是都服从，而只是服从自己主人的命令，主人不在时，才服从其他人的命令。这表明了在犬的心目中，主人是最高等级，其他人是次要等级，自己是最低等级。犬在其等级心理的支配下，还会想方设法亲近主人或最高地位者，以获得他们的保护，在首领的影响下提高自己的顺位。正是犬的这种等级心理，犬对主人的命令才会服从，才会忠于其主人。如果犬对主人的等级发生倒位，则常出现犬威吓、攻击主人的现象。

五、 嫉妒心理

犬顺从于主人，忠诚于主人，但犬对主人，似乎有一个特别的要求，即希望主人爱它。当主人在感情的分配上厚此薄彼时，往往会引起犬对受宠者的嫉恨，甚至因此而发生争斗。这种嫉妒是犬心理活动中最为明显的感情表现。这种嫉妒心理的外在行为表现是冷淡主人、闷闷不乐以及对受宠者施行攻击。

在犬的家族中，因争斗而形成的等级顺位维持着犬的社会秩序。主人宠爱其中某一只犬，这是主人的自由，而对犬群来说，则是一个固定的程序，即只能是地位高的犬被主人宠爱。若地位低的犬被主人宠爱，则其他犬特别是地位比这头犬高的犬，将会作出反应，有时会群起而攻之。这是犬嫉妒心理的表现。在犬的心理中，每头犬都希望能得到主人的爱，并且总是想独占这种爱意。有些心理学家也认为，这是犬将主人作为领土一部分的行为表现。但无论如何，犬在自己的主人关心其他犬时，总是表现出不愉快的心情，这种现象在主人新购进犬时表现得较为明显。在新的犬进入后，原来的犬总有较长一段时间不高兴，甚至威吓或扑咬这头新来犬。针对犬的这种心理，我们在与犬的接触过程中应注意，在自己的爱犬面前，切勿轻易对其他犬及动物表现明显的关切，以免产生意外。但利用犬的嫉妒心理，训练犬拉雪橇是非常成功的。

六、复仇心理

犬在大多数人的眼中天真无邪，忠诚可靠，与人友善。但对讨厌犬的人来说，犬则是一个倚仗主人，行凶作恶的“恶棍”。这是从人的角度中看出的犬的两面性。其实犬的确有其两面性，与人相似，也具有复仇心理。犬往往依据其嗅觉、视觉、听觉，将曾恶意对待自己的对象牢记在大脑里，在适当的时候实行复仇计划。犬在复仇时，近乎疯狂，大有置对方于死地之意。在犬与犬的交往中，也同样表现出因复仇心理诱发的复仇行动，并且犬还会利用对方生病、身体虚弱的机会进行复仇，甚至在对方死亡之后还怒咬几口。某些凶猛强悍的狼犬，对待为它治病打针的兽医师总是怀恨在心，伺机报仇。犬的这种心态对扑咬科目的训练是有帮助的，助训员首先成为犬的敌人、复仇的对象，这样可提高训练效果。同时，我们也应注意，要告诫那些不公正对待犬的人，以防因复仇而发生意外。

七、争功、邀功心理

两头猎犬在一起追捕猎物时，往往你争我夺，互不相让。有时，甚至暂时放下猎物，进行内战，以决高低。两头猎犬都想为主人获取猎物，这是犬争功心理的外在行为。犬争功的目的是邀功获得奖赏。当一头猎犬获取猎物，将猎物交给主人时，往往抬头自信地注视主人，等待主人夸奖或给其食物。这种邀功心理是被人驯化后发展起来的心理活动。人们在训练犬时，往往以奖赏作为训练的重要手段，当犬完成某一规定的动作行为时，总是以口令或食物予以奖励，这种训练形式强化了犬的邀功心理，有时犬会为了获得这份奖赏而去完成某项工作，甚至发生争功行为。犬的这种心理活动提示我们，在日常的训练和使用过程中，应注意培养犬的这种争功心理，在表扬、奖食上要慷慨大方，满足犬的邀功心理，尤其在犬完成某一动作，表现出自信地邀功时，更应及时地给予奖励，强化其作业意识，促使犬在日后的工作中，更好地建功立业。

八、 恐惧心理

犬喜欢吃，喜欢玩，喜欢陪伴主人散步，在这些行为表现中，犬心情舒畅，充满喜悦。相反，犬也有其恐惧、害怕的心情。犬究竟害怕什么呢？心理学家与行为学家观察发现，犬害怕声音、火、光与死亡。未经训练的犬对雷鸣及烟火具有明显的恐惧感。飞机的隆隆声、枪声、爆炸声及其他类似的声音，都是犬害怕的对象。犬在听到剧烈的声响时，首先表现出被这突如其来的巨响震惊，接着便逃到它认为安全的地方去，如钻进屋檐下或房间里，缩着脖子钻到狭小的地方伏地贴耳，一副胆战心惊的模样。只有声音停止，它们的心情才得以平静。这种恐惧声音的行为是一种先天的本能，是犬野生状态下残留的心理，但这种本能是可以人为改变的。要克服犬的这种恐惧心理，从仔犬时便应进行声响锻炼，以适应这种刺激。除声音外，怕光的犬也比较多，这也源于自然现象中的雷声及闪电，犬将这两者联系起来，并不能分清其因果关系。此外，与讨厌光一样，大多数犬都讨厌火，但并不达到恐惧的程度。在德国有一头四岁的母犬会用脚来踩留有火苗的烟蒂，直到不冒烟为止。以上所述，主要是犬对于自然现象的本能恐惧，而比这些本能恐惧更为强烈的是生命现象中的死亡。在日常生活中，我们经常见到犬恐惧心理的外在表现，如犬怕汽车，怕会动的玩具等。然而，只要从小进行环境锻炼，在其社会化期多接触一些事物就能减少，甚至消除这些恐惧心态。这也说明了犬是一种很聪明、可调教的动物。根据犬的这种心理及变化过程，社会化期幼犬的环境锻炼是至关重要的。

九、 孤独心理

犬生性好动，不甘寂寞。犬与主人相处融洽，以主人为友，依赖于主人。犬将主人视为自己生活中不可缺少的一部分。犬一旦失去了主人的爱抚，或长时间见不到主人，往往会意志消沉，烦躁不安。在运输犬的途中，若将犬关在一个四周闭合的木箱中，犬会大闹不已，因为犬已经感觉到了和人类朋友的隔绝。这些都充分说明，犬存在孤独心理。这种孤独抑郁的心理状态对犬来说是致命的打击，有时会引起犬的神经质、自残及异常行为。长期关养的牧羊犬会经常因无聊和孤独出现在犬舍内无休止转圈的不良行为。因而，我们在犬的饲养管理、训练过程中，应保证有足够的时间与犬共处，以消除犬的孤独心理，增进人犬感情。

十、 撒谎心理

撒谎并不是人类的专利，犬也会撒谎，并且有时撒谎伪装的手法还很高明。布坦爵克所著《犬的心理》一书中，曾记载了一个很有名的例子，一只犬，有在垃圾堆寻找物品的习性，经常会受到主人的惩罚，因此，在往后的日子内，这头犬如果在垃圾堆旁边，主人突然呼叫它，它绝不会立即走到主人身边，而是先往反方向的草地跑，然后才回到主人身边。这是一种常识性地隐瞒自己错误的行为，也就是表示它不在垃圾堆，而是在草地的欺骗手法。在这个事例中，我们也可以认为，犬是害怕主人惩罚而逃跑，而强烈的服从心理又迫使犬回到了主人身边。但不管怎样，犬存在撒谎行为，在我们训练或饲养犬的过程中应注意识别。

十一、犬的抑郁症

（一）犬抑郁症的表现

1. 食欲降低

患有抑郁症的犬首先表现为食欲下降，即使是对平时十分喜爱的食物也没有什么兴趣，甚至还会出现拒食的情况。

2. 睡眠时间明显变长

患有抑郁症的犬比平时睡得多，而且很不爱动。一天中大部分时间都在趴着睡觉，即使醒着也给人一种昏昏欲睡的感觉。

3. 情绪低落

患有抑郁症的犬心情低落，对什么都提不起兴趣，而且还会变得胆小怕人，见到陌生人就躲起来。甚至不再去有其他犬存在的地方。

4. 喜欢独处，不愿出门

犬得抑郁症时总是喜欢自己待着，对之前喜欢的玩具失去兴趣，不再和主人进行正常的游戏活动，对主人的呼唤也没有明显的反应。

5. 破坏行为增加

部分患有抑郁症的犬会伴随发生行为变化，如频繁的吠、嚎叫等，还会出现在家中随意排泄的行为，甚至还会发生对人或其他动物的异常攻击行为。

（二）导致犬抑郁症的因素

1. 心理或生理状况

犬一旦生病，身体上的痛苦往往会带来心理上的创伤；有的犬天生胆子小，又比较敏感，容易受到环境的刺激，没有安全感；此外犬处于特殊生理时期，如妊娠、产后也容易产生心理问题。以上均是导致犬抑郁的常见诱因。

2. 创伤

如受伤或遭受虐待等。

3. 分离焦虑

犬是群居动物，当与主人长期分离，或经历手术、伤病等原因长时间关在笼子里时，容易引起犬的焦虑情绪，如不加以重视和改善，容易使犬抑郁。

4. 缺乏精神或身体上刺激

对于精力充沛的工作犬，如果突然退役或者精力、热情得不到认可和释放，也容易导致抑郁。

5. 生活环境变化

增加新的家庭成员（人或宠物），或家庭成员间情绪压抑，对犬的身心与适应能力也是一个巨大的挑战。此外作息时间的改变，压力和活动空间的束缚都会导致犬抑郁。

(三)犬抑郁症的预防

1. 给予宠物犬更多的呵护和关爱

犬主人要多花时间陪伴犬,多进行互动玩耍,调动犬的积极性。通过任务奖励使犬获得成就感、满足感。

2. 让犬每天有足够的运动

犬主人要养成一个良好的饲养管理习惯,定时遛犬,尽可能地丰富犬的生活。每天要抽出时间带犬出去运动,因为运动可以增加犬体内内啡肽或"舒适"激素分泌,使犬感到快乐。

3. 培养犬良好的饮食习惯

犬主人要定时给犬喂食,以便了解犬的饮食情况,发现犬的食欲变化,及时采取恰当的应对措施。在合理饲喂之余,主人还可以适当地给犬喂一些奖励零食,以此增加犬的幸福感。

4. 宠物医生干预治疗

宠物犬出现抑郁症状时,可带至宠物医院,在专业医生的指导下进行行为干预,必要时需要介入药物治疗。

任务二　猫的行为心理

知识目标

掌握宠物猫行为心理的种类。

技能目标

掌握宠物猫各式心理行为的诱因以及表现。

学习任务

结合教材,自主学习,学会根据猫的心理制订相应的训导方法。

猫性格十分倔强,自尊心强,对待主人的指令,即使已经理解,但只要认为不合自己心意,猫就不会去做。猫常常拒绝主人给安排的睡觉地点,主人不喜欢它去的地方偏要去,如冰箱的上面等。猫常拒绝主人的爱抚,会在主人强行抱起在怀中爱抚时从主人手中挣脱跑掉。

一、性格孤僻,不喜群居

野生猫常单独活动,喜欢孤独自由,除配种期外,很少会三五成群地栖息在一起。家猫虽然经过人类驯化,但在很大程度上仍保留有孤独的性格。

二、任性

猫从不认为自己是主人的家臣，有人认为与犬相比，猫显得有些任性，我行我素，但凡有这种想法的人都是因为并不太了解猫的习性。猫是喜欢单独行动的动物，不像犬一样，听从主人的命令，集体行动。因而它不将主人视为君主，唯命是从。有时候，你怎么叫它，它都当没听见。猫和主人并不是主从关系，把它们当成平等的朋友关系更好一些。也正是这种关系，才显得猫独具魅力。

另外，猫会把主人看作父母，像小孩一样爱撒娇，当它觉得寂寞时会爬上主人的膝盖，或者随地跳到摊开的报纸上坐着，尽显娇态。很多人都拿它没办法。

三、警觉性高，好奇心强，玩心重

猫对周围环境的变化十分警惕，即使在休息或睡眠状态下也处于高度警觉状态。猫的反应和平衡能力首屈一指，这主要得益于猫的出类拔萃的反应神经和平衡感。它只需轻微地改变尾巴的位置和高度就可取得身体的平衡，再利用后脚强健的肌肉和结实的关节就可敏捷地跳跃，即使在高空中落下也可以在空中改变身体姿势，轻盈准确地落地。所以不论室内、室外，总能看到其上蹿下跳的身影，正是因为它的"闹"，好多爱静的人不喜欢养猫。

值得注意的是，虽然猫喜欢登高，如爬树，但猫并不善于下落，虽然猫运动神经发达，善于爬高，但却不善于从顶点下落。能上、不能下，它经常是一边胆战心惊地往后仰，一边哆哆嗦嗦地往下爬。如果到地面的距离短，它就往下跳；如果太高，它会发抖，就像所谓的恐高症一样。

四、自私心和嫉妒心强

猫表现有强烈的占有欲，如对食物、领地以及对主人的宠爱等均不愿受到其他猫的侵犯。有趣的是，当主人抱起一只猫爱抚时，另一只猫由于嫉妒心理，会立即发出"呜呜"叫声，以示主人偏爱同伴而冷落自己。而怀中的猫也会不甘示弱而发出叫声，阻止另一只猫跳到主人怀中。也常会发生这样的事：主人带一只新猫或犬、鸟回家，原来养的猫会突然失踪，有时甚至会死去。

五、嗜睡

睡觉是猫不可缺少的重要行为，猫常常闭眼蹲着睡觉或躺下睡觉，1 d 可长达 16 h，但是猫的睡眠有 3/4 是假睡，实际上猫 1 h 睡熟的时间仅为 4 h，猫睡觉常会选择合适的地点，夏天会在通风凉爽之处，冬天常在温暖之处，白天在阳光可以照到的地方，且会随阳光的照射而不断变换场所，晚上常睡到炉子旁边，或钻入主人的被子中。有时猫常因靠火炉太近而烤焦尾毛，有时因寻找睡处而跳来跳去损坏家具、物品等，所以猫的主人要为猫设计一个理想的睡觉场所。

六、爱清洁，常舔被毛

猫天生有爱清洁的特性，而不像鼠、兔那样生活在阴暗的洞穴或角落里。猫从不随地大小便，通常到固定场所大小便，便后还要用脚挖土掩盖起来。

七、昼伏夜出

昼伏夜出是猫的祖先野猫有夜行性生活习性，因此野猫常在黑夜活动，捕食夜间活动的鼠类。家猫虽然驯化多年，但仍保留这个特性。

八、通过叫声与主人对话

猫的“喵，喵”叫声内涵丰富，有各种语调和声调，能准确地表达感情。如果猫直盯着主人的脸，大声叫唤就是肚子饿了；撒娇似的拉长声音，就是不满；要求得到满足后，猫的叫声就变小了。

与猫交往，猫的叫声不仅能传递信息，而且能表达感情，因而主人能通过观察、判断来读懂它，和它交流。猫有很多种，有嘴贫的，有沉默的，不能一概而论，长年和一只猫相处，就能读懂它的每个叫声。

项目四
宠物美容用品与工具

知识目标

掌握宠物美容工具的种类与名称。

技能目标

掌握宠物美容与护理过程中涉及的美容设备及工具的识别与使用。

学习任务

熟识宠物美容工具的名称与种类，能够操作美容设备。

一、美容台

对于宠物美容来说，美容台是整个美容过程中必不可少的，在整个美容过程中除洗澡外，宠物要一直待在美容台上。完整的美容台上应有一个固定宠物的带子，把宠物的头部或者腰部固定在带子上，宠物就不能乱跑了，而且宠物站在美容台上更方便美容师为宠物做美容。

理想的美容台应具备以下条件。

(1)要稳定而且坚固，设备的下方要平稳，千万不要用摇摇晃晃的桌子，否则宠物会感到害怕。

(2)台面要有防滑防水桌面，防止宠物从台上滑下去。用来固定宠物的支架要牢固，能承受宠物的拉扯，支架一般为"L"形的金属杆。

(3)美容台的高度应该以宠物美容师感到舒服为标准，不宜让使用者弯腰弓背地操作。

目前美容台的类型有液压型和普通型 2 种，桌面的形状有长方形和圆形 2 种。而同一美容台又分为大、中、小 3 个型号，美容师可根据宠物实际情况自行选择。

二、梳子

犬在春秋两季要换毛，此时会有大量的被毛脱落。脱下的毛会附着在室内各种物体、人身上影响卫生，如果被犬误食还会影响宠物的消化。因此，要经常给宠物梳理被毛，这样不仅可除去脱落的被毛污垢和灰尘，防止被毛缠结，而且还可促进血液循环，增强皮肤抵抗力，解除疲劳。梳子的种类有下面多种。

(1)木柄针梳。适合长毛宠物使用。

(2)钢丝梳。适合㹴类犬腿部使用。

(3)标准型美容师梳。又称窄宽齿梳,以梳子中间为界线,梳面一面较疏,一面较密。

(4)面虱梳。用于面部毛发梳理,以便更有效地去除宠物眼部周围粘有的脏物。

(5)极密齿梳。用于身体带有体外寄生虫的宠物,可以有效剔除毛发中隐藏的跳蚤。

(6)分界梳。主要用于长毛宠物的背部分线、头部扎辫子时使用,在宠物毛发染色时也会用到塑料的分界梳。

(7)开结梳。又称开结刀,质地坚硬,用于犬、猫个别打结严重的部位的梳理。

(8)普通针梳。有大小号,通常用于洗澡前的梳理开结。

三、剪刀

(一)种类

分为直剪、牙剪和弯剪 3 种。7 寸直剪(1 寸≈3.33 cm)以上的用于全身修剪,5 寸直剪用于脚底的修剪,7 寸牙剪用于去薄及最后的修饰,7 寸弯剪主要用于修圆修弧度,其中以直剪最为常用。

1. 直剪

宠物直剪主要有 5.5 寸直剪、6.5 寸直剪、7.5 寸直剪、8 寸直剪。

(1)5.5 寸直剪。长度 5.5 寸,小巧精致,用于修剪脚底毛和其他要求精细修剪的部位,一般采用钢材铸造,硬度高、耐磨、锋利,横切面凹式可有效延长锋利度。适用于小型犬的被毛修剪。

(2)6.5 寸和 7.5 寸直剪。家用宠物美容剪刀的首选,长度适中,方便整体和局部造型修剪。配合牙剪使用更能修剪出理想的造型,也可用于电推剪修剪之前的长毛辅助剪短,是长毛犬修剪造型的必备尺寸。一般采用钢材铸造,硬度高、耐磨、锋利,横切面凹式有效延长锋利度,用钝后可多次重新研磨使用。

(3)8 寸直剪。能有效提高修剪效率,材质坚实耐用,适合高强度的修剪。

2. 牙剪

牙剪一侧为刃口,另一侧为排梳,具有硬度高,韧性强,刃口锋利,持久耐磨的特点,适合高强度的修剪,在美容过程中主要用于打薄、衔接、修补缺陷等。

3. 弯剪

弯剪的刃口有一定的弧度,在美容过程中主要用于毛发弧度的修饰。

(二)使用时的注意事项

(1)保持剪刀的锋利,不要用剪刀剪毛发以外的东西,修剪脏毛、毛结也会使刀变钝。

(2)刀口较脆弱,日常使用要防止摔落、撞击,如果剪刀口或尖损坏,剪刀基本就已报废。

(3)对于可打磨的剪刀,用完后要防止生锈,通常要上油保养。

四、电剪

在宠物美容行业，电剪主要用于宠物的剃毛，根据功能有大电剪和小电剪之分，而且每个电剪又有其配套的刀头，不同型号的刀头可以决定宠物剃毛后身上所留毛发的长短。下面介绍几款不同型号的刀头。

10 号(1.6 mm)：主要用于剃腹毛，适用范围广。

15 号(1 mm)：用于剃耳朵毛。

7 号(3 mm)：剃㹴类犬的背部。

4 号(9 mm)：用于贵宾犬、北京犬、西施犬的身躯修剪。

五、洗澡设备

(1)热水器。要根据宠物美容院的客流量确定热水器的容积，而且如果是筒式的最好是有温度显示的。

(2)压力喷头。要求喷头水压要足，现在市场上给宠物用的喷头多设计成针梳状，每根“针”都为一出水龙，这样更便于宠物在洗澡过程中的操作。

(3)浴缸。根据实际需求可以自行设计搭建浴缸，也可以买市场上宠物用的成品浴缸。

(4)吸水毛巾。不同于人用，宠物用吸水毛巾应吸水效果更强，拧干水后即可继续吸水。

(5)消毒桶：宠物美容过程中，为防止疾病交叉感染，尤其是皮肤病，要准备消毒桶，根据宠物情况放相应的消毒液，宠物在消毒桶浸泡后方可进入浴缸洗澡。

六、吹干设备

(1)烘干箱。通常在处理大型犬或是底毛较厚的犬时，美容师会用吹水机先将洗完澡的犬的底毛的水吹出，但注意对胆小或是直长毛的犬不适用，尤其不适用于猫。有一些美容院会给宠物使用烘干箱，许多主人也认为那是必备的设施。但有些兽医师不赞成使用烘干箱，认为烘干箱会对宠物会造成一定程度的不良影响，而且洗澡过程中最容易发生意外的就是烘干箱。

如果一定要进烘干箱，应特别注意其温度设定与烘烤时间，一般小型犬及猫为 20～40 min，大型犬为 40～60 min，温度在 30～35 ℃，毛发八九分干之后，再以针梳搭配吹风机完全吹干。通常毛量厚密且体态偏胖的犬只，如松狮犬，以及老龄犬猫，或有心脏病的犬猫不能用烘干箱，以防止中途中暑或休克。

(2)吹水机。实质是一种强力吹风机，小型犬或是短毛犬洗澡后吹干比较容易，用吹风机就可以了，可是长毛的大型犬用吹风机吹到完全干就比较费劲，所以正规宠物美容院都会配备一台或几台吹水机，吹水机因为配的是强力风机，所以在吹干毛的时候很大程度上是利用强风把犬毛上沾的水分吹走，因为不同于吹风机的水分蒸发原理，所以功率通常很大，一般都在 2 000 W 以上，噪声也较高，宠物如果接触得不多，很容易在第一次被吓到，所以操作时要注意。

(3)吹风机。适用于各种类型宠物毛发的吹干、定型，目前市场上有立式吹风机、双筒吹风机、壁挂式吹风机 3 种类型。

项目五
犬的家庭美容

知识目标

掌握犬家庭美容的意义与方法。

技能目标

掌握犬家庭美容的操作步骤与注意事项。

学习任务

自主学习，归纳总结犬家庭美容所需的工具与设备以及具体操作方法。

一、梳毛

幼犬买回家后，犬主人就应该尽快让它对梳毛、摆弄和检查形成习惯。每天都要把它放在不滑的地板上或旧地毯上，检查它的口腔、牙齿、眼睛、耳朵、腹部、爪子和身体的其他部位。不需要梳毛的时候也要给它梳一梳，让它习惯。时间久了，犬就会习惯被人梳理、摆弄，主人也能很快地检查它有没有长跳蚤，毛或皮肤是不是正常。梳理和摆弄幼犬时，每个动作都不能让犬感到难受。犬表现好的时候还要表扬甚至奖励它(图 5-1)。

梳毛的基本工具有犬用刷、梳子、梳毛手套(露指)、海绵、棉花球、犬用毛巾、钝口外用剪和指甲剪。

犬用刷的种类很多。细毛犬最好选用毛软的梳子，以免伤到幼犬脆弱的皮肤。硬毛刷比较适合毛比较厚的犬。橡皮刷多用于毛短而紧密的犬种(如拳师犬)。软钉刷则多适用于毛长且细的犬(如约克夏㹴)。

梳子种类也各不相同。粗目梳适合毛长而细的犬，而其他犬多用细目梳，细目梳还能用来梳开耳朵、腿或尾巴上缠结在一起的被毛。还有一种梳子比较特别，是专门用来梳理细绒毛的深层解结的毛刷。拉布拉多寻回犬和德国牧羊犬就经常需要用到这种梳子。

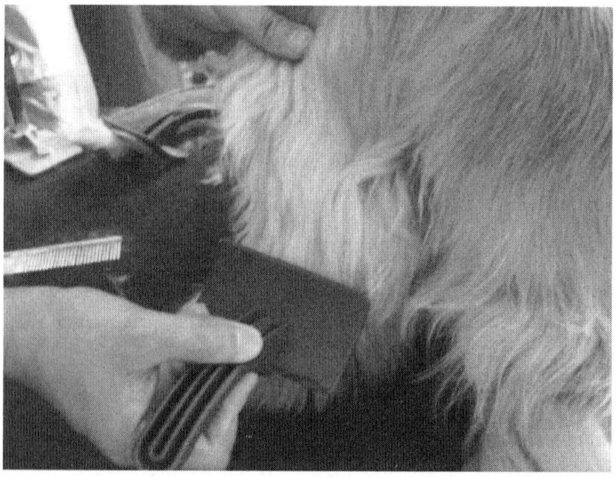

图 5-1　梳毛

打理长毛犬比短毛犬更花时间。要特别梳理腿和尾巴上的毛，爪、指甲和爪垫都要认真查看。爪垫间的毛要用湿海绵擦干净，以免结垢造成炎症。幼犬长大后长到爪垫外面的毛要用钝头弯嘴剪剪除。

犬眼角的眼屎要用湿棉花球擦除。尾巴下如有瓦砾灰尘都要认真清理，尾巴上特别长的毛也要剪除，以免弄脏。

梳子的种类：木柄针梳、钢丝梳（㹴类犬腿部使用）、标准型美容师梳（又称窄宽齿梳）、面虱梳、极密齿梳、分界梳、开结梳（开结刀）。

二、洗澡

要经常给犬做美容，一旦发现犬身上特别脏或者有异味就要给它洗澡。洗澡前要先给犬进行一次全身刷理。要用温水（尤其是幼犬）和专用沐浴液。洗澡时给它戴上棉花球可以避免水流入耳内，还要特别注意不要让水流到眼睛等处。犬的全身都要洗到，尤其是前后腿之间的部分（图 5-2）。

幼犬很容易感冒，所以洗完后要用专用毛巾把它身上的水分尽量擦干，然后再用吹风机吹干整理（图 5-3）。注意吹风温度一定要温和，以免伤害它的皮肤。

洗澡设备：热水器、压力喷头、浴缸、吸水毛巾、消毒桶。

吹干设备：烘干箱、吹水机、吹风机（立式吹风机）。

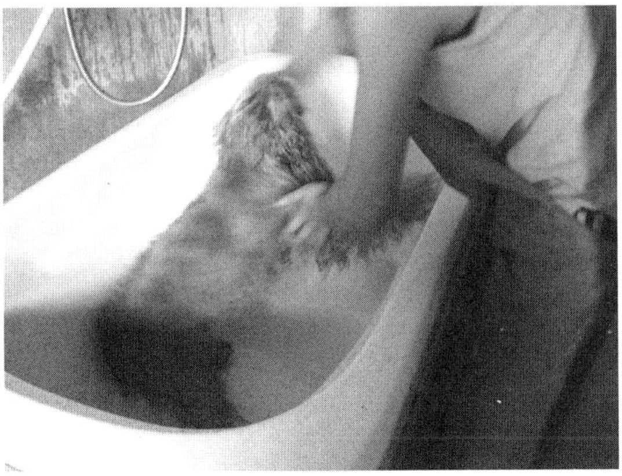

图 5-2　洗澡

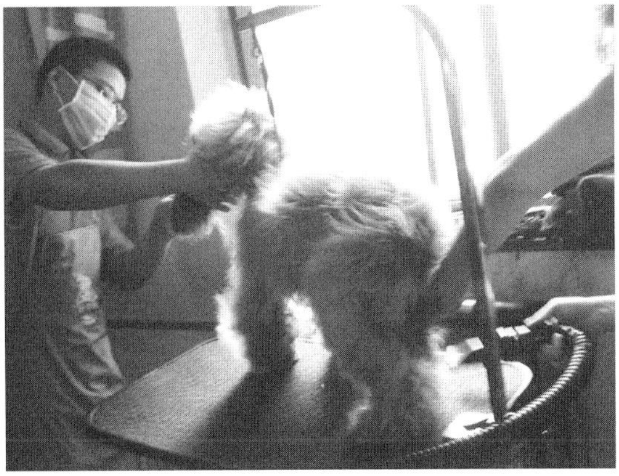

图 5-3　吹水

三、修指甲

犬的指甲不断在生长。犬指甲每 6 周需要修剪 1 次。给犬修指甲要使用专用指甲剪。犬主人可以自己动手给犬修剪指甲，也可以请兽医师或宠物美容师帮忙。

很多成年犬因为很少在硬地面上活动，它们的指甲不会自然磨损。犬指甲的生长和磨损情况会因犬种和生活环境的不同而不同，所以要按需要为犬修剪指甲。

如果犬爪生有残留趾（不起作用多余的上爪），要经常修剪。否则，容易损伤室内的物品。这些指甲甚至还有可能回长到肉里面。

四、宠物犬美容师和美容院

有些犬种需要经常做美容。有些犬种虽然不需要经常去美容，但是犬主人为了使它看上去更漂亮也经常要给它做些修剪。如果犬主人自己知道怎么弄又有时间的话，完全可以自己动手。如果自己不行的话，就要请专人帮忙了。想学宠物美容，可以先到附近的宠物美容院或兽医师那里询问相关学校和课程情况。给犬做美容时不要试图把它固定在某个姿势，因为大部分犬被摆弄时都喜欢动一动，尤其是洗澡的时候（通常犬都不喜欢水）。

项目六
宠物美容保定方法

任务一　犬美容保定方法

知识目标

掌握保定的概念、方法以及美容中保定的必要性。

技能目标

1. 掌握如何接近陌生犬及抱犬的正确方法。
2. 掌握美容与护理过程中犬的保定方法。

学习任务

具备宠物保定能力；具备宠物一般临床检查、系统检查的能力。

一、接近陌生犬

1. 中小型犬

慢慢地接近犬，可以蹲下与犬平视。手握成拳，手背向着犬的鼻子，让犬嗅你的气味，同时观察犬的眼神，随时防备犬的攻击。

2. 大型犬

慢慢地接近犬，但不可以蹲下，只需要弯一下腰，将拳头伸出，让犬嗅你的气味。

二、抱犬的正确方式

1. 小型犬的抱法

(1)一只手从犬的胸前伸过，扶住犬的肘部环抱住犬的前身，另一只手从犬的臀部后方伸出环抱住犬的后腿，手扶在犬的腿根部。然后用力将犬抱至胸前。

(2)一只手从犬的胸前伸过,扶在犬的肘部环抱住犬的前身,另一只手从犬的腹部向另一侧伸出,用力将犬托起。

2. 小型犬的抱法

(1)一只手抓住犬的背颈部,另一只手托住犬的腹部,把犬抱入怀中。

(2)一只手抓住犬的下颌处的毛,另一只手环抱住犬的身体,把犬抱入怀中。

3. 从笼子中将犬抱出

(1)打开笼子门后,伸出一只手握拳,慢慢伸到犬面前,让犬嗅你的手。如果它无攻击行为就可以慢慢将犬拉出,抱至怀中。

(2)打开笼子门后,如果犬有攻击性,就不要伸手去拉它,而是要拿一根犬绳,做一个活套,让另一个人吸引犬的注意力,一边快速将活套套在犬的脖子上,一边慢慢将犬拉出。一手拉紧绳子,另一只手快速抱住犬的腰部,将犬抱起。

4. 从主人手中接过犬

(1)如果犬合作的话,可以直接从主人怀中将犬抱过来。

(2)如果犬不合作,可以让主人将犬递给你,而不要与犬较劲。

三、固定犬、控制犬

(一)美容台牵引绳固定法

犬在美容台上,一只手扶住犬,另一只手将做成活套的犬绳套过犬的头部并同时套过犬的一只前腿。操作时应注意两点。

(1)美容师离开美容台之前,一定要把犬绳拴在犬的前身,并要让犬绳垂直于美容台。

(2)犬在美容台上,一只手扶住犬,将犬绳套在犬的腰部。

(二)掏耳朵时的固定方法

(1)合作的犬。左手抓起犬的耳郭并同时抓住犬颈部的毛发控制犬的头部,然后掏耳朵。

(2)不合作的犬。一个人吸引犬的注意力,另一个人从犬的身后给犬套上防咬圈、绷带、嘴套,然后掏耳朵。

(三)洗眼睛时的固定方法

(1)合作的犬。一只手抓住犬下颌处的毛,控制好犬的头部,另一只手操作。

(2)不合作的犬。一只手抓住犬下颌处的毛,控制好犬的头部,另一只手操作,在犬乱动时要用有效的口令,如“No”去制止它,在它不动时,马上继续操作。

(四)剪趾甲与剃脚底毛时的固定方法

1. 小型犬

(1)剪前脚趾甲。一只手臂夹住犬的肘部并拿起犬的前肢,另一只手操作。

(2)剪后脚趾甲。一只手臂夹住犬的腰部并拿起犬的后肢,另一只手操作。注意犬绳一定要垂直于美容台，否则起不到帮美容师控制犬的作用（图 6-1）。

（3）躺犬法：先放松犬绳，一只手从犬的肩部伸出握住犬的两条腿，另一只手从犬的大腿根部伸出，握住犬的两条后腿，将腿靠向自己的身体并将犬慢慢翻起，身体同时向下倾斜并将犬压倒在美容台。先安抚犬，待它安静下来再操作。

2. 中大型犬

直接抬起犬的脚剪，如果犬不合作可以将犬放躺下再剪。注意要轻轻地把犬放躺在美容台上，不要摔犬。

（五）剃腹毛时的固定方法

（1）左手抬起犬的前肢，让犬后肢站立，右手握电剪操作（图 6-1）。

（2）将吊杆放至适当高度，左手抬起犬的前肢，将犬的前肢搭在吊杆上压住，让犬后肢站立在美容台上，右手握电剪操作。

（3）如果是大型犬，抬起犬的一条后腿，右手握电剪操作。

（4）左手从犬的前胸抱向犬的前腿肘部，右手从犬的臀部抱向犬后腿根部，将犬向自己身体上靠，身体向下倾斜的同时，轻轻将犬压在美容台上，安抚犬。待犬放松下来，左手从犬肘部，右手从犬后腿根部，慢慢将犬翻起。左手压住犬，右手握电剪操作（图 6-2）。

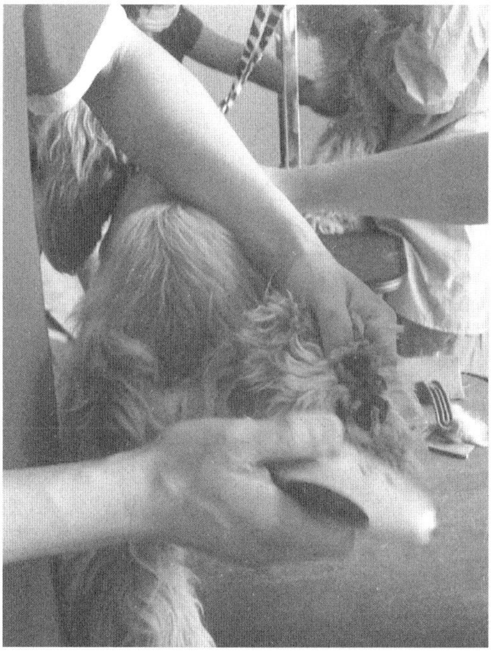

图 6-1　剃脚底毛

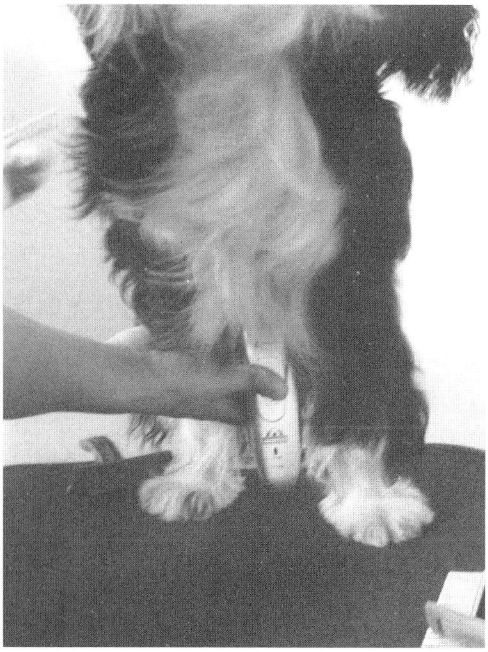

图 6-2　剃腹底毛

任务二 猫美容保定方法

知识目标

掌握猫保定的概念、方法以及美容中保定的必要性。

技能目标

1. 掌握如何接近陌生猫及抱猫的正确方法。
2. 掌握美容与护理过程中猫的保定方法。

学习任务

具备宠物保定能力;具备宠物一般临床检查、系统检查的能力。

猫的美容修剪与犬类的修剪不同。猫的美容修剪没有犬的复杂,美容造型也没有犬的造型复杂多变,猫的美容修剪主要以整洁、干净为主,造型也是随其自身的特点和体型进行修剪,最大的特点就是不改变其本身的特点,做到被毛理顺、整体清洁美观即可。因此猫的美容保定主要侧重于清洁皮肤及被毛过程,而在美容修剪方面略显简单容易。目前我国宠物美容领域,猫美容修剪也是由犬转变而来的,因此在保定方法上与犬近似,只是依据猫的性格特点和生活习性有所不同。下面着重介绍一下关于猫的美容保定方法。

一、猫徒手扑捉与保定

猫在动物学分类上与虎、豹等猛兽同属一科,即猫科动物。因而在形态结构、生理习性等方面有很多相似之处。猫的性格倔强,独立、自尊心很强。因此,在对猫的保定上应与犬有所区别,对伴侣猫,应利用猫对主人的依恋性由主人亲自捕捉,抱在主人的怀里即可。

有些猫在陌生的环境下面对陌生人通常比犬更胆怯和惊慌,当人伸手接触它时,就会表现愤怒,发出“嘶嘶”的声音或抓咬,猫爪过于锋利,抓伤人的机会更大,因此保定者应戴上厚革制长筒手套,保护自身安全。

一般扑捉或保定猫时,不能抓其耳、尾或四肢,正确的方法是保定人员先轻柔接近猫,给猫以亲近没有威胁的表示,轻轻拍其脑门或抚摸其背部,当猫的戒备心理减少时,可一只手抓住猫的颈背部皮肤,另一只手托住猫的腰荐部或臀部,使猫的大部分体重落在托抱的手上,此种保定方法简单,确实能有效防止猫的抓咬。对于小猫,只需抓住其颈部或背部的皮肤轻轻托起即可。对野性大的猫或新来就诊的猫,最好要两个人相互配合,即一个人先抓住猫的颈背部皮肤,另一个人用双手分别抓住猫的前肢和后肢,以免把人抓伤。

二、扎口保定法

尽管猫嘴短平，仍可用扎口保定的方法，以免美容师被咬伤。用绷带（或细的软绳）在其1/3处打活结圈，套在猫嘴上后，于下颌间隙处收紧。其两游离端向后拉至耳后枕部打一个结，并将其中一长的游离绷带经额部引至鼻侧穿过绷带圈，再翻转至耳后与另一游离端收紧打结。

三、猫保定架保定法

把扑捉后的猫放在对开的保定筒之间，合拢保定筒，使猫的躯干固定在保定筒内，其余部位均露在筒外。

四、颈圈保定法

颈圈又称伊丽莎白圈，是一种防止自我损伤的保定装置。有圆锥形和圆筒形2种。可用硬质皮革或塑料制成特制的颈枷，也可根据猫的头形及颈的粗细选用硬纸壳、塑料板、三合板、X线胶片或较厚的布艺材料自行制作。

五、侧卧保定法

温顺的猫可采用与犬一样的侧卧保定法，但猫体躯较短，此法难以使猫体伸展，对于脾气暴躁的猫，保定者可一手抓住猫颈背部皮肤，另一手抓住两后肢，使其侧卧于美容台上，两手轻轻对应牵拉，使猫体伸展，可有效地控制猫。

六、化学保定法

猫对麻醉药比较敏感，在美容中猫的化学保定法仅限于一些特别凶猛的猫，对于用机械保定法即可达到目的的猫最好不使用化学保定法，以免发生过敏反应，导致猫死亡。

在使用化学药物保定时，需严格按照药物剂量使用，并在美容过程中密切监控猫的各项生理指标，防止发生意外。目前对于猫的保定，常用的化学药物有以下几种。

1. 隆朋（甲苯噻嗪）

用于猫保定剂量为1.8～2.1 mg/kg体重，纯种剂量稍减。麻醉前肌内注射阿托品，效果确实。

2. 氯胺酮

猫肌内注射2.2～4.4 mg/kg体重，可使猫产生麻醉，持续0.5 h左右。我国在数年前多用此药做猫的全身麻醉。现已多复合应用，以减少兴奋现象。给药后，猫表现瞳孔扩大，肌松不全，流涎，运动失调而后倒卧，意识丧失，无痛感。有的猫可能出现痉挛症状。为减少流涎，可在麻醉前皮下注射阿托品。猫处于麻醉状态时,要防止舌根下沉而阻塞呼吸道。

3. 硫酸阿托品

硫酸阿托品属超短效巴比妥类药,静脉注射后无兴奋期,快速进入麻醉状态,但麻醉维持时间较短,当动物苏醒或有必要时可根据情况适当追加药量,这样可延长麻醉时间,以便美容修剪能够顺利完成。临用时用注射用水或生理盐水配成 2% 的溶液,猫按照 0.02～0.04 mL/kg 体重静脉注射。

4. 氯丙嗪(冬眠灵)

氯丙嗪别名阿米那嗪、氯普马嗪、氯硫二苯胺,是吩噻嗪类的代表药物,为中枢多巴胺受体的拮抗药,具有多种药理活性。给药后,明显减少自发性活动,使动物安静与嗜睡,加大剂量不引起麻醉,可减弱动物的攻击行为,使之驯服,易于接近。因其具有刺激性,静脉注射时宜稀释且缓慢进行。内服:猫 0.02～0.1 mg/kg 体重;肌内注射和静脉注射:猫 0.05～0.1 mg/kg 体重。

5. 乙酰丙嗪

氯丙嗪药效学:抗精神病的效应是由于在脑内阻断多巴胺受体。此类药物还可产生 α 肾上腺素受体阻断作用,并可影响下丘脑与脑下垂体的内分泌。其镇静作用是由于抑制脑干网状结构的上行激活系统,制止呕吐是由于影响了延脑呕吐中枢的活动。猫内服 1～2 mg/kg 体重;肌内、皮下或静脉注射,猫 1～2 mg/kg 体重。

6. 地西泮

地西泮又称安定,内服吸收迅速,可使兴奋不安的动物安静,使具有攻击性的狂躁的动物变为驯服,易于接近和管理,肌内注射 15 min 后即出现镇静催眠和肌松现象。可用于猫的镇静催眠、保定等。防止猫攻击人。用量:猫 0.2～0.6 mg/kg 体重。

7. 苯巴比妥

苯巴比妥又称鲁米那,内服和肌内注射均易吸收,具有抑制中枢神经系统的作用,尤其是大脑皮层的运动区。具有镇静作用,可用于猫的保定。给药后起效慢,内服后 1～2 h,肌内注射 20～30 min 起效。用量:猫 2.5 mg/kg 体重。

8. 舒泰

舒泰是一种新型分离麻醉剂,它含镇静剂替来他明和肌松剂唑拉西泮。在全身麻醉时,舒泰能够保证诱导时间短、极小的副作用和最大的安全性。在经肌内和静脉注射时,舒泰具有良好的局部耐受性。舒泰是一种非常安全的麻醉剂。用作保定药物使用时,猫 5～7.5 mg/kg 体重,皮下注射。

项目七
宠物的基础美容

任务一　犬的基础美容

知识目标

掌握宠物基础美容的概念以及与造型美容的区别。

技能目标

掌握犬基础美容的方法步骤以及注意事项。

学习任务

具备犬的基础美容操作能力。

一、犬的洗澡

(一)洗澡的必要性

为了防止皮肤干燥,阻止病原微生物入侵,犬皮肤的皮脂腺会分泌适量的皮脂,它既可防水,又可保护皮肤,因此皮脂对于皮肤健康来说是不可缺少的东西;但是皮脂具有难闻的气味,如果在皮肤和被毛上这些分泌物积聚多了,再加上外界粘到身上的污秽物,以及排泄后留下的一些粪尿,便可使被毛缠结,发出阵阵的臭味,同时污垢会妨碍皮肤的新陈代谢,成为细菌的温床,进而引发皮肤病。尤其是在我国南方炎热潮湿的春夏季节,如果不给犬洗澡,病原微生物和寄生虫就容易侵袭犬。洗澡不仅能够洗掉污垢,而且还能促进皮肤新陈代谢,维持健康。因此必须定期给犬洗澡,保持皮肤的清洁卫生,防止疫病的发生,维持犬的健康,使犬的皮毛变得更加美观。

(二)洗澡的目的

(1)洗去皮肤和被毛上的污垢,使身体保持清洁。

(2)提高皮肤新陈代谢的功能,促进被毛生长发育。

(3)理顺被毛,使修剪更方便。

(三)洗澡的频率

人们对犬洗澡频率的认识随着时间的变化而变化。一般情况下认为,频繁地洗澡会对犬产生不良的影响。如果洗澡过于频繁,洗澡时使用的洗发剂或香波会把犬毛上的油脂洗掉,没有了油脂的保护作用,就会使犬毛变得脆弱暗淡,容易脱落,失去防水的作用,使皮肤容易变得敏感,还会引发疾病,严重者还易引起感冒或风湿病。如今随着新型洗浴香波的研究开发,即使每天都洗澡也没关系。但是,即使是现在,在被公认为服务最好的欧洲的洗刷中心,也没有形成以周为单位给室内饲养犬清洗的文化。相信,今后,人们对犬的清洁要求会越来越高,为犬洗澡也将成为每天生活的一部分。

一般应当根据犬毛的质地、颜色、犬毛弄脏的程度、所在地区的温度、湿度、季节和饲养环境等条件,决定犬洗澡的频率。通常室内喂养的犬一般每 1～2 周洗澡 1 次,冬季可每月洗澡 1 次。但频率也不是固定不变的,一般应根据犬的品种、清洁的程度及天气情况等而定。如被毛较短,分泌物较少的大型工作犬,洗澡次数可少一些,一般每月洗澡 1～2 次。家庭观赏犬,如北京犬(京巴犬),毛长,分泌物多,臭味大,应每周洗澡 1 次。

(四)洗澡前的准备工作

1. 体检

洗澡前,一定要确认犬是否一切正常,如果觉得犬状态异常,即使是非常细微的异常也要立刻与其主人进行沟通并加以确认。否则,可能会引起不必要的麻烦。下面是洗澡前体检项目的示例。可以在接受预约时,一边与犬主人交谈,一边进行检查确认,这样会比较方便。

(1)体况。查明有无呕吐、痢疾、口水等。

(2)皮肤。身上有无死皮、湿疹、皮肤发红等异常情况。

(3)耳朵。耳内是否脏污、发炎、肿胀,有无耳垢等。

(4)眼睛。检查眼睛的颜色及周围的情况,有无眼屎或受伤等。

(5)呼吸。细心聆听有无“呼哧”的喘息声或咳嗽声。

(6)触摸犬的全身,注意其是否有疼痛感及发怒的情况。

只有在确定了犬的身体状况后,才可以根据具体情况采取相应的方法进行美容操作。

2. 梳理

洗澡前一般要进行充分的毛发梳理。首先要去除毛球,其次还要梳通打结处,使梳子能够顺滑地一梳到底。这不仅会使清洗工作变得顺畅,而且还能减轻犬的负担。可以说,提高洗澡效率的秘诀在于洗澡前的梳理工作。

3. 选择合适的水温

把犬放入浴缸前应事先用手确认水温是否合适,以防烫伤犬。给犬洗澡最好使用温度为 35～38 ℃的水。浴缸要经过消毒,然后放入适宜温度的水,如果是淋浴则不需此操作。此外,选择淋浴器和塑胶软管也是有很大区别的。淋浴器的水流和塑胶软管的水流带给犬的感觉有明显的差异。淋浴器可以淋湿很大的范围,但水流多少有些剧烈,而且是从高处往下喷水,有些内向的犬可能不太喜欢。而塑胶软管不仅可以使水很快深入毛根,对于冲掉洗发香波也非常有效。使用塑胶软管还有一个好处就是它比淋浴喷头容易控制,可以用手更好地控制调节水流和水压。总之,无论是怎样的情况,事先都应用手测试水温、水压,这一点是非常必要的。

4. 用品准备

准备好应用的浴巾、梳子、吹风机、浴液、香波和眼药水。

5. 耳塞

用棉球将犬耳塞住以防水进入犬耳内，注意不能塞得太深，以免最后取不出来。

(五)香波的选择

犬的毛发和皮肤呈弱酸性，而人的呈弱碱性，因此，不要用人使用的香波给犬洗澡，因为犬需要酸性的香波以保持毛发及皮肤的健康。酸碱度一般用 pH 衡量，pH 等于 7 为中性，0～7 为酸性，7～14 为碱性。下面介绍几种特效香波。

1. 干洗香波

干洗香波是一种无须使用清水，利用碳酸镁和硼酸砂等粉末粒子的吸附洗净功能制成的溶剂。它的作用仅限于为还不能入浴的幼犬和白色被毛较多的犬种进行暂时的局部清洁。但是，这类产品若残留在皮肤上会造成皮肤疾病，所以操作起来需要具备相当的熟练程度。

2. 药用香波

这是专门为患有皮肤病或者皮肤比较脆弱的犬类生产的药浴剂。有些香波液还掺有去除跳蚤、扁虱的除虫剂。为了配合药物的性质，多数产品呈弱酸性，所以不能过于期待它们的去污能力。也有很多产品添加了硫黄化合物，它不仅具有杀菌效果，同时还能起到软化皮肤表面角质层、去除皮垢的作用。但如果频繁使用，会使皮肤变得粗糙，出现更加严重的皮屑现象。所以，应该按照产品的说明书来决定使用频率和清洗方法。

3. 漂白香波

这种香波里面含有漂白成分，会给被毛造成想象不到的损害，因此应避免频繁、连续地使用。由于碱性较强，需要加入护毛剂进行中和。如果用于白色被毛以外的毛色上，则能引起变色和脱色。

4. 护毛香波

虽然说这是目前备受关注的新产品，但终究是面向消费者的商业产品。在去除污垢的同时又要给被毛施加养分，从理论上来说这需要有时间差，同时操作有很大困难。因为不能达到完全清洁养护的标准，所以不能算是专业级的香波。

(六)洗澡的基本方法

一般 3 个月以内或未完全注射完疫苗的幼犬，是不应该洗澡的。因为 3 个月以内或未完成免疫的幼犬，抵抗力较弱，易因洗澡受凉而发生呼吸道感染、感冒和肺炎，尤其是北京犬一类的扁鼻犬，由于鼻道短，容易因洗澡而发生感冒、流鼻涕，甚至咳嗽和气喘。而且这个时候还非常容易患上传染病，如犬瘟或细小病毒病。同时，洗澡还会影响毛的生长量、毛质和毛色。因此，3 个月以内或未完全注射完疫苗的幼犬不宜水洗，而应以干洗为宜，即每天或隔天喷洒稀释 100 倍以上的宠物护发素或婴儿爽身粉，勤于梳刷即可代替水洗。也可去专业的美容院买宠物专用的干洗粉进行清洗。还可以用温热潮湿的毛巾擦拭其被毛及四肢。擦拭的顺序依次是：脚垫、四肢、肛门（肛门是犬比较敏感的部位，擦拭时一定要小心。水温不能过热，过热会烫伤肛门翻膜，但也不能过凉，过凉也会刺激肛门，使犬感觉特别不舒服，并且会使犬产生恐惧和害怕的感觉，以至于以后都不愿意接受人为的擦拭）、尾部、背部、头部，擦拭时注意不要碰到眼睛。最后是下颌和胸部。擦拭过后应马上用干毛巾再擦拭一遍，顺序与前面相同，然后再轻轻地撒上一层爽身粉，最后用梳子轻轻地梳理 10～20 min，这样就可以了。

一般仔犬都怕洗澡，尤其是沙皮仔犬更怕水，即使是地上的一个小水坑它也会避开，因此要做好仔犬第一次洗澡的训练工作。用一个大的水盆，装满温水，水温 37～38 ℃。水位以将犬头露出的位置为好，不宜过高，过高很容易使仔犬呛到水，水位也不宜过低，水位过低仔犬会感到寒冷，并且也会非常难洗。只有水位正好到下颌的位置才会使仔犬感觉舒服和温暖，以后也更愿意洗澡。另外，还应防止仔犬眼睛和耳朵进水。

（七）洗澡的具体方法

调试好水温后，将犬放入浴缸内，使其头朝向左侧，尾朝向右侧。侧立在浴缸内，右手拿起淋浴器喷头，轻轻打开淋浴器（刚开始水不要开得太大，以免吓到犬），先在其背上冲刷。左手拿一个针梳，边冲边梳理。将其被毛向左右两侧分开，用水轻轻地冲洗，背部冲湿后，接着是四肢和腹部，将淋浴器喷头向下移动，将四肢打湿，再翻转淋浴器喷头，使其水流朝向上方，将其放到肚皮的下方，将四肢和腹部周围的毛发打湿。接着再移动淋浴器喷头，将其后腿内侧以及前躯胸部的毛发打湿，然后是前肢及下颌，最后是头部。头部打湿的方法是：将淋浴器喷头放在犬的头上方，水流朝下，由额头向颈部的方向冲洗，耳朵要下垂冲洗，由额头上方，向耳尖处冲洗，再翻转耳内侧，这时就不能用淋浴器喷头冲洗了，而是用手轻轻地撩水将耳内侧的毛发打湿。注意不要将水浸入耳内，以免造成耳内感染。眼角和嘴巴周围的毛发也不能用淋浴喷头冲洗，因为急流的冲洗会使犬不适应或产生恐惧，正确的方法是用双手撩水将其慢慢地打湿。待其身体的毛发全部打湿后，用针梳将犬的毛发再重新梳理一遍。注意一定要顺着毛梳，千万不要逆毛梳理，逆毛梳理会折断很多毛发。四肢和脸部的毛发向下垂直梳理就可以了。

梳理过后要将全身的毛发用清水再冲洗一遍，然后用手将其全身的毛发涂上洗浴香波，在涂头部时应注意眼睛、鼻子、嘴巴和耳朵内一定不能涂上香波，尤其是眼睛，如眼睛不慎沾上香波，应立即用清水冲洗，或者用氯霉素眼药水冲洗，以免造成眼部疾病。香波涂好之后用双手进行全身按摩，使香波充分地吸收并产生大量的泡沫，用双手轻轻地抓拍背部、四肢、尾巴及头部，这时可逆毛方向进行抓洗。可用双手轻轻地在肛门周围由内向外环绕清洗及按摩，待爱犬的全身产生丰富的泡沫，就可以用清水将其冲洗掉。冲洗方法与前面被毛打湿的方法基本相同，但一定要注意多冲几遍，一定要把犬身上的香波全部冲洗干净，冲洗的次数一般在 2～4 次为宜。冲洗过后用事先准备好的浴巾将犬的头及身体包裹住，将犬抱出浴缸放到美容台上，用浴巾反复搓擦其身体，直到将身体表皮的水分完全擦干，之后拿掉浴巾，同时一手拿起吹风机，一手拿起针梳，将吹风机对准犬的身体先从背部吹起，边梳边用吹风机吹干（图 7-1）。

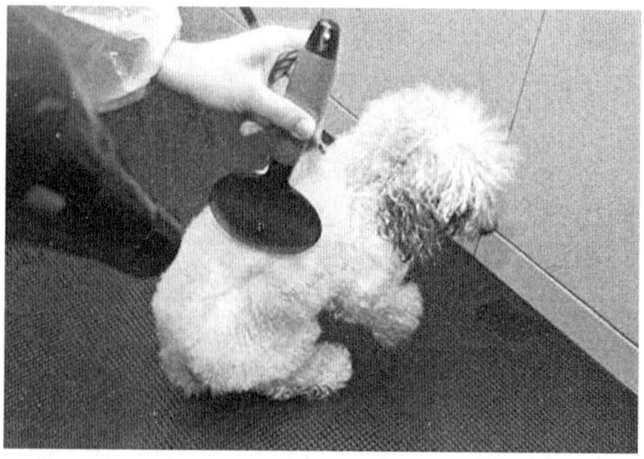

图 7-1　小型犬吹毛

(八)洗澡的注意事项

(1)洗澡前一定要先梳理被毛,这样既可使缠结在一起的毛梳开,防止被毛缠结更加严重,也可把大块的污垢除去,便于清洗。嘴巴周围、耳后、腋下、股内侧和趾尖等处是犬最不愿让人梳理的部位,更要梳理干净。梳理时,为了减少和避免犬的疼痛感,可用一只手握住毛根部,另一只手梳理。

(2)洗澡可除去被毛上的油脂,会降低犬的御寒力和皮肤的抵抗力,一冷一热也容易感冒,甚至导致肺炎。所以洗澡时要注意室内外温度,给犬洗澡应在上午或中午进行,冬季室内应加温,防止犬感冒。不要在空气湿度大或阴雨天时洗澡。洗澡后应立即用吹风机吹干或用毛巾擦干。切忌将洗澡后的犬放在太阳光下晒干。

(3)根据被毛、皮肤的状态和洗澡的频率,注意选择适当的香波。如果洗澡频繁,最好使用优质的香波、润滑剂和护理液。如果选择不恰当的香波,会产生一些弊端。如去除皮脂后,被毛和皮肤失去弹力,造成体温调节功能下降,防止皮肤干燥的能力下降,防水功能下降,造成被毛脱落,给被毛细胞带来坏的影响等,所以必须密切注意。

(4)香波要事先稀释到最佳的浓度。香波应涂在湿润的毛上,这样才能方便涂抹开。

(5)洗澡水的温度,不宜过高或过低,最好使用温度为 35～38 ℃的温水。一般春天以 36 ℃,冬天以 37 ℃为最适宜。

(6)不要竖起指甲搓揉犬毛,要用指腹顺着毛势进行清洗。

(7)当犬身体状况不佳或者有疾病的时候忌洗澡;身上带有剃毛器或钉刷等造成的伤口时忌洗澡;生了皮肤病的犬,只能进行与病症相适应的药浴。

(8)洗澡时一定要防止香波流到犬眼睛或耳朵里。冲水要彻底,不要使肥皂沫或浴液滞留在犬身上,以防刺激皮肤而引起皮肤炎症。

(九)护理

洗澡的主要目的是去除皮肤和被毛上的污垢。为使由皮脂变化而来的污垢脱落,要求香波必须具有超强的洗净力,因此必然含有强碱性。一般碱的含量与洗净力是成正比的,去污能力强的香波必然碱含量也高。不管是人还是犬,如果皮肤和被毛在碱性状态,将会产生蛋白质被破坏、细菌迅速繁殖的负面效应。因此应该在洗澡后使用润滑剂中和皮肤和被毛的碱性,使其恢复到弱酸性。大多数的润滑剂都是以各种油为原料加工而成的,目的在于对香波所引起的皮肤与被毛的脱脂状态进行人工补充油脂,起到保护作用。

1.护理的目的

(1)中和由香波所引起的被毛碱性状态。

(2)对于由香波所引起的过度脱脂状况补充营养,加以保护。

(3)增强柔软性、防止被毛干燥,使色泽更加艳丽。

(4)具有防止静电的效果。

(5)使刷子、梳子能够顺畅地通过,方便修剪操作。

2.护理的具体方法

将洗浴香波冲洗干净后,顺着毛势将水分挤干。润滑剂的使用方法:首先应该严格按照使用说明书上的稀释比例进行稀释。实际应用的润滑剂浓度，可根据犬种和被毛的状态进行适量的增减。然后将润滑剂均匀地涂抹到犬全身，从头部通过背线直到尾巴。注意，不提倡把润滑剂的原液先涂到被毛上，再掺水的马虎做法。为了使被毛不打结，用手掌做按压状使润滑剂充分渗入毛里。要用润滑剂充分浸透胸前的装饰毛等容易起球的地方。若想要巩固润滑液的效果，需把犬的身体浸到已经被稀释成低浓度的润滑液中，保持 2～3 min。把尾巴的被毛放置到手掌上，用润滑液将其充分浸透。最后，用喷头把润滑液冲洗干净。如果过分洗净，会影响润滑液的效果，所以应根据毛质进行适量调节。若是长毛犬，则用手夹住被毛粗略地绞干水分。也可对犬的耳朵吹气，令其浑身打战，以达到清除水分的目的。用浴巾把犬包裹起来，隔着毛巾把水分挤干。然后再隔着毛巾抓起四肢，这样干得比较快。

3. 润滑剂的种类

(1)酸性润滑剂。以中和被毛碱性为目的，也有人把食醋稀释后使用的。如果过度(过浓)使用润滑剂，毛会变软，这将不利于修剪，有时也会发生被毛褪色的现象。

(2)油性润滑剂、乳液润滑剂。在绵羊油和橄榄油等油性物质中加入表面活性剂，由于易溶于水，能够赋予被毛柔软性和光泽。绵羊油系列的润滑剂多用于把被毛烫成波浪形的情况。使用时要注意，油性润滑剂是没有中和作用的。

(3)染色润滑剂。加入染料，以染毛为目的的润滑剂。

如果说要考虑维持健康皮肤、被毛的话，润滑剂的选择应该说比香波的选择更为重要。曾经有过因不喜欢柔软的被毛而对特定犬种无须进行护理的说法。如果高频率地为犬洗澡，那么对于皮肤和被毛的人工护理就变得更加重要了。即使是同一犬种，使用同一种润滑剂，其被毛的状态也可能产生不同效果。使用润滑剂的浓度、冲洗的时间、干燥的方法等在许多案例中都有误区，对于如此多的犬种来说，会有很多的被毛状态，所以选择合适的润滑剂是非常重要的。

二、犬的吹干技术

洗澡、护理之后紧接着的就是吹干作业。看似简单，实际操作却是最富有技术性的。换言之，技术的好坏将直接影响整套程序的结果。吹干作业是以宠物美容为前提的，字面意义上的吹干不是其主要目的。被毛的主要成分是蛋白质，如果富含水分，皮质组织的结聚力就会变弱，除去水分后，又会再次牢固地结合起来。皮质组织从洗澡时富含水分而变柔软一直到因为吹风机的热量而失去水分，皮质组织总是呈直线状延伸，所谓的吹干其实是一个把犬的被毛按照自己意愿的形状重新造型的过程。

根据犬种不同、修剪目的不同，吹干的手法也大相径庭。当然，以一身直毛为目的而被放入烘干箱的犬又另当别论。经过正确的吹干操作，再加以梳理造型，这个环节可以影响整个清洁修剪过程。如果只针对被毛状态而言，吹干作业的结束也就意味着整个美容造型工作的结束。

使用手握式吹风机、悬挂式吹风机或直立式吹风机等，一边梳理一边进行吹干是最一般的手法。根据犬种的不同，也有的犬会被放置到烘干机中进行吹干。对于毛量多的犬来说，一定要尽快把毛吹干，不然被毛干了以后就会呈卷曲状。所以在吹干操作前，先用浴巾吸去大部分水分，把浴巾盖在犬的身上直至实施吹干操作。

根据犬种、被毛质量、美容目的等的不同，清洗、护理、吹干这一连串的步骤都略有不同。有些犬种（如马尔济斯犬、日本犬种、西施犬、约克夏㹴等）需要顺着毛势吹干；有些犬种（如贵宾犬、贝林顿㹴、卷毛比熊犬等）需要逆着毛势吹干。也有些犬种需要部分逆着毛势进行吹干（如英国古老牧羊犬、波尔瑞猎犬、苏格兰牧羊犬、西德兰犬的下层被毛等）。

1.吹干的具体方法

将犬抱出浴缸放到美容台上，用浴巾反复搓擦其身体，直到将身体表皮的水分完全擦干，摘掉浴巾，同时一手拿起吹风机，一手拿起针梳，将吹风机对准犬的身体先由背部吹起，边梳边用吹风机吹干，吹时温度不要过高也不要过低，风速可以稍微大一些。尾部的吹干方法：由助手拎起尾巴，左手拿针梳、右手拿风筒，沿尾尖向尾根部，边梳边吹，此时应逆毛进行，直到尾部吹干为止。四肢及肚皮的吹干方法：四肢是全身吹起来比较麻烦的部位，因为四肢的内侧吹起来比较费劲，所以吹干时风筒可以稍微接近身体内侧，或让助手将犬体抱起并直立站起，这样就方便吹四肢的内侧了，同时还能将肚皮的毛发吹干。值得注意的一点是，在吹肚皮及四肢内侧的毛发时不能用针梳梳理。因为肚皮及四肢内侧的皮肉比较娇嫩，皮肤易刮伤。此时，应该用手轻轻抚摩其毛发，再进行吹干。四肢的脚尖是操作中的最难的环节之一，经常会出现被毛蜷缩的现象，让犬躺下，把脚抬起来进行精心操作。

耳朵和头部的被毛要拉到直线状态。利用喷雾式润滑剂将毛再度弄湿，把毛立起来的同时加以吹干，这样效果比较好。最后吹干的部位为头部和前胸。头部为犬吹干中最为困难的部位，因为犬头部的器官最多，并且头部是犬听觉、嗅觉、视觉最为敏感的部位，此外，大多数犬都不适应吹风机吹干的方式，所以在吹干的过程中，犬会动来动去，而且有的犬还会将头藏起来，并产生敌意。所以，在这个时候给犬吹干一定不能用针梳梳理，以免扎到眼睛或其他部位。当吹风机到达脸部时，要用手遮住犬的眼睛，目的是不让热风直接吹进眼睛里。除了正在吹干的部位，其余部位应用毛巾包裹。头部的毛吹干后，用橡皮圈进行固定，方便后面的操作。梳理全身被毛时注意不要把钢针刷梳得太深，使钢针发挥作用，让毛从头至尾完全被拉直。如果刷子的动作太慢，被毛就会缩回去。此时，吹干的目的就不仅限于把毛吹干，拉直也是非常重要的。

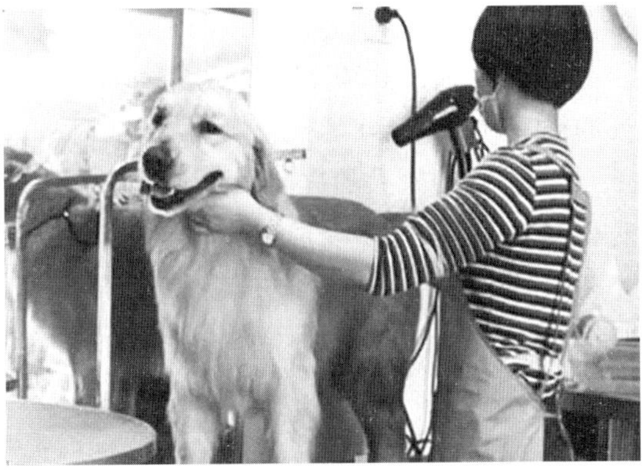

图 7-2　大型犬吹毛

吹干作业即将结束的时候，被毛是带有静电的。吹风机的热风会使被毛打结，不能达到紧贴皮肤的状态。因此，通过梳理来解开打结的被毛，端正毛势，整理被毛是吹干操作结束后不可缺少的一个环节（图 7-2）。

2.吹干的注意事项

（1）吹风机不可以过于靠近被毛，保持 20 cm 以上的距离比较好。

(2)吹干时要用梳子轻柔地进行梳理。

(3)要使被毛从根部开始完全干燥。

(4)不要让吹风机的风量过大,也不要让温度过高。

(5)不要对着长毛犬的同一部位吹太久,将吹风机一边慢慢移动一边吹干。不要用吹风机从正面朝着脸吹。

(6)卷毛犬若不对着同一个部分集中吹干,毛就会蜷缩起来。

三、基础美容

(一)毛发的刷和梳

1.梳理被毛的方法

早晚各刷毛1次,每次梳毛5 min。

(1)梳毛的顺序。由颈部开始,自前向后,由上而下依次进行,即先从颈部到肩部,然后依次背、胸、腰、腹、后躯,再梳头部,最后是四肢和尾部,梳完一侧再梳另一侧。

(2)梳毛的手法:梳毛应顺毛方向快速梳拉。有些人在给长毛犬梳毛时,只梳表面的长毛而忽略了下面细绒毛(底毛)的梳理。犬的底毛,细软而绵密,长期不梳理,易形成缠结,甚至会引起湿疹、皮癣或其他皮肤病。在对长毛犬梳理时,应一层一层地梳,即把长毛翻起,然后对其底毛进行梳理。

(3)梳子的种类。毛刷、弹性钢丝刷和长而疏的金属梳。毛刷只能使长毛的末端蓬松,而细绒毛(底毛)却梳不到。毛刷、弹性钢丝刷和长而疏的金属梳应配合使用梳理长毛犬。

2.梳毛时的注意事项

(1)梳毛时应使用专用的器具,不要用人用的梳子和刷子。铁梳子的用法是用手握住梳背,以手腕柔和摆动,横向梳理,粗目、中目、细目的梳子交替使用。梳子的用法是用手腕的力量,刷子的齿目多,梳理时一手将毛提起,刷好后再刷另一部分。

(2)梳毛时动作应柔和细致,不能粗暴蛮干,否则犬会疼痛,梳理敏感部位(如外生殖器)附近的被毛时尤其要小心。

(3)注意观察犬的皮肤。清洁的粉红色为良好,如果呈现红色或有湿疹,则有寄生虫、皮肤病、过敏等可能性,应及时治疗。

(4)发现蚤、虱等寄生虫,应及时用细的钢丝刷刷拭或使用杀虫药物治疗。

(5)犬的被毛沾污严重时,在梳毛的同时,应配合使用护发素(1 000倍稀释)和婴儿爽身粉。

(6)在梳理被毛前,若能用热水浸湿的毛巾先擦拭犬的身体,被毛会更加光亮。

(7)对细绒毛(底毛)缠结较严重的犬,应以梳子或钢丝刷子顺着毛的生长方向,从毛尖开始梳理,再梳到毛根部,一点一点进行,不能用力梳拉,以免引起疼痛和将毛拔掉。如果擀毡严重,可用剪刀顺毛干的方向将毡片剪开,然后再梳理,如果仍梳不开,可将带毡部分剪掉,待新毛逐渐长出。

(8)左手将犬毛翻起来,右手拿梳子(木柄针梳)一层一层地梳毛,每梳一次都要看到犬的皮肤。应按照顺序对各部分进行精细梳理：①从后肢开始至前肢逐一梳理它的四条腿。②前躯、身躯由下部往上至背部。③颈部、头部（对腋下、眼睛、耳后要特别仔细梳理）。④尾部。

（二）洗耳

洗耳前先观察犬耳内是否有耳毛，如有耳毛应先拔耳毛，再清洗。一般常见需拔耳毛的犬有：西施、约克夏、雪纳瑞、比熊、贵宾。拔耳毛前要先在耳郭周围撒少量耳粉，这样可以起到消炎、止痛的作用，用手拔耳毛时一次不要拔太多的毛，动作要轻柔：如果拔不到耳道内的毛，可配合使用止血钳。

洗耳前要准备好洗耳液、医用棉花，先用手控制住犬的头部，用少许棉花缠在止血钳顶部制成棉棒，将 1～2 滴洗耳液滴在棉棒上，反复清洗耳道内的脏物，最后用棉花滴少量洗耳液将耳郭周围清洗干净。

（三）眼的清洗

检查犬的眼睛并清除眼角内的黏液和异物。犬的眼角内经常会有异物，通常使用温水浸湿的棉球轻敷眼角来清除。冲洗眼部异物或脱落毛发最好的办法是用人类专用眼液，药液不但能清洁眼部，而且可治疗轻度炎症或传染病。

洗眼前要准备好洗眼液、医用棉花。先用手控制好犬头部，将洗眼液滴入犬眼睛内，再用湿棉球将眼内及周围脏物擦净。如眼周围有过多的脏物可用面虱梳配合使用。

（四）剪趾甲

剪趾甲分三刀完成，剪掉边角，使趾甲断面变得光滑，防止犬抓伤自己和他人。剪趾甲先观察犬的趾甲颜色，常见的趾甲颜色为白色，也有部分犬的趾甲是黑色的。剪白色趾甲时，一般将趾甲弯曲的部分剪掉，剪黑色趾甲时要格外小心，要一点点地剪，剪到看见趾甲断面有些潮湿时即可。剪趾甲前要准备好止血粉，以备趾甲剪出血时使用。

（五）洗澡和吹风

1.洗澡全过程

（1）犬耳朵堵棉花。将犬放入浴盆之前，用棉花堵住它的耳朵。

（2）消毒浴缸。

（3）把犬抱入浴缸内，缓慢放稳，并固定。

（4）调水温度。水温 38 ℃左右，不要用喷头对着犬的身体，夏天温度在 33～35 ℃。调水温应注意先开凉水再开热水。再次开水时，一定先试温再洗。

（5）挤肛门腺。

（6）清洗（洗两遍）。

（7）彻底冲净。当你认为已经彻底冲干净时，再冲一遍。

（8）用吸水毛巾尽量擦干。

（9）吹水或烘干。

（10）清洁设备及消毒工具。

2.吹风

吹风的方法及顺序：吹风时左手拿吹风机，右手拿梳子。吹风机在吹风时上下摆动，吹风机与犬之间保持约 20 cm 的距离，右手拿梳子梳毛，单层体毛的犬顺着犬毛生长的方向梳理即可，其他犬种可逆毛梳，这样风可直吹到毛根处。

注意不可以让吹风机离犬太近或一直吹在同一个地方，防止将犬的毛发吹焦或烫伤犬的皮肤。

（六）剃腹毛

1. 剃腹毛的目的

其最直接的目的是在犬展中方便审查员检查犬的生殖器，确认犬的性别和犬是否健康（公犬是不是单睾丸）。平时主要是为了犬的健康和卫生。

2. 操作程序

准备好电剪和 10 号刀头，将犬控制好，左手握住犬的前肢，向上抬使犬站立起来，如果一只手抬不起来，可将美容台上的吊杆放低一些，把犬的前肢放在吊杆上。也可以抓住它的四肢，将犬放在美容台上，身体向前倾，轻轻压在犬的身上，同时跟犬说话安慰它，右手慢慢放开犬的后肢，抚摸犬的腹部，让犬放松。右手握住电剪，给犬剃腹毛。在剃腹毛时分清公、母犬，公犬剃到肚脐上面 1 寸的位置，而且要剃成尖的，在生殖器上留 1 寸左右的毛作为引水线，以防止犬在排尿时弄得到处都是，还可以保护犬的生殖器不被污物污染。睾丸两侧也要剃出一个刀头的宽度，但不可以将犬的生殖器剃得外露，后面的毛要留好，只有雪纳瑞等的生殖器外露。母犬剃到肚脐，只要有一点弧度就可以，同样在生殖器两侧要剃出刀头的宽度，所不同的是，母犬不用留引水线，剃光就可以了。

（七）修脚底毛

为了保持犬的清洁卫生和防止犬走路时打滑（长时间不剪脚底毛，长毛犬容易打结，把犬脚沤烂），需要经常修剪脚毛，剃脚毛时要注意剃干净，可以适当剃去指甲缝里的脚毛，然后涂上护爪膏。

任务二　猫的基础美容

知识目标

掌握宠物基础美容的概念以及与造型美容的区别。

技能目标

掌握猫基础美容的方法步骤以及注意事项。

学习任务

具备猫的基础美容操作能力。

一、基本美容工具

1. 钢丝刷(针刷)

用途:打开缠结的被毛或去除下毛(底毛),都可以利用它来梳理,可达到事半功倍的效果。

说明:胶质面板植入富有弹性的钢针,因针细能轻易深入毛球内部,梳理时如遇阻碍时可弹出,减少毛发损伤。

种类:分大、中、小 3 种尺寸,但一般通用为中尺寸。以质地分类有以下 2 种。

(1)硬质。胶板红色,针硬,对于严重打结的毛发有较好的作用。

(2)软质。胶板青色,针较柔软,不易伤到皮肤,适合日常梳理。

2. 齿梳

用途:被毛的梳理、挑松以及修剪时应配合剪刀的挑理动作。

说明:梳子的长、短、密、疏也都有不同用途,材质以金属制品为主,除耐用外,防止静电的产生也是一个重要优势。

种类:常用且必备的有以下 2 种。

(1)美容师梳。每根梳齿的长度为 1/4～7/8 寸,适合各类毛质的梳理。

(2)跳蚤梳。梳齿密集,用于剔除毛发中的跳蚤及扁虱,或清理附着于眼角毛发上的泪垢。

3. 剪刀

用途:被毛剪除修饰。

说明:弥补电剪平面式造型的不足,以熟练精湛的技术使被毛立体化,并可参照犬种标准,截长补短、掩盖缺陷,尤其适合做细部的修饰。

种类:长、短、弯、直等各有细部用途,以下介绍常用的 4 种。

(1)7 寸直剪。各种修饰、剪除皆适用。

(2)5 寸直剪。细部修剪适用,如耳毛、触觉毛、唇线、脚底毛等。

(3)7 寸弯剪。适合有弧度的造型,如贵宾犬的头毛、腰腹、尾球等,操作熟练后可节省不少工作时间。

(4)层次剪。又称打薄剪、牙剪。可以用于过厚的被毛剪除并减量,但在外观上,却不会出现太明显的参差痕迹。

4. 电剪

用途:快速剃除毛发。

说明:适用于各种宠物美容造型,初步去除被毛以及足底、下腹、肛门等部位的毛发。

种类:各式各样,充电式交直流两用。

(1)电磁振荡式。速度快但容易因高热而烫手。

(2)马达回转式。运转速度虽稍慢但机身较轻。

与电剪配合使用的刀头依照犬被毛的长、短、疏、密及造型需要,有 10 种之多,常用的型号有 40＃(1/10 mm)、30＃(1/4 mm)、15＃(1/2 mm)、10＃(1 mm)、7＃F(3 mm)、4＃F(9 mm)。

5. 开结梳

用途:去除缠结的毛球。

说明:结成硬块的被毛不易梳理,但利用刮刀锐利的刃部,可较快速省力地作业,为了防止割伤皮肤,刀尖部位加粗并已钝化,因此使用时相当安全。

种类:有单刃型和多刃型 2 种。

(1)单刃型。适用严重硬化的毛球,因是单片刀刃,力量集中,可轻易地割开块状毛球,整毛的处理过程中,单刃刮刀的使用是首要程序。

(2)多刃型。大部分制成 9 个刀刃,俗称九头刮刀,中度缠结时使用,或于单刃型完成修剪工作后,接着做后续工作。

6. 趾甲钳

用途:可轻易定点切除趾甲。

说明:犬的趾甲形状与人类不同,因此使用工具结构上的设计也不一样,针对犬只大小,有大小不同的工具。

种类:有以下 3 种常用趾甲钳。

(1)剪刀型。用法类似于普通剪刀。

(2)断头台型。将趾甲置于其中间并剪断。

(3)安全型。刀刃上有安全装置,可以避免伤及脚趾。

二、长毛猫与短毛猫的梳理及洗澡

(一)长毛猫的梳理

野生的长毛猫仅在冬春季脱毛,家养的长毛猫,一年四季都会脱毛。因此,家养长毛猫每天必须梳理,最好每天梳理 2 次,每次 15～20 min。若不梳理,被毛将擀毡,很难梳理开,有时不得不将猫麻醉,用剪刀将擀毡的毛剪掉。在猫清醒状态下剪掉毡毛,常常会伤及周围的皮肤。梳理长毛猫常用的工具有:刮刷、铁丝刷和鬃刷,密齿梳、宽齿梳和牙梳。

(二)短毛猫的梳理

短毛猫的舌头长,自己能梳理自己。因此,短毛猫不需要每天梳理,每周梳理 2 次即可。如果给猫梳理次数多了,猫就不愿自己梳理了。美容师平时也可将猫抱在怀里,不用工具梳理猫,而用梳毛手套将毛梳理顺。梳理短毛猫常用工具有:密齿梳、软猪鬃刷、橡胶刷、油鞣革巾等。

(三)猫的洗澡

猫不需要经常洗澡,一旦被毛太脏或粘上油腻时,才需要清理或洗澡。白色猫需要洗澡的次数比其他有色的猫多些。给猫洗澡最好从幼年时开始,使其养成习惯。从未洗过澡的猫,洗澡时会抓人或咬人,使你难以完成洗澡的任务。

给猫洗澡前应把所有的门关好,以防猫逃跑。洗澡最好用宠物专用浴缸或水槽,如果没有宠物专用浴缸或水槽时,可在盆内铺一层皮垫,使猫能站在上面不滑动。猫由于害怕洗澡而无法洗澡时，可把猫放入袋子中再浸入水里（图 7-3、图 7-4），主人可在外用手揉搓猫的被毛，最后再用清水冲洗被毛。洗澡时最忌洗澡水进入眼睛和耳朵。猫的洗澡步骤如下。

图 7-3　利用洗猫袋保定

图 7-4　利用洗猫袋洗澡

（1）先将猫的毛发梳顺，把打结的地方梳开。

（2）将洗澡水调到适宜温度，通常为 37～38 ℃。

（3）为了让猫可以适应水的温度，要先从足部开始冲洗。

（4）冲洗的顺序需从颈部开始往下将全身冲湿。

（5）倒出适量的洗毛精在猫的身上，仔细地搓揉，务必要让全身的毛发彻底地清洗干净。

（6）以适宜温度的水将全身的泡沫冲洗干净。

如果猫特别害怕用水洗澡，美容师可用干洗方法给猫清理被毛和皮肤。需注意干洗方法只适用于不太脏的短毛猫。

（四）吹干

用大毛巾轻轻地将皮毛上的水分吸干，用越多条大毛巾越好，以此可以缩短吹风机的使用时间，并用不含类固醇的抗生素眼药水给猫滴眼，来预防眼睛的感染，接着以洗耳水灌入猫的耳朵内并按摩耳道，然后让猫甩头，接着以卫生纸擦拭耳朵外部，这样可以预防耳朵的感染，然后用毛巾将猫的头部盖住，使用吹风机吹干其后半部的皮毛，调整至慢速的热风，最好能边吹边梳，然后再慢慢地往头部吹干，头部也可以用大量的卫生纸擦干。

（五）眼、耳、牙的清洁方法

1. 清洗眼睛

定时检查猫眼。如果视觉出现障碍，猫可能会烦躁不安。长毛猫容易患眼病；若泪小管阻塞，眼周会失去光泽，这时便需要清洗。

必备用品：婴儿油、小碗、棉布。

准备工作：将少量婴儿油倒入小碗中。

检查眼睛：清洗前可先检查它是否有视觉障碍的各种迹象。

检查猫眼后，用一小块棉布蘸上婴儿油轻轻擦拭猫眼周围。清洗时尽量洗掉眼周的污迹，再用棉布或卫生纸把毛擦干。不可接触眼球。洗眼时，一只手轻轻握住猫的颈部，另一只手拿脱脂棉棒（或棉球）蘸取2%硼酸水溶液，轻轻擦洗掉污物；也可用棉纱布蘸取温水擦洗。擦洗干净后，向猫眼睛滴入几滴氯霉素眼药水或挤入适量的四环素眼药膏，这样可保护眼睛，并消除眼睛的炎症。

2. 清洗耳朵

猫耳上如有炎症或黑色污垢则为不正常。如果污垢在耳朵表面，主人可自行将其清除，如果在耳道内，需请兽医师将其清除。

必备用品：婴儿油、小碗、棉布。

准备工作：清洗猫耳需要准备婴儿油、一个小碗和几块棉布。将少量婴儿油倒入小碗中。

检查耳朵：检查猫耳时，千万不可将任何东西（包括棉布头）塞进去，因为猫耳朵非常柔软。

若发现猫耳上有黑色污垢后，应用棉布蘸婴儿油擦去耳郭里面的所有污迹。清洗时小心处理。如果擦洗用力太猛，就可能使猫不舒服甚至受伤。动作要轻柔，呈环式清洗。

3. 为猫咪清洗牙齿

正常情况下美容师需每周给猫刷一次牙，以防积垢。猫越早适应刷牙，这项工作就越容易开展。如果猫不让美容师为它刷牙，请兽医师看看猫牙是否需要除垢。除垢可使用镇静剂。

清洗牙齿操作过程中在掰开猫嘴时不要弄乱它的胡须。

必备用品：牙膏、牙刷、棉签。

准备工作：给猫刷牙时不要使用普通牙膏，要买宠物专用的牙膏。

检查牙齿与牙龈：猫可能有蛀牙或牙龈疾病。给猫喂些干食有助于防止猫牙积垢和严重的牙龈疾病。

将一点点牙膏涂在猫唇上，让它习惯牙膏的味道。使用牙刷前，先用棉签轻触牙龈使猫习惯。准备就绪后，用牙刷、宠物牙膏或盐水溶液给猫刷牙。

（六）修剪指甲

把猫放到膝盖上，从后面抱住。轻轻挤压指甲根后面的皮肤，指甲便会伸出来。把前面尖的部分剪掉1～2 mm。指甲根处呈粉色的部分有血管通过，称为血线，不能伤到那里，否则会导致出血。如果猫不太愿意让人给它剪指甲，可以借助洗猫袋进行保定。注意猫前爪每两周剪1次，后爪则3～4周剪1次，用猫咪专用的指甲钳修剪（图7-5）。

如果在修剪过程中伤到“血线”，有流血情况发生，要及时用止血粉进行止血处理。

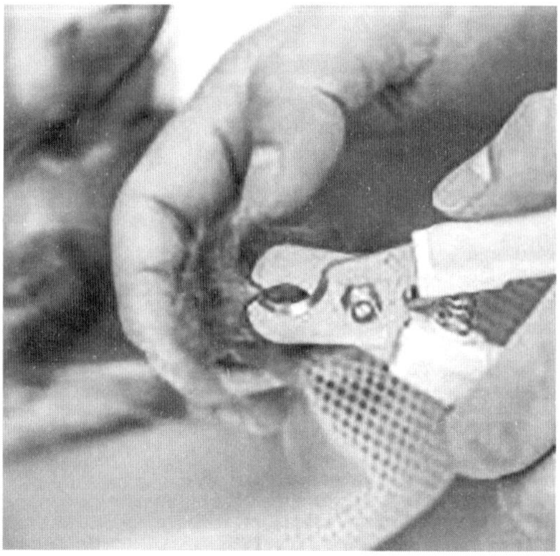

图7-5 修剪猫指甲

项目八
常见犬种的美容护理方法

任务一　北京犬的美容造型

知识目标

掌握北京犬的品种特征，掌握北京犬造型修剪技术。

技能目标

具备北京犬造型修剪技术，具备美容时突发事件处理能力。

学习任务

除具备北京犬美容技术外，还能够自行设计、创新北京犬日常造型修剪。

一、品种简介

1. 北京犬

北京犬原产于中国，是世界上历史最悠久的犬种之一。北京犬是一种平衡良好、结构紧凑的玩赏犬，前躯重后躯轻。表现欲强，其形象酷似狮子。

2. 头部

头颅：头顶骨骼粗大、宽阔且平(不能是拱形的)。头顶高，面颊骨骼宽阔，宽而低的下额和宽的下巴组成了其面部结构。从正面观察，头部宽大于高，形成了头面部的矩形形状。从侧面看，北京犬的脸必须是平的。下巴、鼻镜和额部处于同一平面。当头部处于正常位置时，这一平面应该是垂直的，实际上是从下巴到额头略向后倾斜形成非常平的脸。鼻子黑色、宽，而且从侧面看非常短。鼻孔张开。鼻子位于两眼中间，鼻子上端正好处于两眼间连线的中间位置。眼睛非常大、黑、圆，有光泽而且分得很开。眼圈颜色黑，而且当犬向前直视时不见眼白。皱纹非常有效地区分了脸的上半部分和下半部分。外观是从皮肤皱褶开始到面颊有毛发覆盖，中间经过一个倒“V”字形延伸到另一侧面颊。皱纹既不过分突出以至挤满整个脸，也不会太大以至于遮住鼻子和眼睛而影响视线。吻部深。看起来鼻梁和鼻子的皱纹完全被毛发遮蔽。口吻非常短且宽，配合了高而宽的颧骨。皮肤是黑色的。胡须添加了东方式的面貌。下腭略向前突。嘴唇平，而且当嘴巴闭合时，看不见牙齿和舌头。过度发达的下巴和不够发达的下巴一样不受欢迎。心形耳，位于头部两侧。正确的耳朵位置加上非常浓密的毛发造成了头部更宽的假象。

3. 颈部、背线、身躯

颈部短、粗，与肩结合。身体呈梨形，且紧凑。前躯重，肋骨扩张良好。胸宽，突出很小或没有突出的胸骨。细而轻的腰部十分特殊。背线平。尾根位置高，翻卷在后背中间。长、丰、直的饰毛垂在一边。

4. 四肢

前肢短、粗且骨骼粗壮。肘部到脚腕之间的骨骼略弯。肩的角度良好，平贴于躯干。肘部总是贴近前足，爪大、平而且略向外翻。后肢骨骼比前躯轻。后膝和飞节角度柔和。从后面观察，后腿适当地靠近、平行，脚尖向前。前躯和后躯都要求健康。

5. 外观标准

头部大，黑黑的大眼睛，扁鼻短嘴，极短的四肢。心形垂耳，弯曲的尾巴。

6. 被毛

被毛长、直，而且有丰厚柔软的底毛盖满身体，脖子和肩部周围有显著的饰毛，比身体其他部分的被毛稍短。长而丰厚的被毛比较理想，但不能影响身体的轮廓外观，也不能忽略正确的被毛结构。饰毛在前腿和大腿后边，耳朵、尾巴、脚趾上有长长的饰毛。脚趾上的饰毛要留着，但不能影响行动。

7. 体型

如果举起北京犬的话，会发现它的重量惊人。它身材矮胖，肌肉发达。它的分量重是与前躯骨骼重量有密切关系的。但体重不能超过 6.35 kg，这一点不能忽略。体长(从胸骨到坐骨端的距离)略大于身高(肩胛骨至地面的距离)，整体平衡极其重要。

8. 颜色

允许所有的颜色。

9. 步态

步态从容高贵，肩后部略显扭动。由于其弯曲的前肢、宽而重的前躯，轻、直和平行的后肢，所以走路会以细腰为支点扭动。扭动的步态流畅、轻松，而且可以做像弹跳、欢蹦乱跳一样的动作。

10. 性格

北京犬只对自己的主人亲近。它性格自信、固执、高傲、独立，对外面世界有些无动于衷，但对主人则表现出完全的投入、忠诚和关爱，并有独自占有的欲望。它不信任陌生人，主观意识强，是出色的看家犬。北京犬有帝王的威严、自尊、自信、顽固而易怒的天性，但对获得其尊重的人则显得可爱、友善而充满感情。这是它有别于其他犬的地方，它是令人愉快、使人着迷的家庭宠物，尤其适合仅有成年人的家庭。

二、造型修剪

(一)梳理

(1)让北京犬以正确姿势立于美容台上,沿北京犬的后躯到前躯方向,用针梳以反方向慢慢梳理。

(2)梳理北京犬头部。

(3)最后梳理北京犬尾部。

(二)洗澡

洗澡前先清理宠物耳部和指甲,剃脚底毛和腹毛。

(1)将宠物浴液挤出少许用水稀释,水温控制在 35～38 ℃。

(2)用拇指与食指轻挤北京犬肛门腺,起到清洁肛门腺作用。

(3)淋浴时,应先冲湿前躯,从前往后冲洗。然后用稀释浴液涂抹北京犬头部及全身,沿头部向背部、腹部和四肢轻轻揉搓,切勿让浴液流进眼里。

(4)揉搓过后,用水将北京犬全身清洗并为其打点护毛素,再彻底冲洗干净。

(三)吹风

(1)用浴巾包住北京犬身体,移至台上将水分擦干。

(2)剩余水分用吹风机吹干,从北京犬头部开始,用毛刷一点一点梳直每一个部位,直至毛根部完全吹干为止。

(3)吹风完毕用直排梳将全身毛发重新梳理一遍,看是否有打结或没吹直的毛。

(四)修剪

(1)宠物头部。在剃嘴部时用右手持电剪,左手握住北京犬嘴。从眉尖到鼻尖、脸颊、外眼角到耳根、颈部剃到喉结往下 1～2 指的位置(刀头:15 号)。

(2)四脚只修至脚垫跟部,剃脚底毛要用拇指和食指将脚掌分开,小心将其间杂毛剃去。

(3)北京犬下尾根部至肛门部分剃成“V”字形。尾巴从根部向尾尖用电剪剃去 1/3。

(4)北京犬背部及身体周围、腹部的毛用直剪修剪。

(5)剪毛修理脚部线条、脚部细,把飞节部剪细,显得腿很细,逆毛梳到正节处,前腿剪到脚腕处。

(6)腰线在身体的中间,即前后腿中间。

(7)北京犬修饰外层毛,先大概修出形状,腿为鸡腿状。

(8)用牙剪从尾根部修饰,至尾部(约 1 寸长)。

(9)背部剪平(脚部后一点到尾根)(水平)修饰成鸡腿状,屁股为苹果形。

(10)从腰线往前修,除比熊犬从上边看不到腰外,其余的全部要有腰线修饰。北京犬后躯剪短,前躯修饰毛略剪。

(11)北京犬腰腹部的毛剪齐。

(12)把北京犬头部与腰部连接,反方向梳毛,胛部到枕部呈弓形,脖子只略作修饰,似看不到脖子。

(13)北京犬头顶毛修平,两边略修成斜线。

(14)把北京犬胸前的毛顺毛梳,端部修饰成圆形,用牙剪修平。

(15)修剪北京犬耳朵,用手捏住耳朵,把耳朵尖端剪成水平。

(16)北京犬尾巴用直梳顺毛梳好,把尾尖剪掉,贴在背部剪成扇形。

三、狮子装(电剪操作)

(1)将犬肩胛骨以前的毛向前梳,用 7 号刀头自肩胛骨向后剃至犬的坐骨端,尾巴剃 2/3,尾尖的毛 1/3 修成毛笔状。

(2)前后腿修剪自然,足修圆。

(3)臀部修剪整齐。

(4)前胸剪去多余的毛,使之成为狮子状的胸毛。

(5)用牙剪修腹部与电剪衔接处。

四、日常护理注意事项

(1)眼睛的护理。北京犬眼睛大而突出,容易受到外界的侵扰,平时应多注意观察眼睛的健康问题。另外,白色北京犬如不及时清理眼睛周围的污物,很容易形成泪痕。

(2)鼻子的护理。鼻子部位的皱褶必须常保持干燥、干净。

(3)耳朵的护理。北京犬耳朵下耷,比较容易滋生细菌,需要时常翻开犬的耳朵查看。

(4)牙齿的护理。定期检查牙齿,发现问题及时解决。

(5)脚部的护理。定期剪指甲,修剪足底毛。

(6)毛发的护理。北京犬被毛浓厚,必须定期梳洗,修剪,而且必须将毛发彻底梳理好后才可以洗澡,否则缠结会越来越严重。

(7)洗澡。北京犬一般是白色的,可以选择白毛犬专用的洗液。

任务二 博美犬的美容造型

知识目标

掌握博美犬的品种特征,掌握博美犬造型修剪技术。

技能目标

具备博美犬造型修剪技术,具有美容时突发事件处理能力。

学习任务

除具备博美犬美容技术外,还能够自行设计、创新博美犬日常造型修剪。

一、品种简介

博美犬属尖嘴犬系品种，祖先为北极的雪橇犬，因此，该犬与荷兰毛狮犬和挪威糜缇关系密切。据有关此犬的最初记载，此犬来自波兰及德国沿海交界地的波美拉尼亚地区。当时，这些犬被用于看守羊群。

博美犬的体重范围是 1.36～3.18 kg。体长（从肩到臀的长度）要略小于肩高，从胸到地面的距离等于肩高的一半。头部与身体相称，口吻短、直、精致，能自由地张嘴却不显得粗鲁。表情警惕，有点儿像狐狸。当从前面看时，能看见位置很高而且竖立的小耳朵。眼睛深色、明亮、中等大小而且呈杏仁状。被毛为双层被毛，底毛柔软而浓密。被毛长、直、光亮而且质地粗硬。厚厚的底毛支撑起外层被毛。使其能竖立在博美的身体上。主要缺陷是颅骨太圆呈拱形，上、下腭突出。

二、造型修剪

博美犬的美容工作流程分为：耳朵、前肢、后肢、尾、整体。

1. 博美犬的美容修剪工作之前要做的工作

检查犬只外伤疾病，洗眼睛及洗耳朵，剪指甲并磨平指甲，仔细梳理毛发，洗涤、吹干以及用 1 mm 的电剪剃脚底毛，剃腹毛，剃肛门的毛。

2. 博美犬的美容修剪部分有其特殊性

博美犬的修剪顺序为：耳朵、前肢、后肢、尾、整体。博美犬的家庭妆应以直剪为主，牙剪为辅，而赛级妆则是牙剪为主，直剪为辅。而且赛级妆需要剪掉胡须，家庭妆可根据主人要求保留或剪掉胡须。

(1)耳朵部分。以拇指和食指夹住耳朵上端耳肉的边缘，露出要修剪的部分，平剪第一刀，再以圆滑形式去除两边的棱角。最后形成没有棱角的平行线。注意不要剪到耳朵。

(2)前肢及后肢部分。先修剪肢部再延伸至四肢，脚下部要修成猫足状。先修剪脚趾部分，用手捏住脚趾，露出趾甲，用小直剪切角左右各一刀将脚趾甲周围的毛修剪掉。脚趾上方的脚面部分用牙剪将弧形区域修顺，注意前肢前面应修成猫足状，依骨骼粗细适度修剪。脚面需用牙剪圆弧状修剪，修顺即可，与脚趾平滑连接。由前腿后侧肉垫以下开始到脚面再到脚趾，用梳子将毛挑高，按圆弧形方式修剪成圆筒状。后腿则是由后腿飞节以下开始与脚面、脚趾相连接，依旧按圆弧状方式修剪成圆筒形。飞节以上修剪成圆蓬弧形。四肢修剪皆以圆直为原则修剪。腿毛根据身体大小、留长留短调整腿部的粗细。

(3)尾部、臀部毛的修剪应圆满。首先修剪尾部，用牙剪顺肛门位上端 45°紧贴尾根处，剪刀尖不超过尾巴宽度，侧面与背部延长线依体形修剪。然后修剪臀部，用排梳将臀部及大腿两侧的毛按照生长方向梳起，用剪刀沿着大腿→臀部方向弧形修剪，使博美犬的臀部呈“梨形”。家庭妆的尾部修剪无固定形式，扇形、半月形均可。赛级妆要求尾部修剪为扇形，且头尾交接为佳。尾巴向头部拉直，摊开尾毛覆于背上修成扇形。尾巴长短的标准以自然站立时，头部抬起角度合适时，尾毛要能碰到头顶。

（4）身体。根据需要使用相应的修剪器具，修剪博美犬的身体毛发，通常主要修剪背部，侧面和胸部的毛发。

①赛级犬只需要用牙剪将其股线修剪出来。臂部及大腿两侧只需用直排梳将其参差不齐的毛理顺即可。身躯部分，用直排梳梳理身体上的毛，一前一后，将毛梳成山丘状，用牙剪修顺即可。腹部腹线修剪呈弧形。

②家庭妆需要将尾部的“V”字形修顺，圆弧区依毛流方向修剪。臂部需要修剪出股线和苹果臂。身体则修剪成毛茸茸的圆筒形，与赛级妆不同的是，家庭妆需要整体修剪，依身体部位的不同修剪出不同的圆形。

（5）胸部。用直排梳由下往上一层一层将毛向上挑起，用直剪往圆的方向修出圆满的胸部饰毛。

（6）最后用牙剪进行整体修饰。博美犬修剪时注意整体的圆弧线条，使其身形接近圆球形，可以用腹部毛的长短来弥补腿部的长短（图 8-1）。

图 8-1　博美犬标准造型

三、日常护理注意事项

（1）眼睛护理。博美犬眼睛颜色深、明亮、中等大小而且呈杏仁状，应随时注意犬的眼睛，及时清理眼部污物。

（2）耳朵护理。博美的耳朵从前面或侧面看时，能看见的位置很高，而且呈竖立的小耳朵。

（3）牙齿护理。为保证口腔清洁，每周刷牙 2～3 次。

（4）足部护理。除了剪指甲、修剪足底毛之外，还要将博美的脚修剪成“猫形足”。

（5）毛发护理。博美具有双层毛发，底毛柔软而浓密。被毛长、光亮而且质地粗硬。厚厚的底毛支撑起外层被毛。所以，在梳理被毛时，只梳理外层毛，而没有彻底梳通底毛，也是造成毛发打结的原因。

（6）洗澡。根据博美的毛发颜色选择适宜的浴液。注意洗澡之前一定要梳通毛发。

任务三 西施犬的美容造型

知识目标

掌握西施犬的品种特征，掌握西施犬造型修剪技术。

技能目标

具备西施犬造型修剪技术，具备美容时突发事件处理能力。

学习任务

除具备西施犬美容技术外，还能够自行设计、创新西施犬日常造型修剪。

一、品种简介

西施犬原产于中国，17世纪由西藏带入中原。它结实、活泼、机警，身高20.3～27.9 cm，体重4.08～7.26 kg。它有长长的双层被毛，浓密华丽，下垂，头部的被毛多系成小辫子。颜色多为白色或斑纹。西施犬的美容有多种变化，特别是头部可以留毛扎辫子，也可以剪出平头、圆头、日式头等多种可爱造型。

西施犬是一种结实、活泼、警惕的玩赏犬，有两层被毛，毛长而平滑。

1.体型

西施犬是一种小型犬，理想的尺寸是肩高23.27 cm，但不能低于20 cm或高于28 cm。体长大于体高，尾巴上翘，四肢笔直，骨骼发达，肌肉丰富。

2.头部

头部圆且宽，两眼之间开阔。缺陷犬头窄，眼睛距离近。表情热情、和蔼，眼睛大睁，友好，充满信任。眼睛大而圆，不外突，两眼间距离恰当。视线笔直向前。眼睛颜色非常深。肝褐色和蓝色犬的眼睛颜色浅。缺陷犬眼睛小，距离近，浅色眼睛；眼白过多。耳朵大，耳根位于头顶下略低一点，长有浓密的被毛。脑袋呈圆拱形。眉头清晰。口吻宽、短，没有皱纹。口吻前端平，下唇和下颌不翻出，也不后缩。缺陷犬眉头不清晰。鼻孔宽大、张开。鼻、嘴唇、眼圈应该是黑色的（褐色和蓝色的犬是鼻、眼眶的颜色与身体一致）。缺陷：粉色的鼻子、嘴唇或眼圈。下齿咬合。缺陷犬上腭突出式咬合。

3.颈部、背线、身躯

西施犬颈长，足以使头自然高昂并与肩高和身长相称。背线平，身躯短而结实，没有细腰或收腹。胸部宽而深，肋骨扩张良好，但是不能出现桶状胸。

4.前躯

肩的角度良好，平贴于躯干。腿直，骨骼良好，肌肉发达，分立于胸下，肘紧贴于躯干。

5. 后躯

后躯角度应与前躯平衡。后腿的骨骼和肌肉都很发达。

6. 被毛

被毛华丽，双层毛，丰厚浓密，毛长而平滑，允许有轻微波状起伏。头顶毛用饰带扎起。

7. 颜色

允许有任何颜色，而且所有颜色一视同仁。

8. 步态

西施犬的行走路线直，速度自然，自然地昂着头，尾巴柔和地翻卷在背后。

9. 性格

性格明快、活泼、敏捷好动。西施犬主要是作为伴侣犬和家庭宠物，它的性情基本上是开朗、欢乐、多情，对所有人友好而信任。

二、造型修剪

（一）清洗

清洗前先清理耳部和指甲，剃脚底毛和腹毛。

（1）将宠物浴液挤出少许，用水稀释，水温控制在 35～38 ℃。

（2）淋浴时，应先冲湿前躯，从前往后冲洗。然后用稀释浴液涂抹头部及全身，沿头部向背部、腹部和四肢轻轻揉搓，切勿让浴液流进眼里。

（3）用拇指与食指轻挤肛门腺，起到清洁肛门腺作用。

（4）揉搓过后，用水将全身清洗并为其打点护毛素，再彻底冲洗干净。洗澡时要注意鼻子不要沾泡沫，因为西施犬的鼻腔短，有可能会引起窒息。

（二）吹风

长毛应顺毛吹，如果剪得短就要反方向吹，逆毛梳。

（1）用浴巾包住身体，移至美容台上将水分擦干。

（2）剩余水分用吹风机吹干，从头部开始，一面吹一面用梳刷，要一点一点梳直每一个部位，直至毛根部完全吹干为止。

（3）吹风完毕用直排梳将全身毛发重新梳理一遍，看是否有打结或没吹直的毛。

（三）梳理

（1）使犬以正确姿势立于美容台上，从后躯向前躯用针刷以反方向慢慢梳理。

（2）梳理头部。

（3）最后刷尾部。

（四）剃毛、剪毛修理

（1）剃毛，与贵宾犬一样，剔肛门（10 号）。背线，从枕骨（7 号），顺毛剔，胸及腹毛全剔。尾根部略剃。在剃吻部时右手持电剪，左手握住犬嘴；从眉尖到鼻尖、脸颊、外眼角到耳根、颈部剃到喉结往下 1～2 指幅的位置。

(2)因为西施犬身体结构较长，所以腰线一般要往前提。后部线条为倒“U”字形。

(3)身体剪成圆筒形没有腰，胸骨必须超过肘部，不能让人感到它腿长。

(4)前肢修成圆筒形，但要突出上腕骨。

(5)脚部线条，同贵宾犬。

(6)腿部线条，同贵宾犬，修剪时，剪刀不可以打横剪。

(7)整个脸部修成圆形，眼睛下方的毛略剪，头上的毛全部往前梳。以鼻子靠上一点为圆心。修剪时应特别注意掌握好睁眼时和闭眼时毛的长度。修饰头部时，美容师必须正对犬。最后用牙剪把边缘修饰齐。

(8)尾巴，修剪与头成比例即可。

(五)头花处理

先将鼻梁上方的长毛用梳子沿正中线向两侧分开，再将鼻梁到眼角的毛用梳子分成上、下两部分，从眼角起向后，沿头部将毛呈半圆形上下分开，美容师用左手握住由眼到头顶部的长毛，以分界梳逆毛梳理，使毛发蓬松，拉紧头顶部的毛，绑上橡皮筋，再结上小蝴蝶结(图 8-2)。也可将头部的长毛分左右两侧，各梳上一个结，或编成两条辫子(图 8-3)。

图 8-2　西施犬造型

图 8-3　西施犬圆头夏装

三、日常护理注意事项

(1)眼睛护理。西施犬的眼睛大而向外凸出，容易受到外界的侵扰，平时应多注意观察眼睛的健康问题，及时清理眼部周围的污物。

(2)耳朵护理。西施犬耳朵下垂，容易滋生细菌，应时常翻开耳朵查看。

(3)牙齿护理。定期清理牙齿，发现问题及时解决。

(4)脚部护理。定期剪指甲，修剪足底毛。

(5)毛发的护理。西施犬被毛顺直，必须定期梳洗、修剪。一定要在毛发彻底梳理好后才可以洗澡。平时可以采取扎小辫的方法避免毛发刺激眼睛。

(6)在给西施犬美容时,除花些时间去除皮毛缠结外,中分梳理是美容中最困难的环节。从尾根到颈后的背毛要保持有一条笔直的背线。

任务四 雪纳瑞犬的美容造型

知识目标

掌握雪纳瑞犬的品种特征;掌握雪纳瑞犬造型修剪技术。

技能目标

具备雪纳瑞犬造型修剪技术,具备美容时突发事件处理能力。

学习任务

除具备雪纳瑞犬美容技术外,还能够自行设计、创新雪纳瑞日常造型修剪。

一、品种简介

德国原产的雪纳瑞犬主要分为迷你型、标准型及大型 3 种。迷你雪纳瑞犬身高为 30.5～35.6 cm,标准雪纳瑞犬身高为 44.6～49.5 cm,巨型雪纳瑞犬身高为 59.7～69.9 cm,所有品种都有胡须,迷你雪纳瑞犬长长的胡须是其特点。另外,它还是捕鼠能手。

在 3 种雪纳瑞犬中,标准雪纳瑞犬属于最古老的犬种。正如 15—16 世纪绘画上所表现的那样,它在当时是受人欢迎的家庭犬,也可以当作家畜警备犬或夜警犬使用。在第一次世界大战以前的德国市场上负责守护、载运农作物的,几乎都是雪纳瑞犬。第一次世界大战时,也被用作传令犬和救护犬。

雪纳瑞犬毛发的颜色有黑、黑灰、白色和咖啡色 4 种,十几年前还都是咖啡色,近几年逐渐出现其他颜色。

作为明星犬,雪纳瑞犬的毛发、毛色都较为独特,因此修毛的重点在于去毛和刷毛。用剪刀和电剪去毛后,将剩余的毛再进行修边和整理,毛色渐渐变为介于灰白之间的颜色,其形态特征如下。

双层被毛,外层为硬的刚毛,内层被毛紧密。头、颈、耳朵、胸、尾、躯干要拔毛。拔毛的犬,是用于比赛的犬,宠物犬可以用电剪修剪,颈部、双耳和头骨覆毛紧密。修饰毛厚但不柔软。头部结实,呈矩形,且较长;从耳朵开始经过眼睛到鼻镜,略变窄。耳朵位置高,发育良好,中等厚度。如果剪耳,耳朵应该是竖立的,呈“V”字形,向前折叠,内侧边缘靠近面颊。眼睛中等大小,深褐色,卵形,且方向向前。鼻镜大,黑色而且丰满。口吻结实,与脑袋平行,而且长度与脑袋一致。口吻末端呈钝楔形,有夸张的刚毛和胡须,使整个头部呈矩形。一口完整的白牙齿,坚固而完美的剪状咬合。颈部结实,中等粗细和长度,呈优雅的弧线形。背部结实,坚固。胸部宽度适中,肋骨扩张良好,如果观察横断面,应该呈卵形。大腿粗壮,后膝关节角度合适。第二节大腿，从膝盖到飞节这一段，与颈部的延长线平行。足爪小，紧凑且圆，脚垫厚实，黑色的指甲非常结实。脚趾紧密，略呈拱形（猫足），脚尖笔直向前。从前面看，前腿肘部紧靠身体，直向前，双腿既不靠得太拢，也不分得太开。从后面看，后腿直，与前腿在同一个平面内运动（图 8-4、图 8-5）。

典型的迷你雪纳瑞犬的性格机警、勇敢、服从命令。友好，聪明，乐于取悦主人，很少表现出过度的攻击性或胆怯。优点是不掉毛，比较聪明。缺点是比较好动，毛需要定期修剪，特别要注意嘴边的毛很容易弄脏，还有就是耳朵要常清理，因为有很多耳毛，不清理的话容易生耳螨或发炎。

图 8-4 雪纳瑞幼犬

图 8-5 成年雪纳瑞犬

二、造型修剪

（一）电剪操作

（1）背部。用 10 号刀头，从枕部开始，沿脊柱一直到尾部，顺毛推，前胸由颈部至胸骨下一指推至下斜 2/3 至腿飞节上一寸。用同一号的刀头修剪尾部上面两侧和下部，尾头可以用牙剪修剪得圆润一些。

（2）头部。用 10 号刀头，先找到眉骨上一指剃至枕骨，顺毛剃。

（3）脸部。用 10 号刀头，从耳孔处逆毛剃到外眼角向下垂直的位置，前面留胡子。

（4）脖子。用 10 号刀头，从喉结处到胡子逆毛剃，呈“V”字形。

（5）耳部。用 15 号刀头顺毛剃耳部的内侧及外侧。用手固定耳朵。不要修耳朵的边毛，因为这些毛必须手剪。

（二）手剪操作

（1）修剪后脚足圆。

（2）修剪后腿。后腿内侧修成“A”字形，飞节以下修成圆柱形。

（3）修剪膝盖线。从腰腹最低点到后脚足圆修剪成一条直线。

(4)修剪腹线。从前腿肘关节到腰腹最低点修剪成一条直线。

(5)修剪前腿。从肘部到脚底部以直线方向修剪成圆柱形。

(6)修剪前胸。

(7)修剪头部。

①分开左右眉毛。修剪两眼之间的毛发,使其分离。

②分开眉毛和胡子。找到犬的内眼角,用牙剪贴近犬的眼角,剪刀向犬另一边的眉骨处倾斜,分开眉毛。胡子呈倒"V"字形。

③修剪眉毛。从外眼角处开始,剪子对准鼻子外侧剪,剪成三角状。

④胡须向前梳,用牙剪修剪自然。

(8)修剪耳部。要修得极伏贴。

(9)修剪尾巴。用牙剪修整齐。

(10)最后用牙剪把电剪剃的地方与留毛处衔接自然。

三、雪纳瑞犬的刮毛与拔毛

刮毛和拔毛是刚毛犬类通用的疏毛手法,两者的共同点是都可将发育成熟的多余硬毛连根拔除,区别在于刮毛时要借助刮毛刀,并且也可以将过长的犬毛刮短,而拔毛是用手指进行完全拔除的手工操作。使用刮毛刀时,用它的梳齿把毛梳起并紧靠在刀架上,顺着毛的伸展方向用力,就可将它们连根拔掉。若操作处的皮肤较松弛,要用另一只手将皮肤压紧后再拔,以免伤及皮肤。使用刮毛刀时,要保持一定的力度和方法得当,否则难以取得理想的效果。在刚毛犬类的美容实践中,手工拔毛是用拇指和食指进行操作,一次只捏住少许需要拔除的毛,顺着毛的生长方向用力将其拔掉。

(1)目的。参赛的雪纳瑞犬为了确保其毛发的状态,需要进行刮毛和拔毛。如果用电剪修剪,会使被毛失去应有的色泽,质地变松软。

(2)工具。中等长度的刮毛刀。

(3)面积范围。电剪剃的部分就是需要刮毛和拔毛的区域。

(4)步骤。

①在第1作业面上(图8-6),用梳子梳起少量的毛发靠在刮毛刀片上,左手抓住犬只被皮,右手紧捏住毛尾,顺毛发生长的方向用力连根拔掉。用同样的方法将此作业面上所有被毛拔掉,露出皮肤。

②在裸露的皮肤上涂上消毒药膏,并保持清洁。

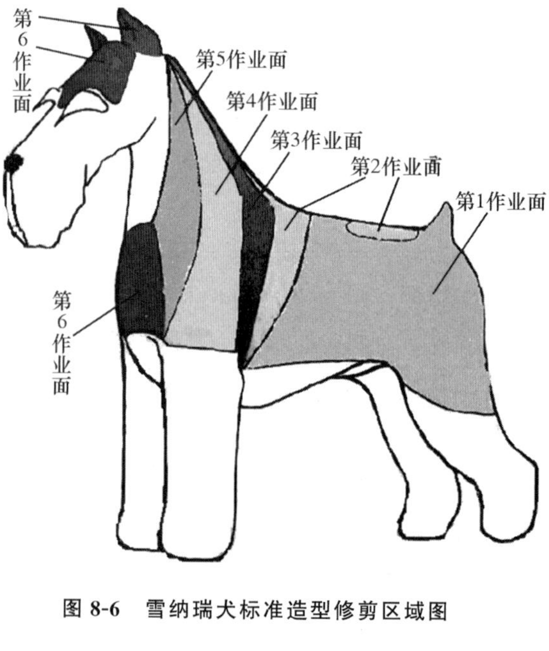

图8-6 雪纳瑞犬标准造型修剪区域图

③隔 1 周后拔第 2 作业面上的被毛，以此类推，将第 3～6 作业面上的被毛拔掉，每个作业面间隔 1 周。一般拔毛分 4 次完成，拔毛后经过 8 周的生长，毛发的长度即可达到比赛的标准长度。不可将毛发缠绕在手上用力向上拽，这样会损伤毛发。

④拔毛完成后 4～5 周，底部细绒毛长出，此时要耐心地将长出的底毛拔光，留下贴近皮肤的粗毛，即是期待中的刚毛，此时拔毛步骤完成。

⑤刚毛长出后，分别使用粗、细齿的刮毛刀适度地刮细毛，每周 1 次。背部用粗齿的刮刀顺毛刮过，细齿刮刀于颈、头部刮掉不伏贴的细毛。

⑥处理完新长出的底毛后，刚毛将随后长出，此时不要清洗犬的被毛。普通的宠物浴液和水会破坏刚毛的硬度。因此，洗澡时只洗犬的脸部、四肢及腹部等部位。刚毛必须清洗时，只能使用㹴类专用的“刚毛”洗毛精(图 8-7)。

图 8-7　雪纳瑞犬标准造型

四、日常护理注意事项

(1)眼睛的护理。雪纳瑞眼睛周围的毛发较多，容易受到外界的侵扰。可以修理眼部的毛发，避免侵扰的发生。

(2)牙齿的护理。定期清理和护理是必不可少的。尤其随着年龄增加，定期检查牙齿的频率也应随之增加。

(3)耳朵的护理。随时清理耳道，定期拔除耳毛。

(4)脚部的护理。定期剪指甲，修剪足底毛。

(5)毛发的护理。雪纳瑞毛发护理最大的特点就是需要拔毛。拔除或刮去过长、枯老的毛发，有助于刺激皮肤，保持健康，同时也为新生的毛发腾出了生长空间，让宠物犬看起来整洁干净。

任务五 美卡犬的美容造型

知识目标

掌握美卡犬的品种特征；掌握美卡犬造型修剪技术。

技能目标

具备美卡犬造型修剪技术，具备美容时突发事件处理能力。

学习任务

除具备美卡犬美容技术外，还能够自行设计、创新美卡犬日常造型修剪。

一、品种简介

美卡犬是运动犬组中较小的成员。它拥有健壮、紧凑的身躯；外形整洁、轮廓分明，头部非常精致。整体尺寸理想，非常匀称。站立时，肩胛下面是笔直的前腿，背线略微向结实、适度弯曲且肌肉发达的后腿倾斜。它的奔跑速度快，而且耐力很强。这种犬大方、欢快、健康，渴望并喜爱工作。

成熟雄性的理想肩高为 38 cm，成熟雌性的理想肩高为 35.6 cm，误差不应该超过 1.3 cm。雄性肩高超过 39.4 cm，雌性肩高超过 36.8 cm 属于失格。雄性肩高不足 36.8 cm，雌性肩高不足 34.3 cm 属于缺陷。肩高是指以自然状态站立时(前肢和后肢下半部分垂直于地面)，肩胛骨上端到地面的垂直距离。美卡犬的比例从胸骨到大腿后的水平距离略大于从肩胛最高点到地面的垂直距离，身躯必须有足够的长度，允许步伐直而舒展。美卡犬不能显得身躯太长或太矮。

达到最佳比例的头部，必须与其他部位保持平衡，具体表现如下。

表情：表情显得聪明、警惕、温和且吸引人。

眼睛：眼球圆而丰满，直接注视前方。眼睑的形状略呈杏仁状；眼睛既不显得虚弱，也不是瞪着。眼睛的颜色是深褐色，而且一般是越深越好。

耳朵：叶片状，长，耳郭精美，有大量羽状饰毛，位置不应该高于眼睛较低部分的水平线。

脑袋：圆，但不夸张，也不趋向平板状。眉毛整洁而清晰，眉头非常明显。眼睛下方的骨骼轮廓分明，但面颊不突出。口吻宽而深，颌部四方且平。在比例正确的情况下眉头到鼻尖的距离等于从止部越过头顶到脑袋基部距离的 1/2。

鼻镜：有足够的尺寸，与口吻到前脸相称。鼻孔发达，是典型的运动犬特征。黑色和白色犬的鼻镜为黑色；其他颜色犬的鼻镜可能是褐色、肝褐色或黑色，颜色越深越好。鼻镜的颜色与眼圈的颜色一致。

嘴唇：上唇丰满，且有足够的深度，覆盖下颌。

牙齿：牙齿结实而健康，不能太小，剪状咬合。

美卡犬有醒目的饰毛(图 8-8、图 8-9)。头部短而纤细;身躯长度适中,有足够的底毛提供保护。耳朵、胸部、腹部及腿部有大量羽状饰毛,但不能太夸张,否则会隐藏美卡犬真实的线条和动作,或影响它作为一个中等被毛的运动犬的外貌和功能。被毛质地非常重要,被毛是丝状、平坦或略呈波浪状的,很容易打理。过多的被毛、卷曲的被毛或棉花质地的被毛都属于严重缺陷。用电剪剃除背部的被毛是不合要求的。修剪被毛,强调它的真实线条,操作必须妥当,尽可能使其显得自然。

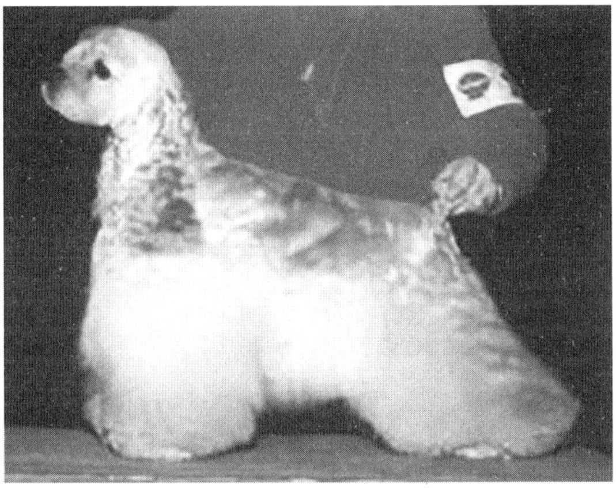

图 8-8　犬赛中的美卡犬

图 8-9　生活中的美卡犬

美卡犬被毛的颜色有纯黑色(胸部和喉部有少量白色是允许的,白色出现在其他位置则属于失格);纯色,颜色从浅奶酪色到暗红色,包括褐色及黑色带有棕色点(胸部和喉咙有少量白色是允许的,白色出现在其他位置则属于失格);杂色,两种或多种颜色(主要颜色占 90%或更多属于失格)。

美卡犬具有积极、友善,平静的气质,没有任何胆怯的迹象。

二、造型修剪

(一)电剪操作

1. 躯体

(1)用 7 号刀头,从枕骨底部开始,沿脊椎骨向后直至尾尖。

(2)而后沿躯体两侧向下前胸至胸骨,前腿至肩胛骨,臀部至坐骨端。

2. 头部

用 10 号刀头顺毛修剪头顶后 1/2 处至枕骨,头顶及脸部的毛最好紧贴,不能让毛松出,这样做的主要目的是令头部长而勒紧,额段明确。头顶前端 1/2 处在眉毛上留下一小部分王冠状的毛不动。用 10 号刀头逆毛剃脸(图 8-10)。

3. 喉部

抬起下颌,用 10 号刀头逆毛剃至下巴呈“U”字形,而颈侧的被毛用 10 号刀头顺毛剃掉。

4. 耳部

用15号刀头把耳部内侧及外侧毛顺着毛方向剃至耳豆。

(二)手剪操作

(1)修剪脚部,将脚上的毛用手攥起,修去超过脚垫的毛,再45°倾斜剪刀,逐层剪出弧形足圆,呈碗底形。

(2)修剪腹线,注意修剪自然。

(3)修剪头部,用牙剪从头盖骨底部顺着毛皮纹理和毛流方向修剪。眼角外侧的毛发垂直、伏贴,使之融为一体。

(4)修剪耳部,用牙剪修剪,令毛发自然结合,耳饰毛要剪得整齐美观。

(5)修剪尾巴。

(6)最后用牙剪将电剪剃过的地方与留毛处衔接自然(图8-11)。

图8-10 美卡犬的剃毛

图8-11 美卡犬标准造型

三、日常护理注意事项

(1)眼睛的护理。大眼睛的美卡犬需要随时关注。

(2)耳朵的护理。大耳朵需要特殊护理。

(3)脸部的修剪。

①在剃嘴部时用右手持电剪,左手握住犬的嘴。

②从眼睛上方修剪到脑后。

③修剪面部,以保持清洁。

④修剪下腭,形成一个"V"字形。

⑤修剪耳部的上方,包括耳朵的上1/3,显现耳朵的轮廓。

(4)毛发的护理。从美卡犬的胸骨到骨盆部下方画一条线,从颈部向下沿线修剪,将线的上方毛发修剪短,或是刮毛、剃毛均可。

任务六　英卡犬的美容造型

知识目标

掌握英卡犬的品种特征;掌握英卡犬造型修剪技术。

技能目标

具备英卡犬造型修剪技术,具备美容时突发事件处理能力。

学习任务

除具备英卡犬美容技术外,还能够自行设计、创新英卡犬日常造型修剪。

一、品种简介

英国可卡犬(简称英卡犬)来自不同体形、类型、毛色的狩猎能力高度多样化的西班牙猎犬家庭,是已知最古老的陆地猎犬之一。

17 世纪以前,这一类犬无论其体形大小、身体长短、步伐快慢都被称为西班牙猎犬。由于其体形大小的显著差异,在狩猎方面的不同用途,逐渐引起了猎人的注意,较大型的犬能很快发现猎物,而小型的犬能用于猎丘鹬,于是,就有了史宾格犬和可卡犬的名称。1892 年英国养犬俱乐部终于承认它们是独立的两个品种,这个猎犬就是英国可卡犬。

英卡犬是活跃欢乐的猎犬。它比美卡犬大并且腿长。公犬身高 40.6～43 cm,母犬身高 38.1～40.6 cm。头部毛短而精细,躯体平展或有波浪,被毛呈丝状。毛色呈多样性,单色为黑色、肝褐色及各种红色,修剪时应尽可能自然。

1. 简介

英卡犬是一种活泼、欢快的运动犬,前肩隆为身躯最高点,结构紧凑。它的性格活泼,步态强有力且没有阻力,有能力轻松地完成搜索任务,可用尖锐的叫声惊飞鸟类,并执行寻回任务。它非常热衷于在野外工作,不断摆动的尾巴显示出在狩猎过程中,它有多么享受,这正好符合培养这个品种的目的。头部特殊。它必须是一条看起来非常匀称的犬,不论在站立时还是在运动中,没有任何一个部位显得夸张,整体的协调性很重要。

2. 体型

尺寸:雄性身高为 40.6～43 cm,雌性身高为 38.1～40.6 cm。背离这一范围均属于缺陷。雄性最理想的体重为 12.71～15.44 kg,雌性最理想的体重为 11.8～14.53 kg。正确的结构和体质比纯粹的体重更为重要。

比例:紧凑的结构和较短的接合,肩高略微大于从肩胛上缘到尾根处的距离。

体质:英国可卡犬是一种结构稳固的犬,拥有尽可能多的骨量和体质,但不会显得土气或粗糙。

3. 头部

整体外观：结实，但绝不粗糙，轮廓柔和，没有尖锐的棱角。给人的整体感觉是与其他品种显得与众不同。

表情：温和、甜蜜、威严、警惕而且聪明。

眼睛：眼睛是理想表情的根本。中等大小，丰满而略呈卵形；分开的距离宽阔；眼睑紧。有色素沉积或没有色素沉积。除了肝褐色和带肝褐色的杂色犬允许有榛色眼睛（较深的榛色更好）外，其他颜色的眼睛颜色为深褐色。

耳朵：位置低，贴着头部悬挂；耳郭细腻，能延伸到鼻尖，覆盖着长、丝质、直或略微呈波浪状的毛发。

脑袋：圆拱而略平坦，分别从侧面和正面观察。观察其轮廓，眉毛并没有高出后脑多少，从上面观察，脑袋两侧的平面与口吻两侧的平面大致平行。趾部清晰，但适中，且略有凹槽。

口吻：与脑袋长度一致，适度丰满，只比脑袋稍微窄一点，宽度在眼睛所在的位置达成一致；眼睛下方轮廓整洁。领部结实，有能力运送猎物；鼻孔开阔，且嗅觉相当发达；鼻镜颜色为黑色，肝褐色或带肝褐色的杂色犬的鼻镜可以是褐色；红色或带红色的杂色犬的鼻镜颜色可以是褐色，但黑色是首选。嘴唇呈四方形，但不下垂，也没有夸张的上唇。

牙齿：剪状咬合。钳状咬合也可以接受，但不理想。上腭突出式咬合或下腭突出式咬合属于严重缺陷。

4. 颈部、背线、身躯

颈部：优美，且肌肉发达，向头部方向显得圆拱，与头部接合整洁，没有赘肉，并融入倾斜的肩胛；长度适中，且与犬的高度及长度平衡。

背线：颈部与肩胛骨接合处到背线呈平滑的曲线。背线非常轻微地向臀部倾斜，没有下陷或褶皱。

身躯：紧凑且结合紧密，给人的印象是非常有力，但不沉重。胸部深，没有宽到影响前肢动作的程度，也不是太窄，否则显得前躯太窄或缩在一起。前胸非常发达，胸骨突出，略微超过肩胛骨与上臂的结合关节。胸部深度达到肘部，并向后逐渐向上倾斜，适度上提。肋骨支撑良好，并逐渐向身躯中间撑起，后端略细，有足够的深度，并充分向后扩展。背部短而结实。腰部短、宽且非常轻微地圆拱，但不足以影响背线。臀部非常圆，没有任何陡峭的迹象。

尾巴：断尾。位置位于臀部，理想状态下，尾巴保持水平，而且在它运动时，动作坚定。在兴奋时，尾巴可能举得高一些，但决不能向上竖起。

5. 前躯

英卡犬略有棱角。肩胛倾斜，肩胛骨平坦而平稳。前臂骨位置靠后，与肩胛骨之间的连接，有足够的角度，使它在自然状态站立时，肘部正好位于肩胛骨顶端的正下方。

前肢：直，从肘部到脚骨的骨骼几乎完全是同样的尺寸；肘部的位置贴近身躯；脚骨几乎是笔直的，略有弹性。

足爪：与腿部比例恰当，稳固，圆形的猫足；脚趾圆拱，紧凑；脚垫厚实。

6. 后躯

角度适中，与前躯的平衡是非常重要的。臀部相当宽，且圆。第一节大腿宽，粗且肌肉发达，能提供强大的驱动力。第二节大腿肌肉发达，且长度与第一节大腿的长度大致相等。膝关节结实且适度弯曲。从飞节到脚垫的距离短。

7. 被毛

被毛长度中等，丰密柔软，呈波浪状长丝毛；耳、胸、腹和四肢长有长饰毛。头部的毛发短而纤细；身上的毛发长度适中，平坦或带有轻微的波浪状，质地为丝质。英卡犬有许多羽状饰毛，但不会多到影响它在野外工作。修剪是允许的，去除多余的毛发并强调它的自然线条，但必须修剪得尽可能接近自然形态。

8. 颜色

英卡犬的毛色有很多种。杂色可以是整洁的斑纹、斑点或花斑色，白色为主，结合了黑色、肝褐色或不同深浅的红色。在杂色中，最可取的是身上有纯色斑块，或多或少，均匀分布，身躯上没有斑块也可以接受。纯色是黑色、肝褐色或不同深浅的红色。纯色而具有白色足爪属于缺陷；喉咙带有少量白色是允许的，但这些白色斑块绝不能使他看起来像杂色。棕色斑纹，清晰整洁，不同深浅，可以与黑色、肝褐色及杂色结合在一起。黑色和棕色、肝褐色和棕色也被归为纯色。

9. 步态

英卡犬是能够在浓密的灌木丛中和丘陵地带狩猎的猎犬。所以它的步态特点更多地表现在强大的驱动力方面，而且速度非常快。当它在角度适当的情况下，可以很轻松地覆盖地面，并延伸到前面和后面。在赛场中，它骄傲地昂起头，在站立等待检查时和行走中，背线都能保持一致。过来或离去时，走路笔直，没有横行或摇摆，在结构和步态都恰当的前提下，前腿和后腿间都保持相当宽的距离(图 8-12)。

图 8-12　英卡犬的标准造型

10. 性格

英卡犬是欢快而挚爱的犬，天性善良、甜美温和，服从性高，极富感情，精力旺盛，动作敏捷，机警、聪慧，乐观活泼，性格平静，既不慢吞吞，也不过度亢奋，是一个乐于工作、可爱迷人的伴侣。

二、造型修剪

(一)电剪操作

头部：用 10 号刀头顺毛修剪脸及头顶多余的毛发，谨记头顶及脸部的毛最好紧贴，不能让毛松出，这样的做法主要是令头部长而勒紧，额段明确。头顶端不留冠状饰毛。

喉部：抬起下颌，用 10 号刀头逆毛从喉结剃至下巴呈“T”字形，而颈侧的毛用 7 号刀头顺毛势剪掉。

耳部：用 15 号刀头把耳部内侧及外侧毛顺毛方向剪至耳豆。

（二）手剪操作

肛门：露出肛门。

臀部：用牙剪修剪自然。

后腿：后腿饰毛修剪自然，飞节以下修剪整齐。

前腿：修成三角旗状。

耳部：令毛发自然结合，耳饰毛要剪得整齐美观。

足部：修成毛爪。

尾部：修整齐。

前胸：修剪成自然的弧线。

三、日常护理注意事项

（1）眼睛的护理。需要随时关注。

（2）耳朵的护理。需要特殊护理。

（3）脸部的修剪。

①在剃嘴部时用右手持电剪，左手握住犬的嘴。

②从眼睛上方修剪到脑后。

③修剪面部，以保持清洁。

④修剪下腭，形成一个“V”字形。

⑤修剪耳部的上方，包括耳朵的上 1/3，显现耳朵的轮廓。

（4）毛发的护理。从英卡犬的胸骨到骨盆部下方画一条线，从颈部向下沿线修剪，将线的上方毛发修剪短，或是刮毛、剃毛均可。

任务七　贵宾（贵妇）犬的美容造型

知识目标

掌握贵宾犬的品种特征；掌握贵宾犬造型修剪技术。

技能目标

具备贵宾犬造型修剪技术，具备美容时突发事件处理能力。

学习任务

除具备贵宾犬美容技术外，还能够自行设计、创新贵宾犬日常造型修剪。

一、品种简介

贵宾犬也称“贵妇犬”，又称“卷毛犬”，在德语中，Pudel 是“水花飞溅”的意思。贵宾犬是犬科犬属的一种动物。法国长卷毛犬、匈牙利水猎犬、葡萄牙水犬、爱尔兰水犬、西班牙猎犬，甚至马尔济斯犬，都有可能是贵宾犬的祖先。

贵宾犬在法国被视为国犬，很多人认为贵宾犬原产于法国，但许多国家仍对贵宾犬的起源争执不休，都想把它据为己有。德国、俄罗斯、意大利等国均各抒己见，认为有些品种的贵宾犬原产于他们国家，如白毛品种以法国居多，棕毛品种以德国居多，黑毛品种以俄罗斯居多，茶褐色品种则以意大利居多。有些专家认为，德国、俄罗斯、法国在贵宾犬的发展过程中，均扮演过极其重要的角色。贵宾犬起源于欧洲，具体是哪个国家还有争议。贵宾犬以水中捕猎而著称，是水猎犬。但是只有标准贵宾犬具有工作能力。它是聪明而善解人意的犬种。贵宾犬根据体形大小被 AKC 标准分为标准型、迷你型、玩具型 3 种。而 FCI 标准把它们分为大型、中型、迷你型、玩具型 4 种。它们有着统一的标准。身体呈方形，体高(肩胛骨至地面)与身长(胸骨至坐骨)比例为 1∶1，身高：迷你型为 25.5～38 cm，玩具型为 25 cm 以下，标准型为 38 cm 以上。分为多种颜色，均为单一色。

1.尺寸、比例

(1)标准型。肩高超过 38 cm。任何一种标准型贵宾犬肩高等于或小于 38 cm 都会在竞赛中被淘汰。

(2)迷你型。肩高等于或小于 38 cm，高于 25 cm。任何一种迷你型的贵宾犬超过 38 cm 或小于等于 25 cm 都会在竞赛中被淘汰。

(3)玩具型。肩高等于或小于 25 cm。任何一种玩具型贵宾犬超过 25 cm 都会在竞赛中被淘汰。

区分玩具型和迷你型的唯一标准就是体形大小。体态匀称，令人满意的外形比例应该是：从胸骨到尾部的长度近似于肩部最高点到地面的高度。前腿及后腿的骨骼和肌肉都应符合犬的全身比例。

2.形态

贵宾犬从整体形态上看，头颅顶部稍圆，眉头较浅但很清晰，面颊平坦。眼睛颜色很深，呈卵圆形，两眼间距宽，眼神机警。吻部长直而纤细，眼睛下方有轻微凹陷。颈部强壮，颈长可以使头部高高抬起。胸部深而扩张，肋部伸展。后脚跟短，与地面垂直。

贵宾犬的被毛通常修剪成传统的形状，被毛有卷曲型和绳索型：卷曲型被毛粗硬、浓密；绳索型被毛下垂，身体各部位被毛长度不等，颈部、躯干、头部和耳部的被毛很长。

贵宾犬气质独特，造型多变，赢得了许多人的欢心，给人一种漂亮、聪明的印象(图 8-13)。

图 8-13　等待美容的贵宾犬

在众多的犬种中，贵宾犬经常作为明星犬出场，幼犬经常是在不满 12 个月时第一次修剪装饰毛做造型。另外在成长期的小犬，无论犬体大小还是体形变化都很大，但是不管多大的犬，都应根据自身的状态和表情进行设计，优雅的外观，长身短背及丰厚的颈部装饰毛等，身高和身长为 1∶1呈正方形，由此，将很好地表现幼犬的自然美。

二、芭比式修剪法

(一)电剪操作

1. 脚部修剪(用 15 号刀头)

(1)将电剪指着腿的方向，从趾甲开始剪去顶部及两侧的毛，修剪至脚的末端为止。

(2)脚修剪完后，趾甲上不应该有任何碎毛，脚底部平滑。

2. 面部修剪(用 15 号刀头)

(1)先在眼角处修一条平直线，从耳朵前面开始到外眼角，修剪面部所有的毛发。

(2)继续剪去脸颊及脸两侧的毛发。

(3)两侧脸都修完后，在两眼之间剪一个倒“V”字形。

(4)抬起犬的头，从喉结下方开始剪到双耳的前部，修剪过的部位呈“V”形的项链状。

3. 尾巴修剪(用 15 号刀头)

(1)从犬背后，一手抓住犬的尾巴，修剪尾根至身体的结合点为止。

(2)修剪另一侧尾根，使修剪的部位呈倒“V”字形。

(3)尾部修剪 1/3 毛发。

(4)根据尾巴的长短，调整毛团的位置。

(二)手剪操作

1. 修剪股线

以尾根为中心用剪刀倾斜 45°修剪。

2. 修剪背部

从后背部延伸到头部，毛发逐渐增长。如果背部不规则，可以通过修剪来弥补。

3. 修剪后腿

(1)后腿应保持适当的弯曲度，后脚飞节处，修出 45°转折。

(2)腿部要修剪成平滑的曲线，以达到平衡的状态。

(3)用梳子将脚踝处的毛垂直向下梳，沿脚踝修剪成一个圆形的袖口。

4. 修剪腹线

修剪成放射状。

5. 修剪前腿

修剪成圆柱状，注意前腿内侧的毛发要修剪干净，与下腹的毛自然衔接。体态不正常的，可以通过后期修剪来弥补。

6.修剪前胸

(1)前胸毛不可留下太多,以免使身体过长。

(2)颈部的毛与前胸的毛自然衔接。

7.头饰修剪

头饰做圆形修剪,要丰满有立体感并与身体自然衔接(图 8-14、图 8-15)。

图 8-14 美容后的贵宾犬

图 8-15 美容前的贵宾犬

三、欧洲大陆妆修剪法

欧洲大陆妆营造出犬的轻盈身姿,使贵宾犬在比赛中独树一帜。欧洲大陆妆适用于任何贵宾犬,属于万能妆,也是国际比赛中指定装扮之一。但这一妆的标准造型,有时并不能衬托贵宾犬的美态,反而暴露其缺陷和弱点。因此,体长超长、骨骼瘦弱、肌肉不足、脂肪肥厚的犬,不适合这种造型。欧洲大陆妆修剪的步骤如下。

(1)清洗、吹干。

(2)在眼角与耳朵之间取一直线,修剪眉线。

(3)脖颈喉部剪成"V"字形,线条要宽直,太窄会有呼吸困难的感觉。

(4)"U"字形是起强调突出作用的,喉部明显的犬应免用"U"字形修剪。

(5)耐心仔细地剃毛,中途不时抓起贵宾犬头顶的饰毛,以确定头顶饰毛所留的长度及尺寸。

(6)尾巴的修剪。确定尾球的位置,尾骨根部的毛要修剪掉。

(7)后腿的修剪。根据后腿的长短粗细,以踝关节部为基准(修成毛球状),修剪的角度要根据犬的整体比例及犬的前后肢比例进行调整。

(8)两后肢的剃毛完成后,开始修剪背部毛球,先修剪出轮廓,再进行调整。

(9)剃腹毛。

(10)前后足线应在一条水平线上,与整个修饰线平行。

(11)臀部的两个毛球修剪。先用剪刀剪出虚线,然后再慢慢调整。从侧面看只能看见一个毛球。

(12)用电剪两端的尖角,将两侧背球修成圆弧状,线条清晰,轮廓明显。

(13)修剪分割线。以最后肋骨为准,呈直线绕身1周。

(14)足线上部修剪至膝盖部分。

(15)前足部的足线要做成椭圆状，突出前肢修长。

(16)裙摆的下部的起剪处要根据犬的比例而定，是非常重要的部分，向下方倾斜过多会造成沉重感。

(17)胸毛的修剪。修剪时使毛向下自然过渡，修成圆弧状，在完成修剪时要使毛呈直立状。

(18)耳部毛的修剪。应从梳毛开始修成倒"V"字形。下端呈自然的圆弧状(图 8-16、图 8-17)。

图 8-16 欧洲大陆装手绘图

图 8-17 标准欧洲大陆装

四、拉姆妆修剪法

贵宾犬拉姆妆又称为绵羊装，是近似幼犬的造型，但却能充分呈现贵宾犬的特色，同时显得清爽。修剪成四方形，但是不留棱角，使贵宾犬整体有圆润柔和的感觉。贵宾犬拉姆妆并不是比赛妆，而是属于宠物妆，在一般宠物美容师考级中，基本是用作对贵宾犬 C 级和 B 级的考级鉴定。

贵宾犬拉姆妆在现实生活中是美容师为顾客修剪最多的一种造型。拉姆妆并不是一成不变的，而是随着人类审美的发展，变得更加丰满，并且这种造型易被大众接受和喜爱。贵宾犬拉姆妆的修剪技术也是众多美容学校考验美容师是否合格的标准之一。贵宾犬拉姆妆修剪的步骤如下。

(一)梳理

(1)让犬立于美容台上，从背中央朝腹部的方向用洁毛刷慢慢地向下刷。

(2)刷完背部之后再依次地梳理腹部、前脚内外侧。

(3)梳理其头部。

(4)最后刷贵宾犬的尾部。

(二)剃毛

(1)使用 0.1 mm 刀头的电剪，逆毛进行耳朵根部和眼尾连接线的剃毛。操作时用右手持剪，左手握住犬嘴；沿着自眉尖到鼻尖、眼角、颈部、脸颊、耳根、下巴的方向剃毛。

(2)四脚只是修至脚垫的跟部，剃脚底毛要用拇指以及食指把犬的脚掌分开，小心地把趾间杂毛剃干净。

(3)如果是快速美容，可用电剪将犬背部身体主要部分和周围、腹部的毛全剃短；如果比赛或考级，此部分毛需按照手剪顺序手动修剪。

(4)尾根部至肛门的部分用“V”字形剪法剃短毛 2～3 cm。

(三)清洗

在清洗之前先要清理犬的耳部和指甲，然后用长条状棉球把犬的耳孔堵好，以免进水。

(1)把宠物的浴液挤出少许再用水稀释。

(2)用拇指和食指轻挤犬的肛门腺，起到清洁肛门腺的作用。

(3)使用稀释浴液涂抹头部以及全身，沿头部向背部、腹部以及四肢轻轻地揉搓，切勿让浴液流到贵宾犬的眼睛里。

(4)揉搓过后，用水把犬的全身清洗干净，并为它打点护毛素，然后彻底地冲洗干净。

(四)吹风

(1)用浴巾包住贵宾犬的身体，移至美容台上把水分擦干。

(2)剩余的水分用吹风机吹干，自头部开始，一边吹风一边用针梳梳理，直至毛根部完全吹干为止。

(3)吹风完毕用梳子把全身的毛发重新梳理一遍。

(五)剪毛修理

贵宾犬的拉姆妆在修剪时，通常按照修剪顺序，先修剪成面，然后去掉棱角，用直剪或弯剪包圆，进行衔接修剪，最后完成整体造型。

(1)修剪背线。从尾根部到大约身体长度的一半处，修出水平的线条。

(2)用剪刀修剪尾根部，使尾根部的毛发从侧面看呈 30°。

(3)手剪沿坐骨到膝盖骨方向修成与地面垂直的平面。

(4)修剪后肢飞节，使之与地面呈 45°。

(5)修剪膝盖窝到飞节处的毛发，侧望与地面呈 45°倾斜。

(6)修剪后肢内侧的毛，使左右肢的毛不会重叠。后望时两肢之间形成“A”字形的空隙。

(7)修剪前胸及衣领线，确定身高和体长的比例为 1∶1。

(8)剪刀倾斜向上 15°，修剪出下腹线。

(9)胸部修剪出弧度，与身体侧边连接，修剪出腰线。

(10)修剪两眼之间的毛。操作时剪刀与口吻约呈 85°进行修剪。

(11)修剪头顶部的毛，使之成为水平的平面，并修剪出耳线，前望时头冠呈梯形面。

(12)将左右耳根内侧的线，与口吻中央的延长线相交的地方作为头冠的顶点，手剪自然地连结头后部到颈部的毛发，直接过渡到身体后侧。

(13)将左右耳朵一起往前方按住，修剪颈部到肩胛骨部位的毛发，前望时，颈部和肩胛骨呈流线型的弧度。

(14)修剪头顶与额段之间的毛发，构成头花的前部，侧望与水平面呈 45°。

(15)以胸部的最高点为前侧的顶点，做出下胸部的弧度。

(16)修剪前肢的前侧。和有弧度的胸部不同,要从根部到脚尖修剪成笔直状。

(17)修剪前肢内侧。笔直修剪,左右前肢之间形成倒“U”字形间隙。

(18)修剪后肢前侧。用排梳将毛梳立起来后,从大腿部到脚尖维持同样粗度进行修剪,后望呈“A”字形。

(19)修剪前肢后侧。以和后肢相同的粗度为标准,从肘部笔直修剪到脚尖。前肢后部要留下较多的毛,如果修剪过度,身体会显得比较长。

按以上顺序修剪完成后,剪掉各个修剪面的棱角,进行衔接修剪,使整体带有自然流畅的弧度(图 8-18 至图 8-32)。

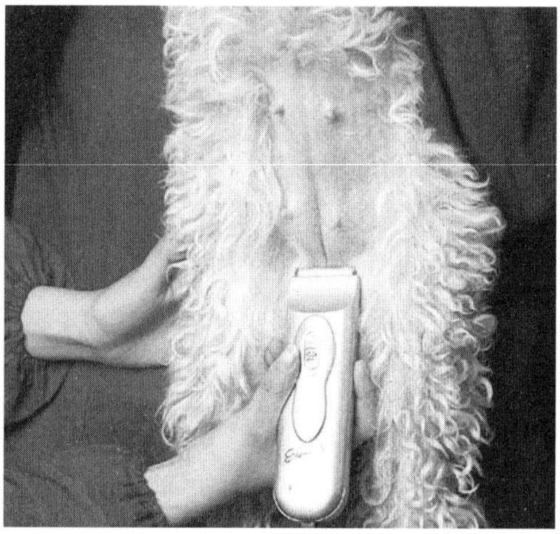

图 8-18 剃毛

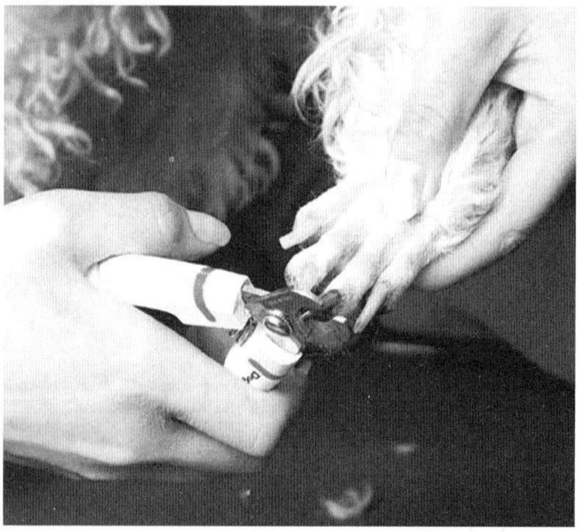

图 8-19 修剪趾甲

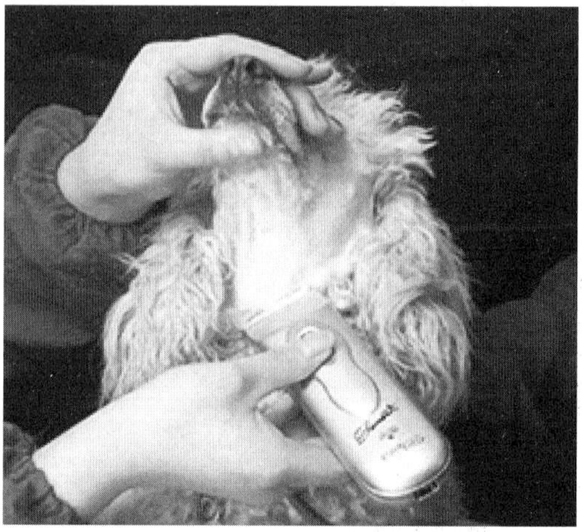

图 8-20 修剪头部及脖子周围的毛

图 8-21 清理耳道

图 8-22 梳理被毛

图 8-23　梳理头部的毛

图 8-24　剃脚底毛

图 8-25　洗澡

图 8-26　吸水毛巾擦拭

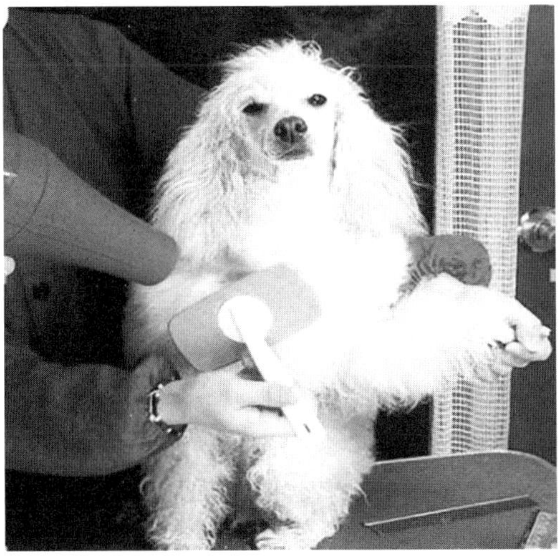

图 8-27　吹干

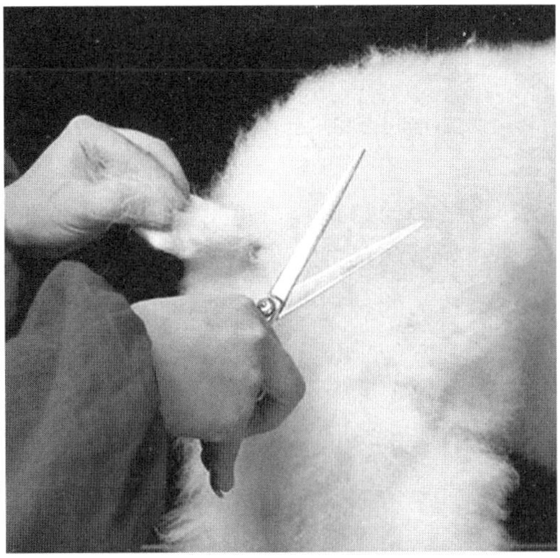

图 8-28　修剪臀部

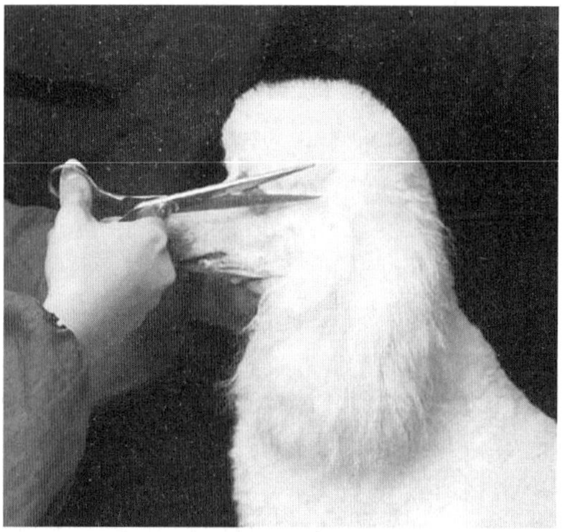

图 8-29 修剪头部

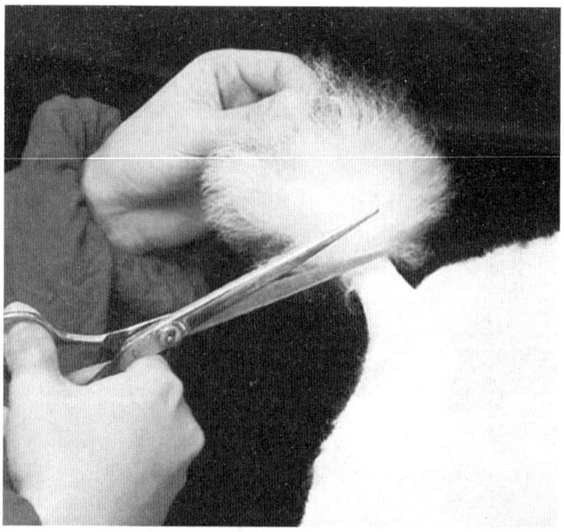

图 8-30 修剪尾部

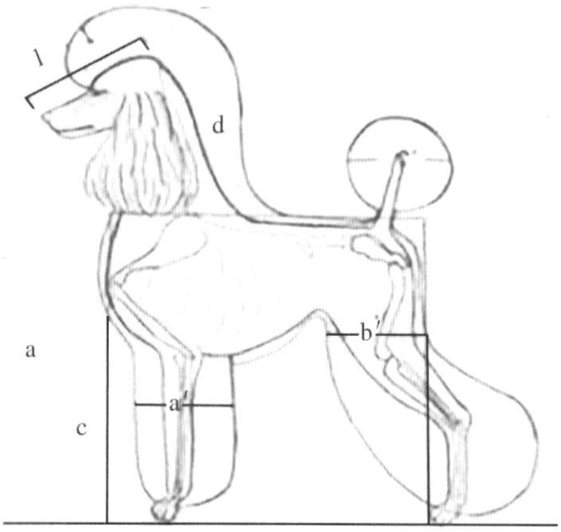

图 8-31 全身修剪比例

图 8-32 完成展示

五、 日常护理注意事项

(1)眼睛的护理。白色贵宾犬很容易在眼部形成泪痕。所以要及时清理眼睛周围的污物。

(2)耳朵的护理。贵宾犬也需要拔除耳毛。

(3)腿部的护理。定期剪指甲,剃除脚部毛发。

(4)毛发的护理。毛发的护理是必不可少的。

(5)洗澡。对于贵宾犬洗澡很简单,但洗澡后毛发的拉直很重要。在吹干毛发的过程中,一定要用钢丝梳不停地拉直毛发,使犬的毛发蓬松,也便于修剪。

(6)应根据犬的毛发特征,修剪不同的造型。根据贵宾犬的独特性,剃脸部、脚部、腹部的毛发,还可以染发。

任务八　泰迪犬的美容造型

知识目标

掌握泰迪犬的品种特征；掌握泰迪犬造型修剪技术。

技能目标

具备泰迪犬造型修剪技术，具备美容时突发事件处理能力。

学习任务

除具备泰迪犬美容技术外，还能够自行设计、创新泰迪犬日常造型修剪。

一、品种简介

泰迪犬也可以称为贵宾犬，泰迪犬并不是一个独立的犬种，而是一种毛发的造型方式，主要都是贵宾犬经修剪形成的装束造型。如果红色玩具贵宾犬不剃胡须和嘴边的毛，可以长成动漫里面泰迪熊的模样，所以红色（褐色）玩具贵宾犬又称为“泰迪熊”。泰迪犬属于贵宾犬的一种美容方式。很多打着泰迪贵宾旗号的贵宾犬，其实为失格的贵宾犬，一般眼圆，耳位高。贵宾犬则一般是杏眼，显得睿智。泰迪犬只是狗贩炒出来的一个噱头，和当年炒哈士奇蓝眼、三把火一样。

泰迪犬称呼亲切，并且和泰迪熊玩偶很像，同时该犬体型娇小，性格活泼可爱，且智商高，尤其是它如玩具娃娃一般的模样，非常招人喜欢，所以泰迪犬深得一些年轻女孩的喜爱。

国际上基本所有的犬种协会都不承认泰迪犬是一个独立品种。

二、修剪方法

（一）修剪眼部

第一剪，剪两眼中间，剪刀横于两眼正前方，上下运剪，将两眼间的毛发修短。

第二剪，剪两眼上方毛发，与两眼中间毛发接成弧线，修剪后使头顶毛发呈球形。

第三剪，拔起两眼前的毛发，修剪掉内眼角的杂毛。

此三剪完成后，犬眼睛给人的感觉应该是清爽明亮。

要点：先中间，后两边，接成弧线最好看。梳毛要勤，顺毛发生长方向拔毛，而不是刻意往前梳。

(二)修剪头顶

头顶的圆润弧线容易掌握，和运动装的头顶修剪方法类似，关键在于两眼外侧的修剪。两眼外侧修剪基本遵守人像素描中的“三庭五眼”法则，根据“三庭五眼”定好比例，就可以确定两眼外侧的留毛长度。

(三)修剪脸部及下巴。

此步最关键在于梳毛，根据计划的修剪模样进行修剪。

第一剪，将眼前毛发向鼻头方向梳(往前梳)，然后按照预定模样剪掉超出鼻端多余的毛发，脸颊的毛发也如此。

第二剪，从鼻头开始，将眼前的毛发向上拨起，略向前倾，止于眼前，然后依预定模样剪掉杂毛，并修剪出形状。

第三剪，修剪脸颊，脸颊的球形宽度一般与头顶毛球相同，故应以头顶毛球宽度为参照，修剪好脸颊，接成圆润的弧线。

第四剪，修剪下巴，只要达到一个目的，下巴即可修剪好：务必使鼻头处于脸部毛球的中心(正面观)。下巴毛发的修剪方向应直指喉结(图 8-33)。

(四)修剪颈部衔接

除下巴需要做出明显轮廓外，其余衔接均属自然衔接。

要点：勤梳毛，将线条做圆润。别忘了提起耳朵，修剪好耳朵下面的毛发(图 8-34)。

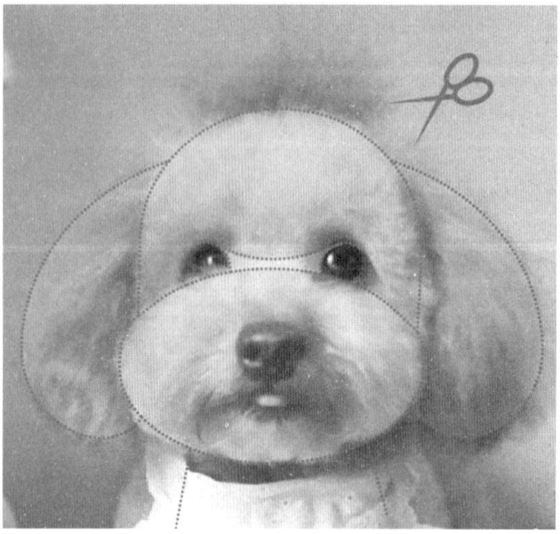

图 8-33 泰迪犬脸部修剪正面图

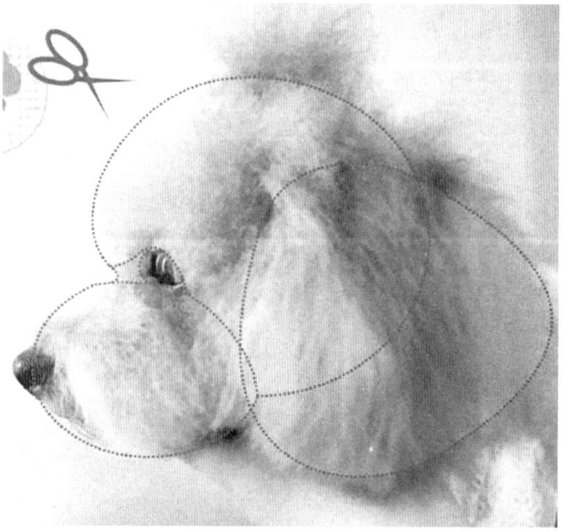

图 8-34 泰迪犬脸部修剪侧面图

根据泰迪犬头部留毛的长短、弧度以及耳位的高低，还可变换出不同的造型，如近年流行的泡芙头、蘑菇头、日系头等(图 8-35 至图 8-38)。

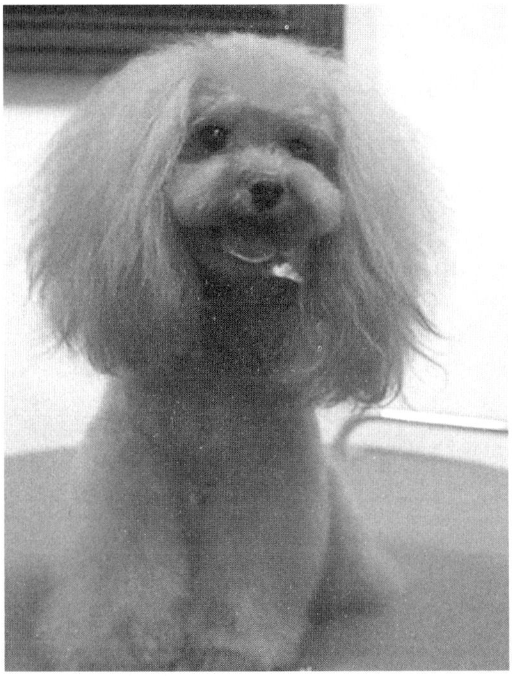

图 8-35　泰迪犬假耳位造型

图 8-36　泰迪犬蘑菇头造型

图 8-37　泰迪犬日系小耳朵妆造型

图 8-38　泰迪犬泡芙头妆造型

任务九 比熊犬的美容造型

知识目标

掌握比熊犬的品种特征;掌握比熊犬造型修剪技术。

技能目标

具备比熊犬造型修剪技术,具备美容时突发事件处理能力。

学习任务

除具备比熊犬美容技术外,还能够自行设计、创新比熊犬日常造型修剪。

一、品种简介

比熊犬(法语:Bichon Frisé,意指白色卷毛的玩赏用小犬)原产于地中海地区,是一种小型犬品种,为常见宠物,外表类似于马尔济斯犬。它们不会自然脱毛,因此毛发需要整理。颜色一般为白色。比熊犬性情温顺、敏感、顽皮而可爱。逗人喜欢的特点也是此品种是否纯正的标志。比熊犬是小型犬,健壮,萌,蓬松的小尾巴贴在后背,有着一双充满好奇的黑色眼睛。同时它的动作优雅,灵活,逗人喜爱。比熊犬还有一个好处,它不太会掉毛,活动空间小,主要分布在欧洲,但近年来,一些亚洲国家的人们也开始乐于饲养这类乖巧的小型犬(图 8-39),分布范围逐渐扩大。比熊犬的形态特征主要表现在以下方面。

图 8-39 比熊犬

1. 体型

雄性比熊犬和雌性比熊犬肩高为 24.3～29.2 cm,匀称是优先考虑的。如果超出这个尺寸范围,但被证明是非常优秀的个体,允许适当放宽标准。但无论如何,肩高不应该超过 30.4 cm 或低于 22.8 cm。最低肩高标准不适于幼犬。

2. 表情

柔和,深邃的眼神,好奇而警惕。

3. 眼睛

圆、黑色或深褐色。正视前方。过大或过分突出的眼睛、杏仁状的眼睛及歪斜的眼睛都属于缺陷。黑色或非常深的褐色皮肤环绕着眼睛，这是必须的，可以突出眼睛并强调表情。眼圈本身必须是黑色。眼圈色素不足或完全缺乏色素，产生一种没有表情或表情呆滞的感觉，属于明显的缺陷。眼睛的颜色为黑色或深褐色，除此以外的任何颜色都属于严重缺陷。

4. 耳朵

下垂，隐藏在长而流动的毛发中。如果向鼻镜方向拉扯耳朵，耳郭的长度能延伸到口吻的中间。耳朵的位置略高于眼睛所在的水平线，并且在脑袋比较靠前的位置。所以当它警惕时，耳朵会成为面孔的一部分。

5. 头部

略微圆拱，允许向眼睛方向呈圆弧形。止部略微清晰。

6. 口吻

非常匀称的头部，口吻与脑袋的长度比例为 3:4，口吻的长度是从鼻镜到止部的距离，脑袋的长度是从止部到后枕骨的距离。经外眼角和鼻尖连成的虚线，正好构成一个等边三角形。眼睛下方轮廓略显清晰，但不能太过分，而形成虚弱或尖细的前脸。下颌结实。

7. 鼻唇

鼻镜突出，且总是黑色。嘴唇黑色，精致，但不下垂。

8. 咬合

剪状咬合。上腭突出式咬合或下腭突出式咬合属于严重缺陷。弯曲或不成一线的牙齿是允许的，但缺齿属于严重缺陷。

9. 颈部

长而骄傲地昂起，竖在头部之后。平滑地融入肩胛部。颈部的长度，从后枕骨到肩胛骨的距离大约为从前胸到臀部距离的 1/3。

10. 背线

水平，除了直、肌肉发达且圆拱的腰部。胸部相当发达，宽度允许前肢能自由而无拘束地运动。胸部最低点至少能延伸到肘部。肋骨适度撑起，向后延伸到短而肌肉发达的腰部。前胸非常明显，且比肩关节略向前突出一点。下腹曲线适度上提。

11. 尾巴

有许多毛，尾巴的位置与背线齐平，温和地卷在背后，所以尾巴上的毛发靠在背后。当尾巴向头部方向伸展时，至少能到达去马肩隆的中途。尾巴位置低、尾巴举到与后背垂直的位置或尾巴向后下垂都属于严重缺陷。螺旋状的尾巴属于非常严重的缺陷。

12. 肩胛部

肩胛骨与上臂骨长度大致相等。肩胛骨向后倾斜，大约呈 45°。上臂骨向后延伸，从侧面观察，使肘部能正好位于肩胛下方。

13. 前肢

骨量中等；前臂和腕部既不能呈弓形，也不弯曲。骹骨相对垂直线而言，略显倾斜。狼爪可以切除。

14. 足爪

紧而圆，类似所谓的猫足，直接指向前方，既不向内弯，也不向外翻。

15. 脚垫

黑色。趾甲控制在比较短的状态下。

16. 大腿

大腿角度恰当，肌肉发达，距离略宽。第一节大腿和第二节大腿长度大致相等，与适度弯曲的膝关节结合在一起。从飞节到足爪这部分后腿完全垂直于地面。狼爪可以切除。脚掌紧而圆，脚垫为黑色。

二、修剪方法

卷毛比雄犬的美容重点在脸部，眼睛是能左右表情的重要部位。

(一)清洗

(1)将宠物浴液挤出少许用水稀释，水温控制在35～38 ℃。

(2)用拇指与食指轻挤肛门腺，起到清洁肛门腺的作用。

(3)淋浴时，应先冲湿前躯，从前往后冲洗，然后用稀释浴液涂抹头部及全身，沿头部向背部、腹部和四肢轻轻揉搓，切勿让浴液流进眼里；建议最好最后洗脸。免得浴液进入眼睛太久。冲洗的时候则先把头脸部浴液冲洗干净。

(4)揉搓过后，用水将全身清洗并为其打点护毛素，再彻底冲洗干净。

(二)吹风

(1)用浴巾包住身体，移至美容台上将水分擦干。

(2)剩余水分用吹风机吹干，从头部开始，一边吹风，一边用毛刷刷，要一点一点梳直每一个部位，直至毛根部完全吹干为止。

(3)吹风完毕用直排梳将全身毛发重新梳理一遍，看是否有打结或没吹直的毛。

(4)边吹风边梳理，从尾部开始，每次仅梳理一小部分，同时用刮刷不断梳理。其次按躯体、四肢、头部、耳部的顺序梳理烘干毛发，要把自然卷曲的毛发梳理成纹理柔和、蓬松直立的形状。

(三)梳理

(1)使犬以正确姿势立于美容台上，从后躯向前躯用针刷以反方向慢慢梳理。

(2)梳理头部。

(3)最后刷尾部。

(四)剃毛

(1)将脚趾修至脚垫跟部，剃脚底毛要用拇指和食指将犬的脚掌分开，小心将其间杂毛剃去。

(2)剃腹毛。

(3)下尾根部至肛门部分剃成“V”字形。

(五)剪毛修理

(1)先剪出脚步线条。圆形,不能露指甲和脚掌。

(2)背部线条。背部线条水平,前面剪到肘部垂直往上的延长线略后一点的位置(即肩胛骨略靠后)。前躯到后躯为直线。

(3)比熊犬修剪后部线条时,应修剪得比较夸张,从尾巴根部到坐股节剪成圆弧。若犬为长筒短肢则修剪时把坐股节往上提,以弥补缺陷。

(4)后躯线条,从后腿内侧开始剪,呈直线。后腿内侧,剪到脚背方向,呈斜线。腿毛的长度由脚到地面的长度决定,由下往上剪。飞节部为直线。

(5)腰腹部。比熊犬无腰线,从后往前一样长。腹线接近水平的斜线,胸部不能低于前肘。

(6)胸骨到大腿外侧为直线,前腿内侧为直线。两腿间与腰腹部自然连接,前腿后侧为直线,但应自然斜下去。喉结到胸骨应为直线,长度略短,因为强调头部,所以胸部不强调肩胛骨到上腕骨,修剪时略有弧度即可。

(7)头部修剪。把头部的毛向后梳,整个头部剪成圆形,鼻子是整个头部的圆心,以鼻为中心剪毛。修剪脸部时,鼻子两端的毛用手压住,两眼间水平,头部的毛按层次,“V”字形一层一层剪,每一层较之前一层略长一点,与眼尾的距离 0.3～0.6 cm。从咽喉部开始剪成水平线,从上往下看只看到头。

(8)修剪足部多余的毛发。

(9)修剪肛门下和肛门周围的毛发,尾部的毛发要留长一点。

(10)修剪后腿时剪刀要始终与躯体平行,从犬的后部看时,犬腿类似一个边缘整齐的倒“U”形。

(11)修剪犬躯体的毛发,从两侧开始,向下移动至躯体下方。

(12)修剪犬的腿,使其从前面观察时是直的,但是从远处看是圆柱形的,足部也在此轮廓里,好像隐藏在腿部毛发的延长线里。

(13)从肩背部到尾部的线应保持水平状态,颈部的毛发浓密,随着躯体的曲线修剪成圆滑的外观。

(14)多次修理,形成浑然一体的外观。

(15)犬耳内侧的毛发应用手或镊子拔去。

(16)将覆盖在眼睛上的毛发向前梳理并向后修剪。

(17)将犬鼻梁上的毛发修齐,并向下梳理其余毛发。

(18)整体修饰。

三、日常护理注意事项

(1)眼睛的护理。比熊犬眼睛周围的毛发很容易刺激眼睛,时间一长就会在眼部形成泪痕,要及时清理眼睛周围的污物。也可以对眼部周围的毛发适当修剪,方法是小心把眼睑周围、两眼中间的毛发剪短,这样眼窝也会好看。

(2)耳朵的护理。比熊犬的耳朵下垂,隐藏在长长的毛发中不易被发现。要随时关注耳朵的清洁度,定期为其清理耳垢,而且还要定期拔除耳毛。

(3)脚部的护理。定期剪指甲,剃除脚部毛发。

(4)嘴部的护理。比熊犬嘴部毛发很容易变黄,应注意防止。首先应使用饮水器给其饮水,避免水对毛发的损害;其次最好不要给其喂食色彩缤纷的零食,经常给犬擦嘴。

(5)毛发的护理。毛发的护理是必不可缺少的。在条件允许的情况下,为防止打结,每天都要为比熊犬进行梳毛。

(6)洗澡。

①在使用浴液时,一定要按照使用说明,按照一定比例稀释浴液,才可以涂在犬的身上,尤其是白毛犬专用的浴液一定要稀释,如果直接涂抹在犬的身上,有可能使犬的毛发发干,变黄。

②洗完澡后用吹风机吹干,从头部开始,一边吹,一边用毛刷一点一点梳直每一个部位,直至毛根部完全吹干为止(图 8-40)。

图 8-40　比熊犬标准妆

项目九
宠物美容的特殊方法

任务一 染色

知识目标

了解宠物染色的概念以及流行趋势。

技能目标

掌握宠物染色的方法以及美容时突发事件处理能力。

学习任务

除掌握宠物染色技术外，还能够自行设计、创新宠物不同的染色造型。

随着时代的变化，宠物美容程序中注入了许多新鲜的元素。人们在装扮自己的同时，也希望自己的宠物时尚些、另类些。宠物染色满足了不同人群的特殊需求，使得他们可以发挥自己的想象，给宠物染出任何自己喜爱的色彩和造型(图 9-1)。

1. 染色工具

染色膏(多种颜色可供选择)、染色刷、锡纸、塑料手套等。

2. 染色说明

染色只限于白颜色被毛使用。

3. 染色步骤

(1)准备好染色工具。

(2)选择染色位置，身体任何部位均可(常见部位在耳朵、尾巴)，如选择在身体上进行局部造型，应先修出造型的图案。

因尾部与耳部毛质不同，尾部毛发染色应上两遍色。

图 9-1　宠物犬染色造型

(3)戴好塑料手套,将染色膏挤在毛发上,用染色刷均匀刷开,注意颜色要均匀,内外都要刷到。

(4)刷过后用锡纸将上色的毛发包裹好。

(5)用吹风机吹 10～15 min。

(6)打开锡纸,将染色部位用清水冲洗干净,吹干。

提示:染过色的犬,不要用白毛专用洗毛液洗澡,以免使染过的颜色褪色变旧。

任务二　长毛犬的包毛方法

知识目标

了解宠物包毛的概念以及应用范围。

技能目标

掌握宠物包毛的方法以及美容时突发事件处理能力。

学习任务

除掌握宠物包毛技术外,还能够自行归纳不同宠物的包毛方法和注意事项。

一、基本美容工作

(1)刷毛。用针梳先梳理,再用美容师梳梳理通顺。

(2)眼部清洗。可用洗眼水及棉花清理眼垢,以保持干爽,防治眼睛感染。

(3)清洗耳部。需拔耳毛。

(4)修剪指甲。

(5)洗澡。耳朵要塞棉花,挤肛门腺。

(6)焗油。

(7)吹干。不可用吹水机。

(8)修剪脚底毛。

(9)修腹底毛。用 10 号刀头。

二、包毛

包毛是长毛犬被毛日常护理的方法,可有效保护毛发。

1. 适合包毛的犬种

约克夏㹴犬、马尔济斯犬、西施犬以及贵宾犬(头部)。

2. 包毛用具

包毛纸、橡皮筋、分界梳(如需进一步护理,还可选用护毛用品)。

3. 包毛说明

采用分毛法,分毛是包毛程序中的重点。原则上所分的毛应该体积相等,准确分出各部位的毛发,不能妨碍各个部位的肌肉活动,尤其是耳部与头部的毛发、脸部与嘴部的毛发,一定要先分清,再进行包裹。

4. 包毛步骤

(1)准备好包毛用具。根据毛的长度、颜色选择合适的包毛纸。

(2)从头部开始操作,用分界梳将头部一侧的毛分成若干小绺儿。操作时要尽量避开关节部位。

(3)选择其中一绺毛发,取一定长度的包毛纸,将其折叠包裹,再用橡皮筋扎好。

(4)同理将头部其他毛发包裹起来。头部包毛时要注意脸部与头部毛发的分界,可用分界梳由外眼角到上耳根区分出头部毛发。此外,头部包毛时不宜太紧。

(5)同理将身体、尾部的毛发包裹。

(6)宠物犬毛发包好后需每隔 2～3 d 拆开,用鬃毛刷刷过后,再一层层地喷上稀释的乳液并重新再包起来(图 9-2)。

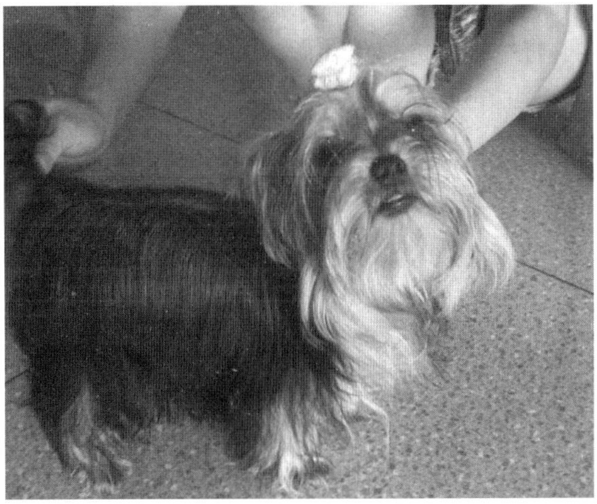

图 9-2　宠物犬的包毛

任务三　宠物犬的形象设计及服装搭配

知识目标

了解宠物形象设计的理念以及流行趋势。

技能目标

掌握宠物形象设计的原则及方法。

学习任务

除掌握宠物形象设计方法外,还能够自行设计宠物的不同形象、自主设计宠物服装。

近年来,由于国民生活水平的普遍提高,宠物的消费也在日益增长,消费品的层次也在逐渐提高,宠物的健康得到了重视,宠物穿衣被广泛认同,宠物服装市场发展迅速,各种款式和材质的宠物服装不断涌现，人们可依个人爱好选择或制作宠物服装。从基本的宠物服装到具有特定功能的服装，如防水、抗菌、抗静电等，宠物主人们的需求不断被满足。同时，宠物服装的设计和舒适性也越来越周到，更加注重宠物的舒适度和个性需求（图 9-3）。

图 9-3 宠物犬穿衣效果

一、自制宠物服装

自制宠物服装可通过宠物和人类的情感需求，将情感化设计理念融入宠物服装的材料、款式和颜色等方面，可以创造出更加人性化和情感化的宠物服装产品。

1. 测量八要素

(1)身长。头(脖圈附近)至尾根。

(2)胸围。前脚跟附近，胸部最胖的地方。

(3)颈围。颈圈。

(4)腿间距。前腿间的胸宽度。

(5)袖长。从肩部算起，决定袖长。

(6)品种。

(7)体重。

2. 面料的选择

选择面料时要考虑耐洗、结实、纯棉等因素。不要使用化纤材质的布料，这样很容易引起过敏。根据不同的款式选择相应的布料，如唐装系列，最好不要用真丝面料，真丝面料易出皱、脱丝等，可选用类似的涤丝来代替，不仅表面华贵，而且结实，不易脱丝。

3. 根据犬的品种制作

犬的品种不同，其性格、体形等方面也有一定的差异，我们可根据不同品种的犬来制作不同款式、不同风格的衣服（图 9-4）。

图 9-4 自制宠物犬服装

二、商品宠物服装

商品宠物服装大多为集约化生产，种类繁多、物美价廉、样式新颖，受众人群较多，商品宠物服装可以分为不同类型，包括保暖衣、雨衣、夏季衣物等。此外，还有一些特殊功能的衣服，如防蚊虫的衣物、防尘的衣物等。可以根据不同的季节和需要来选择适合的衣物给宠物穿(图 9-5)。

图 9-5　商品宠物服装

项目十
宠物按摩

知识目标

了解宠物按摩的起源、应用现状以及流行趋势。

技能目标

掌握宠物按摩的方法。

学习任务

熟练掌握宠物按摩的方法，并且能够熟悉宠物按摩业务的经营与管理。

一、犬按摩技术的应用现状与前景

目前，国内开展按摩业务的宠物美容店逐渐增多，随着宠物犬养殖活动的发展和养犬消费水平的提高，该项服务得到逐步推广，而且日渐受到宠物犬主人的欢迎。以上海市为例，2024 年，宠物犬的正骨复健价格达到 500 元/次，而宠物猫的按摩还要更贵一些，但仍能吸引大批固定客户带着宠物光顾。

犬跟人一样，会有肌肉疲劳和酸痛，通过按摩可让它们的肌肉放松，加速血液循环，促进其疲劳的缓解与体力的恢复。在宠物犬美容实践中，按摩可以稳定犬的情绪并发挥保健功能，有利于提高对宠物犬的服务质量和拓展宠物犬美容业务。目前，国内已有部分高等农业院校开设“宠物犬的按摩技术”实验课程（图 10-1、图 10-2）。

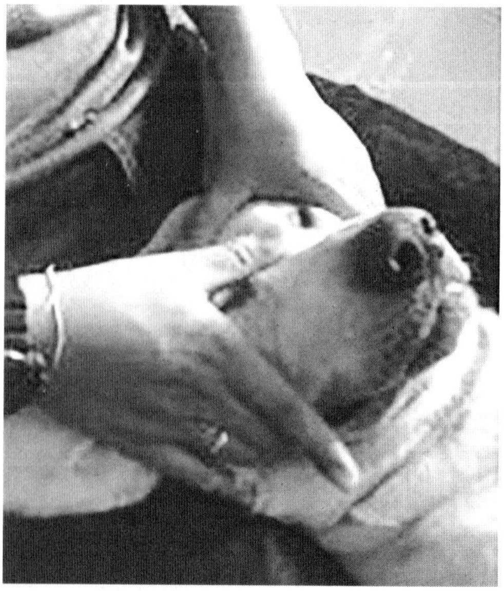

图 10-1　宠物犬面部按摩

二、犬的按摩原理与适用范围

宠物犬按摩技术源自我国传统医学的按摩疗法。中医理论认为，按摩具有疏通经络、运气行血、宁心安神、放松肌肉等作用。犬的肌肤反应敏感，代谢旺盛，经反复按压摩擦，可使局部组织温度升高，促进血液循环。犬在运动前后接受足垫按摩和肢体按摩（图 10-3），可使紧张的肌肉得到放松，提高运动功能并对其体力的恢复有很好的促进作用。在中兽医临床上，利用按摩手法，对足垫冷凉、针刺无反应、患肢无力的非脊髓损伤引起的后躯麻痹病犬，也可收到足垫恢复温热、患肢蹬踏力量增强的效果。

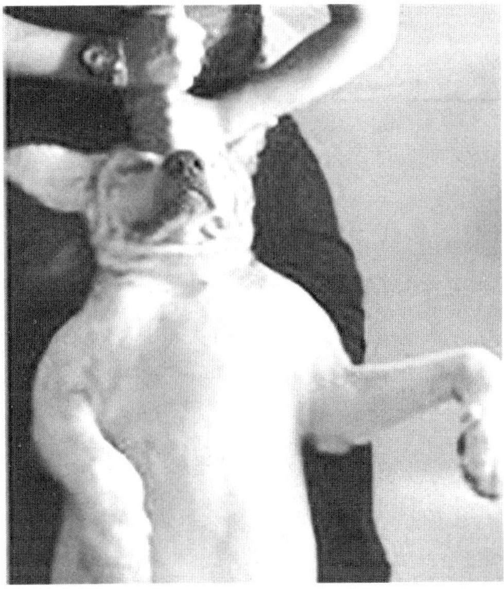
图 10-2　宠物犬头部按摩

此外，按摩还适用于犬慢性消化不良、体弱等的辅助治疗，并能通过对皮肤、肌肉的刺激，促进和改善皮肤组织的功能与被毛营养，从而发挥良好的保健作用。一些小型犬按摩中心，以其高质量的服务与良好的效果，赢得犬主人的信任，从而使其业务获得了蓬勃发展。应当注意的是，对于患有急性传染病、急性炎症、皮肤破溃、骨折、肿瘤等疾病的犬以及妊娠犬不宜施行按摩。

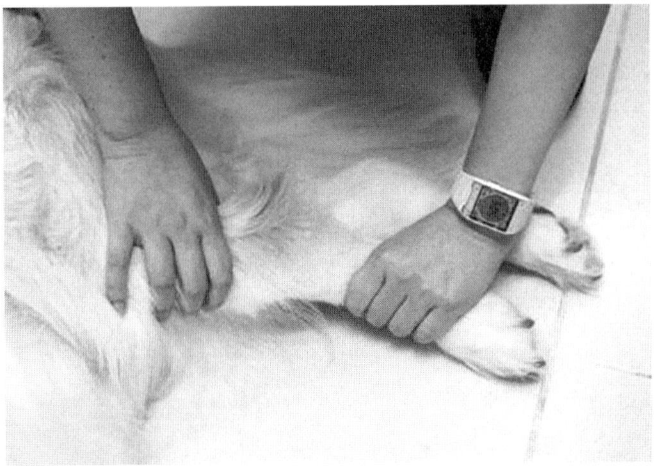
图 10-3　宠物犬腿部按摩

三、犬的按摩手法

犬的按摩手法包括推法、揉法和捏（掐）法等。按摩前，按摩师要将双手搓热，为了便于按摩，可在手上蘸取少量滑石粉做润滑剂。按摩时，让犬保持安静。可选择的按摩部位包括犬的全身皮肤、肌肉或特定的穴位。每次的按摩时间以 5～20 min 为宜。

（一）推法

推法包括指推法和掌推法两种手法，即分别用手指或手掌在犬体的头、颈、躯干、四肢等部位朝着一个方向反复进行直线滑动。慢推可以疏通气血，缓解乃至消除肌肉紧张；快推则可以使局部血液循环加快，增强该部位组织兴奋性，有营养皮肤、活血散瘀、解痉止痛的作用。采用推法进行按摩时，手法要稳，用力均匀、适度，肌肉较薄的部位不可用力太大，否则会给犬造成痛苦。

（二）揉法

揉法有利于改善深层肌肉组织的血液循环，起到散瘀止痛的作用。揉法也有两种手法，分别为指揉法和掌揉法。指揉法又有单指揉法和双指揉法之分。指揉按摩时，手指在固定的一点做往复回旋按压；掌揉法则是手掌（掌根或掌心）在与犬体接触的部位原地旋转施压。在进行各种揉法的操作时，对犬体施加的压力要小于指（掌）移动的力量。保健按摩的频率一般为每分钟移动 50～60 次（圈）。快速揉动时作用强烈，是为“泻法”，慢速揉动则为“补法”，这两种手法主要是用在兽医临床治疗上。

（三）捏（掐）法

捏法是用拇指肚和食指肚对特定的穴位进行相对按压，一般适用于脊椎两侧的穴位。若用指尖按压穴位则为掐法。犬的穴位及其相关知识，请读者自行查阅由中国农业大学出版社出版的《宠物针灸技术》一书。

项目十一 宠物SPA

知识目标

了解宠物SPA的理念以及在我国的发展趋势。

技能目标

掌握宠物SPA的原理、工具、用品名称及种类。

学习任务

通过老师的讲授与自主练习，掌握宠物SPA的操作方法，熟悉宠物SPA会馆的经营与管理。

一、宠物SPA技术简介

SPA一词源于拉丁文"Solus Por Aqua"(Health by water)的字首，Solus =健康，Por=在，Aqua=水，意指用水来达到健康(图11-1)。随着生活水平的提高，饲养宠物的人越来越多，有些人甚至将宠物视为自己的儿女，对它们百般呵护，在宠物医院、宠物商店琳琅满目的当下，宠物SPA也悄然来临。

图11-1 宠物SPA展示图

宠物SPA打破了传统宠物淋浴的方法，由宠物SPA水疗仪产生天然超音波，每秒钟释放百万以上的强劲气泡，深达宠物毛发根部，产生微爆效应，彻底清洁宠物毛发，达到洁毛消臭的功效。在水中加矿物质、香薰、精油、草本、鲜花，使犬浸泡在温暖的水中，使毛发充分补充营养，恢复亮丽光泽与弹性。通过气泡的按摩，促进血液循环，加速代谢排毒，加快脂肪代谢，达到预防疾病，延缓衰老的目的。运用专业的宠物经络按摩与推拿手法，直接作用于宠物身体表面的特殊部位，产生生物物理和生物化学变化，最终通过神经系统调节、体液循环调节以及经络穴位的传递效应，达到舒筋活骨、消除疲劳、防治疾病、提高和改善宠物身体生理机能的功效。宠物SPA的优点有以下几方面。

1. 宁神

利用水的浮力与适体温度，使宠物体验回归母体怀抱的感觉，稳定宠物的情绪，安抚宠物的心灵。

2. 运动

利用气泡按摩作用，达到被动运动及减肥的功效，提升宠物器官功能，促进宠物健康成长。

3. 清洁

通过气泡的微爆效应，彻底去除皮屑、油脂、死毛，使皮肤光洁，毛发蓬松。

4. 滋养

精油、草本、海底泥等物质能深层滋养宠物的皮肤及毛发，使受损的毛发恢复弹性及光亮，皮肤柔润。

5. 驱虫

利用死海泥、盐泥中的矿物质和硫化物达到驱虫杀菌的功效，使宠物远离寄生虫的骚扰。

6. 除臭

SPA 产生的臭氧，具有独特的杀菌除臭功效，同时还可避免交叉感染。宠物在具有水疗功能的浴缸内，洗一个香喷喷的泡澡浴，缸内还针对小型宠物和中型宠物，设计出低速和高速的超声波气泡，让宠物可以彻底释放全身压力，全身彻底清洁一番。

二、宠物 SPA 种类

1. 护肤润毛 SPA

这种类型适合于毛发容易受到破坏，出现严重打结的长毛犬。它可以为毛发补充蛋白质及其他营养成分，使宠物的毛发柔亮，有光泽。

2. 除味 SPA

宠物身上的异味使很多宠物主人都很头疼，除味 SPA 能为皮肤与毛发补充合适的矿物质，在新陈代谢洗去多余的油脂后，再度将油脂补回，并健康地保护皮肤，强化发根，消除异味。

3. 夏日镇定皮肤及除虫 SPA

炎热季节，宠物身上容易滋生寄生虫，进而损伤皮肤。这一类型的 SPA 可以降低宠物表面皮层与毛发的温度，让皮肤更镇定，使害虫自动离开或不会侵入，让宠物皮肤与毛发都能持续健康。

除此之外，还有抗菌止痒、毛发增色、防掉毛、除毛屑等类型的 SPA(图 11-2)。

三、宠物 SPA 方法步骤

给宠物进行 SPA 前，要先进行体检。这样做一方面可以了解它们的健康状况，以便“对症下药”;另一方面也可以防止传染病和皮肤病的危害,防止交叉感染(图 11-3)。另外,感冒中的、怀孕的、带有外伤的宠物和本身皮肤状况很差的宠物是不适合进行 SPA 的。宠物 SPA 的步骤如下。

(一)初段闭合

将事先用温水调配好的综合滋养霜均匀地涂抹在宠物身上(此时毛发处于干燥状态),按摩 5 min 左右,其目的在于用综合滋养霜闭合毛发护膜层,让宠物的毛发组织得以在内部新陈代谢、深层排毒。

(二)中段开启

使用适合宠物毛发长度的香波给宠物洗澡,洗净身上的杂物,打开护膜层,使脏东西和毒素完全排出。接下来将宠物放进 SPA 机里,注意水面的高度不要超过宠物的背部。SPA 疗程大约持续 5 min。

(三)末端闭合

将添加好各种保养品的滋养霜均匀涂抹在宠物犬身上,按摩大约 5 min,然后用温水冲洗干净,吹干。最后将双色液或者柔亮液均匀喷洒到宠物身上。

图 11-2　宠物 SPA 护理产品

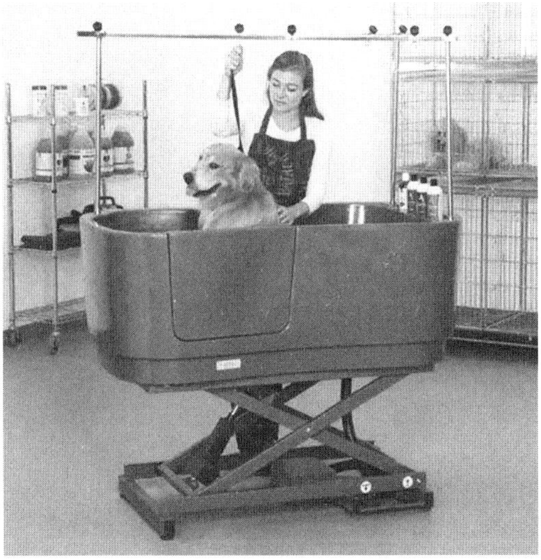

图 11-3　宠物 SPA 水疗机

四、注意事项

(1)选择合适的宠物 SPA。在做 SPA 之前,要根据宠物的体质状况、毛发种类、性情心态,从宠物的体质种类出发,根据宠物的体质毛发状态,选择适合的 SPA。

(2)有心脏病、糖尿病或低血糖的宠物,或对光、热敏感者,有恶性肿瘤的宠物不适合做 SPA。

(3)SPA 前进行宠物身体状况检查,对于幼龄、老龄、体质较弱的宠物,可调节设定适度的气流。

(4)SPA 后的宠物,应多饮水,避免剧烈运动。

(5)过于频繁地给宠物进行 SPA 不但不能发挥 SPA 的作用,反而容易让宠物患上皮肤病,最适宜的周期是 2～4 周做 1 次。

五、宠物 SPA 与药浴的区别

在宠物医疗上,药浴是经常被用来治疗宠物皮肤病的一种方式,宠物美容院一般也没有专门针对某些皮肤病的药浴产品。药浴,从医学上来讲,必须在专门的宠物医院医生的监督下进行。因为药浴药剂比例的分配,不同药类的倍数,并不是一般的宠物美容店可以控制的。然而一只皮肤健康的宠物是不需要进行药浴的,药浴并不是防止某些皮肤病的发生,而是对皮肤病进行治疗,因此不能轻易地给宠物进行药浴。

SPA 的主要原理就是通过气泡的效应,彻底去除皮屑、油脂、死毛,使皮肤光洁,毛发蓬松,还有使宠物放松、使毛色增亮的作用。另外可以通过矿物质和硫化物起到杀菌和驱虫的功效,使动物远离寄生虫的骚扰,但如果宠物已经患有寄生虫疾病,必须到专业医院进行除虫后,才能进行 SPA。所以 SPA 是一种保健方式,可以辅助治疗一些疾病但不能代替治疗。

项目十二 宠物犬的选美比赛

知识目标

了解宠物犬选美比赛的意义以及流行趋势。

技能目标

掌握宠物犬选美比赛的组织机构以及不同机构的影响力。

学习任务

通过自主学习以及归纳总结,掌握宠物犬选美比赛的报名方法、比赛流程、赛前准备工作以及注意事项。

一、比赛简介

在全世界范围内有很多犬业协会,诸多协会都会举办自己的赛事,由自己协会所认可的纯血统犬参与其中,如世界犬业联盟(FCI)世界杯、美国的西敏寺犬展、英国的克拉夫特犬展、FCI 与英国犬业协会联合举办的优卡世界挑战赛等都是世界级高水平的赛事。世界级犬赛的目的是挑选出最符合犬种标准,并且性格稳定、基因健康的犬,保护犬种的健康发展。大赛分为选美赛事和技能赛事两种(图 12-1)。

图 12-1 犬种大赛

选美赛事简称 dog show，提到 dog show 一般是指赛级犬参与的观赏展或结构展，就是由指导手牵引观赏犬只的结构、动态与性格的展览，并通过比赛选出优秀的冠军犬。赛事是裁判根据犬种标准，对参赛犬只进行全方位审查，选出最接近理想标准的犬只作为冠军犬。

二、比赛前的准备

（1）请美容师做一次彻底的美容，然后用护理套把毛套住，套在头、嘴巴等部位上，防止毛弄脏。

（2）要让参赛幼犬在选美比赛的前一天晚上早些休息，参赛时保持精神饱满。

（3）老龄犬参加选美，头一天要尽早把梳理修饰的事做完，喂食量可比平日稍微少一点。

（4）参赛当天应提前准备好美容用的梳子等用品，留出相应的时间，注意路上不要让它累着。

（5）到了赛场要抓紧时间做好上场前的准备工作。

三、安全问题

1. 环境安全

（1）确保有足够的插线板以满足电力需求。

（2）在排水管处安装一个过滤器，以免宠物的毛发阻塞水管。

2. 自身安全

（1）地上有水要立刻擦干。

（2）给必经之处的地板贴一层防滑表面，橡胶垫就很合适。

（3）尽量用那些容易上手的工具。

（4）保持剪子和刀片的锋利，用起来更轻松。

（5）购买那些噪声较小的设备。

（6）各种美容产品，特别是化学除虫剂可能会引起皮肤反应，所以要戴上手套保护皮肤。

（7）参加宠物交易展会，关注最新、最安全、最符合人体力学的工具、产品，与时俱进。

3. 宠物安全

（1）美容前要做例行检查，如果生病或受伤要停止美容，在标牌上注明。不应为生病或受伤的犬美容。

（2）避免触电。

（3）使用电动剪或剪刀时要集中注意力，避免伤及爱犬。

（4）要经常更换电动刀片，否则刀片过热会烫伤皮肤。

（5）浴盆和美容桌表面注意防滑。

（6）把宠物放在浴盆或美容桌上时要用项圈固定。

（7）时刻准备应对犬的反抗，应把它们拴好以防意外。

（8）不要让浑身湿漉漉的犬四处乱跑。

项目十三 宠物犬饲养的注意事项

知识目标

了解宠物犬饲养的必备条件及注意事项。

技能目标

掌握宠物犬饲养技术。

学习任务

通过自主学习以及归纳总结，掌握宠物犬饲养管理技术以及饲养过程中突发事件的处理方法。

要想养好宠物犬，关键在于要对犬付出爱心，它是必要的物质条件与真挚情感的完美结合，是通过给犬提供适宜的生活环境、利用必要的设备、对之进行精心饲养和管理来实现的。

一、为犬提供适宜的住处

宠物犬最好有专用的犬舍，城市楼房住户可将犬养在室内或封闭起来的阳台上。高楼层住户要注意窗子的安全性，必要时应加防护网。要牢固地摆放易碎或易倒的物品，电器电线的位置要设置好等，不要让这些物品给犬造成安全隐患，也不给犬损坏它们的机会。不可让犬长期卧在水泥地面上，尤其对幼龄犬的危害更大。犬的寝具有犬窝、犬床和犬垫，均要干净、干燥、舒适。犬舍或放置犬寝具的地方，一定要保持干燥，光照太强的要有遮阳措施，通风要良好。犬窝或犬笼的大小，以犬进去以后能够自由转身并平躺得下为宜。犬窝内应铺有柔软、平坦的垫子。

犬垫可用棉垫或海绵垫，外面包以耐洗涤的布套，厚度要保证能产生足够的弹性和柔软感，其大小应与犬窝的底面一致。体型大一点的犬，可让其住进用镀锌铁丝点焊而成的笼内，也可用铁丝编制的笼，但笼内不能有凸出的铁丝头。犬床适用于有专用犬舍的地方，一般可用木板或木板条订制，表面要平坦而不露钉尖。下面垫高 5 cm，可避免犬受潮、受凉并保持犬体清洁。有条件的家庭，还可在客厅的角落里为犬另设一个类似于平台的简易寝具，甚至只放一张犬垫亦可。这样既可避免犬在白天躺卧在沙发上，又能适应犬爱跟人在一起的习性，而且当家里有客人来时，也能让其安静地卧在一边，以免打扰主人会客。

二、准备必要的饲育设备和用品

(一)索具

有犬嘴套、颈圈、犬绳或铁链等,用于保定、拴系或牵引犬。

1. 颈圈

小型犬常用的颈圈为裤带式的皮带、布带或尼龙带,大型犬也可用特制的铁链环。颈圈要宽窄(粗细)适宜、松紧合适,随着犬的长大而不再合适时要更换。为避免磨断或揉皱颈部的被毛,长毛犬也可不用颈圈而使用可从两前肢间通过的肩带。调教犬用的颈圈,可用较窄细一些的,大型犬用的调教颈圈甚至还可带有钉子,以加强刺激。

2. 犬绳

视犬的体格大小,可选用粗细不同的尼龙绳、皮带或铁链等。

3. 犬兜

有背囊式和提包式之分。当小犬不便于行走或走累时,可将其装入犬兜中,像背婴儿或提物那样带上它。

4. 犬嘴套

一般是用尼龙或皮条编制成网状嘴套,使用时套住犬的上下颌,将缀于后部边缘两侧的带子拉到颈部背侧打结即可。

(二)饮饲具

1. 食盘

小型犬常用普通的陶瓷盘、饭钵或不锈钢盘。幼犬的食盘口径宜小一些,防止它把爪子踏进盘子。大型犬的食具最好用粗重一些的金属盆或用水泥铸成的食槽。长耳型犬的食盆,最好选用特制的小口或狭口食槽,以免采食时把耳朵弄脏。

2. 饮水器

可从宠物用品商店购买专用的普通饮水器、自动饮水器,经常带犬外出者还可准备一只便携式犬饮水瓶。

3. 奶瓶

适用于给仔犬补饲奶类。

(三)保洁和美容用品

有各种梳具、毛刷、趾甲剪、毛剪、洗浴用品、浴巾、电吹风机、各式犬衣和其他饰物等。

(四)宠物玩具

1. 框架球和不规则环

这两种玩具的特殊形状使它便于被犬衔住,而且扔出去后的运动状态没有规律,因此可提高犬的追逐兴趣。

2. 土星球

土星球由球和圆盘组成,可整体使用,也可分开使用。整体扔时,可以让它滚动,也可以让它弹起,令犬追逐并衔回。

3.拉力器

拉力器有较好的弹性,犬主人可用来与犬对拉,通过这种游戏,既可培养犬与人的感情,又可培养犬的争胜心,还可让犬知道人的取胜能力比它强进而树立起主人的权威性。

此外,宠物犬玩具还有飞碟、磨牙棒、咬绳、犬咬胶和其他球类等。

(五)常用医疗保健品

常用医疗保健品包括一些常用的药品、消毒剂、脱脂棉花、脱脂纱布、棉签、医用镊子、兽用体温计等。

三、施行正确的饲养管理

这是养犬最重要的工作,内容较多。概括地说,要正确调制犬的饲料,还要对宠物犬进行科学的喂养、日常管理、调教、美容以及搞好犬的疫病防治等。

四、选择家庭适养犬种必须考虑的因素

(一)家庭成员的生理状况

饲养宠物犬的根本目的就是为了促进家庭的祥和与家人的安康,因此所养的犬种必须符合家人的利益。如家中有老人,应选择运动量需求不大的犬,若饲养运动犬类显然是不合适的;小型宠物犬好饲养、易管理,陪伴老年人消遣的功能并不差,饲养这种犬应该是比较合适的。在选择犬种之前,可先同老人商量并征求老人的意见,争取得到老人的支持。

有儿童的家庭,应根据儿童的年龄选择犬种。若家中有婴幼儿,可选择性格温驯、体格较大的犬种,若养的犬体型太小,即使性格适宜,也许对婴儿也不太合适,因为小犬会有跳进摇篮里去跟幼儿"亲昵"的可能性。至于学龄儿童,由于他们已经具备了一定的跟犬打交道的能力,而且能接受大人的指导,故选择的范围可大一些。

家中若有"准妈妈"或有妊娠计划的女性成员,孕妇有感染弓形虫的风险,因而建议还是先不要养犬为好。

(二)住房条件

居住在平房里的人家,可以选择较大型的犬种,这样能兼顾看家护院和观赏的需求;高楼住户则以饲养小型玩赏犬为宜。犬是聪慧、有感情的动物,它们把生活在一个稳定、温暖的家里视作最大的幸福,即使住房窄一点的家它也不会嫌弃。所以,在接犬回家以前,就要考虑好应把犬安置在什么地方。不少住楼户通常选择把犬窝放在阳台上,这是无可非议的,但要保证它的位置固定、安全,不可随时搬来挪去,更不能风吹、雨淋甚至阳光经常照射。长期接受阳光照射,犬毛会发生褐色变化,使原来雪白的毛变得灰暗或深色的毛色泽变浅。

(三)家庭经济条件

宠物犬的种类繁多,品质各异,价格和饲养费用也有很大的差异。有些名贵犬的饲养费用甚至比人的生活费标准还要高。在选择犬种时,最好要认真估算一下饲养成本并做好长期预

算。其实，犬都是可爱的，即使养一只普通的犬，只要照料得好，同样可以从其身上获得无尽的乐趣。所以，打算养犬者万不可盲目追风，只为赶时髦而倾囊买贵犬，最后又因拮据而弃犬，势必会对犬主人产生心理压力，也会对社会不利。

（四）选择饲养什么品种的犬

犬的种类和类型很多，有小型、中型、大型，有无毛犬、刚毛犬、长毛犬，有训练犬、玩赏犬，有喜欢生活在炎热环境的犬，有喜欢生活在寒冷环境的犬，有天生文雅安静的犬，有活泼好动的犬，有不喜吠叫的犬，有喜欢吠叫的犬。饲养什么品种，要根据主人的条件和喜好来选择，同时考虑该犬种对地理环境、气候及个人志趣的适应能力。如拳师犬就不适于作为老年妇女的伴侣动物；腊肠犬不适于作为护卫犬；所有的长卷毛犬、腊肠犬适合作为伴侣犬；大型犬如德国牧羊犬、拳师犬、比利时牧羊犬也可家养，但必须每日运动。

五、选择宠物犬的原则

（一）确定饲养犬的性别

1. 日常管理方面

在神经型相同的情况下，公犬爱动，比较调皮；母犬较温驯，易调教，好管理。但是，母犬的生殖活动远比公犬复杂得多，发情、配种、妊娠、产仔，要做大量的管理工作。

2. 经济效益方面

这是从繁殖利用的角度来说的。饲养母犬可从繁殖仔犬上获得一定的经济收入；但有些名贵种的配种费用却高得惊人，优秀公犬可对外配种，能收取一定的配种费。

（二）犬的年龄选择

选购宠物犬时，必须考虑犬的年龄因素。不同年龄的犬，对新的生活环境的适应力不同，接受调教的难易程度也有很大差别。幼龄犬易于适应新环境和新主人，调教起来也比较容易，但其抵抗力较差，容易患病。目前，在宠物市场上，经常可见到刚到断奶日龄的仔犬就已经上市多天了，购买这样的犬显然是不太合适的。成年犬的性格已经定型，改变环境后需较长时间才能适应，而且要想通过调教去重新塑造其性格或纠正其缺点就比较困难，饲养和可以利用的时间也较短。

犬的自然寿命随种类、生活环境或饲养管理水平等的不同而异，平均 12 年，一般为 10～15 年，长的可活到 20 岁以上。选购犬时，除非你确信犬的原主人所提供的信息是可靠的，否则可通过查看犬的牙齿状况来了解其年龄。

选择的对象一般为出生 2～3 个月的幼犬，如果再小恐怕体格和精神发育尚未完全，而更大一些的犬则对环境的适应能力可能就差了。

（三）观察性格是否健全

尽量以同一批的幼犬为待选对象，这是因为处于同一笼的犬容易观察，便于互相比较，容易发现哪只幼犬反应敏捷，也可蹲下身子，将一只手掌伸向犬眼睛的高度，并呼唤它。如果它迅速跑过来嗅个不停或者舔你的手，表现出强烈的好奇心和探索欲，基本可以断定是一头心理健全的犬。相反，如果不管你怎么招呼，它也不理不睬或干脆离群呆立，那么这头犬不是性格孤僻就是身体有病。有些犬见人就吠个不停，这种犬看似精神十足，实际上大多是神经质或胆子小。

(四)观察犬的体况

观察犬的体格大小、躯体形态、被毛质地、局部特征等，判断其种质的纯度。躯体结构是否匀称，头部要转动灵活，颈部与躯体应自然过渡而无明显的凹陷；前胸即两前肢上臂内侧之间的正面区域要适度宽阔；腰背要平直，不能塌腰、驼背，腰身不可过长或过短；腹壁要紧凑、不下垂；臀部端正、丰满；四肢应端正，不能有不正的姿势；走动时不可跛行，跛行者不是腿有毛病就是足部有问题；四爪要发达而紧凑，足垫丰满，趾甲伸缩正常；皮肤松紧适度、弹性好；被毛平整、自然、蓬松、光泽好；生殖器官无畸形；成年犬的繁殖史应清楚。

最后，检查犬的健康状态，体重沉、骨骼结实、胖乎乎的犬是好犬。此外，好犬的体毛亮，没有毛垢和蚤子；皮肤光洁，没有湿疹；瞳孔发亮有神，眼眶无眼屎；耳朵不觉得太热，无脏污；鼻子触感发凉、润泽、无鼻液；嘴无恶臭，口中无烂鱼味，张开犬嘴可见粉红色黏膜，无淡白色舌苔，牙齿整齐；肛门紧缩，无腹泻后残留物的痕迹；尾巴不停地摆动(图 13-1)。购犬时，要确保犬只已经免疫注射过 3 周以上的疫苗，并处于有效的免疫期内。在市场上购犬时，应向对方索要检疫证明，未经免疫注射的犬不宜购买。

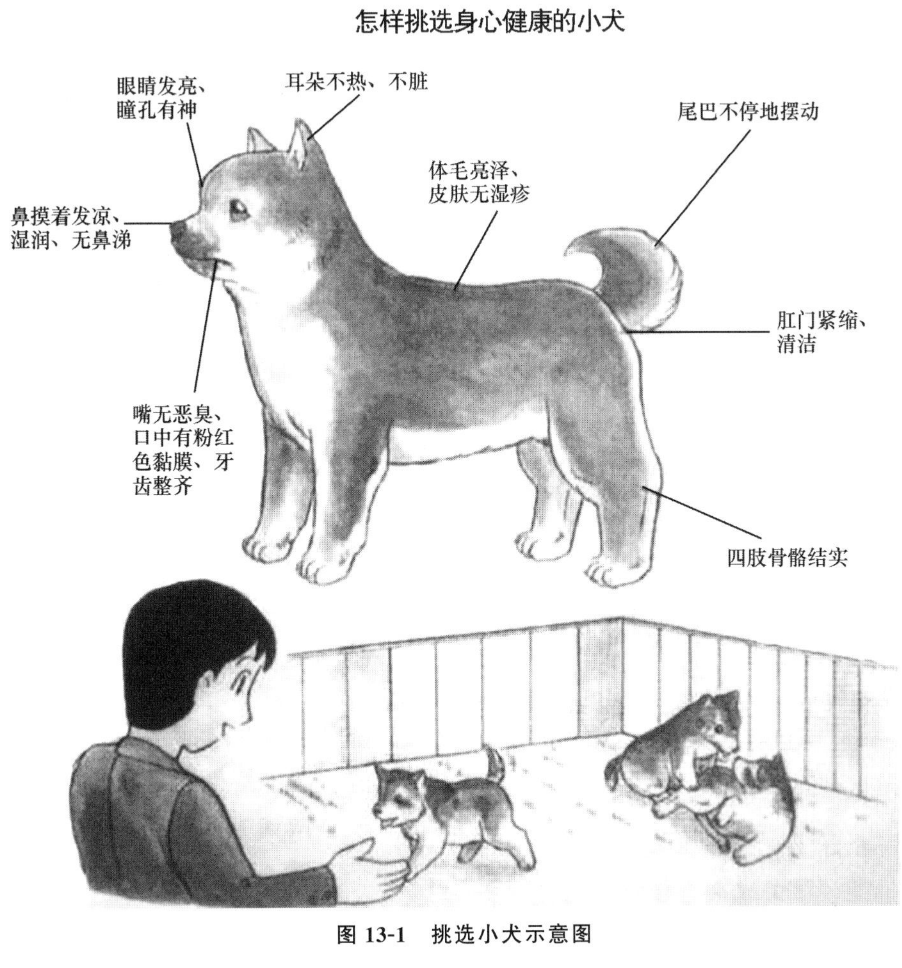

图 13-1　挑选小犬示意图

选购时要注意幼犬是否患股关节发育不全症。这种疾病属于犬的遗传性疾病，表现为股骨骨盆及相连的大腿骨发育异常。由于这种病在出生2～3个月时尚未发作，选购幼犬时极难发现，因此购买幼犬时最好能观察一下它父母的状况，预测它长大后可能是什么模样，也可以了解是否存在遗传上的缺陷。

（五）系谱

系谱是描述犬家族血统的一个文件，用来标明犬的父母双亲及其祖先。系谱图必须和犬的照片一致。购买犬时，要知道犬的名字及血统，出售幼犬的繁殖场应保证犬血统和系谱记载一致。犬名是犬生活的一部分，从幼犬时就应经常用犬名呼唤犬，以不断刺激，决不能等犬长大后再呼其名。幼犬买回后，首先训练幼犬，使其知道自己的名字，当其听到这个名字时，就立即作出反应。

六、接新犬回家时的注意事项

（一）要避开断奶和预防注射应激期

一方面，在正常断奶情况下，仔犬突然跟母犬和同窝的仔犬分离以及食物的急剧改变，会导致其情绪不稳、抵抗力下降，需经历10多天才能恢复到正常状态。如果在尚未断奶或刚断奶后不久就让它到新的环境生活，接触新主人，必然会给它造成更强烈的不良刺激，往往诱发严重的疾病甚至导致死亡。因此，购入的幼犬应在正常断奶并且待其情绪稳定后再接回家为宜。实践证明，60～90日龄的幼犬最适于抱养，到新家后易与新主人建立感情。

另一方面，接犬回家时还应考虑犬的免疫状态。未接受预防注射的犬不可变换主人，刚注射后也不可急于接回家，至少间隔20 d再接回才安全。这是由于所有年龄的犬，在接受免疫注射后，都会产生一定程度的应激反应，幼犬的反应会更明显，而且在注射后数天内，机体的免疫力会急剧下降，直到半个月以后，产生的抗体才能上升到可以抵抗相应病原微生物感染的水平，所以在此之前不宜接犬回家。

（二）宜由未来的照料者接犬回家

在给犬更换主人时，宜在原主人的陪同下，由接犬者亲自给它喂一点它所喜欢吃的食物，并轻轻地拍拍它的头顶、摸摸它的颈与背部，使它感受到亲近与温暖，以后对它进行饲养、管理和调教就会顺利得多。远距离运输犬时，最好用专用的犬运输笼或航空箱。

（三）宜在犬空腹时接回家

刚采食后的犬在乘车时容易发生呕吐，故在远距离运输时必须注意这一点。这是由于犬的呕吐中枢比较发达，来自视觉、胃肠道、咽喉部等的任何不适刺激均可使呕吐中枢产生兴奋而引发恶心或呕吐。所以，在空腹状态下起运并尽量使车子行驶平稳，就可减轻其恶心或呕吐反应。

（四）尽快让犬感受新家的温暖

犬的年龄越大，对陌生环境和人的不信任感或恐慌感就越强烈，加上思念其原来的主人，往往在进入新家后精神紧张、食欲不好甚至要经过好几天，直到适应后才进食。为了缩短其适应期，到家后就应立即把它安置在固定的住处，使之尽快地平静下来。接着由接它的人试着给它喂一点东西，让它知道在这里不会挨饿。其他家人可以到近前看它，但说话声音要轻，最好先别动手抚摸它，让它体会到家人对它很友好，在这里很安全。在最初的几天里，保持环境安静和精心照料是非常重要的。当它平静的时候，所有的家人都可主动而友好地接近它、抚摸它，以取得它的信任并尽快跟每个人都建立起感情。

(五)不要急于给它洗澡

多数犬都不喜欢洗澡，有些犬即使已洗过多次澡，每到要给它洗浴时，还会流露出不情愿的样子。因此，把犬接到家后，为了避免加重它的不安情绪，不要急于给它洗澡，要等到它完全适应新环境以后再洗。

(六)尽可能维持其原来的饮食习惯

突然改变犬的饲具和食物，会影响其食欲。如果购买的是成年犬，应当喂给与原来相同的饲料，以免加重它的猜忌和拒食心理；若购买的是幼犬，则可视具体情况而定，原则是让它尽快稳定情绪。

(七)短期内让犬在家充分休息

新犬接回家后，要让其充分休息，除了必要的照料以外，不宜长时间地逗它玩耍，以免因过度疲劳而加重环境改变所引起的应激反应，致使其抵抗力下降。同时，还应注意在它的情绪和身体状况充分稳定下来以前，不要带它到外边玩，也不要让家里养犬的朋友接触它，以防止它感染疾病。

(八)远距离运输犬时需注意的事项

(1)起运前，必须保证犬具有较强的免疫力。

(2)可选择车、船、飞机等运输工具，但要尽量做到平稳，并要有防雨和避风的措施。

(3)运输笼要牢固、安全，确保不会损伤犬和传播疾病。同一笼内可装多只犬，即使它们互不相识，在运输途中也不会发生咬斗，因为它们都会把陌生的犬笼当作其他犬的领地。

(4)运输距离如不超过 2 d 的路程，途中可以不喂食物，即使喂食，犬也可能不吃。但运输途中不可缺少饮水，一般应每隔 2～3 h 给犬饮水 1 次。

项目十四
宠物犬的美容手术

知识目标

了解宠物犬美容手术的概念及应用范围。

技能目标

掌握宠物犬常见的美容手术种类。

学习任务

通过自主学习以及归纳总结，掌握宠物犬美容手术的操作技术。

一、缩耳术

缩耳术，也叫剪耳术，是为了行动方便或美观，对某些斗犬或大耳犬施行的大耳改小耳的操作。成功的缩耳术会使术前下垂的大耳变小并呈直立状态，故也称为立耳术。缩耳术一般由兽医师负责施术。手术后，一般经 7～10 d 即可拆线。耳部伤口愈合后，要观察犬耳的挺立情况，通常观察 20 d 左右即可看出手术的效果。如果在术后 45 d 耳朵还无法挺立起来，就需及时做立耳矫正。在犬的耳软骨还未发育完全时不宜做缩耳手术，否则犬的耳朵可能在将来长成外翻或内翻的怪模样。在常见的大耳犬犬种中，拳师犬宜在 60～70 日龄进行缩耳术，耳朵可剪去全长的 1/4～1/3；大丹犬的适宜缩耳时期通常为 60 日龄前后或体重在 8～10 kg 时，耳朵剪去 1/4；雪娜瑞犬可在 10 周龄时缩耳，剪去耳长的 1/3。只有营养状态良好和具有正常免疫力的犬才能接受缩耳术。

在给犬做缩耳手术之前，要停食 12 h 以上，并适度控制饮水，使之少饮，以便于手术操作。手术后，在犬还未从麻醉状态中完全苏醒时，应让其自然地平躺在铺有保暖垫物的地上，既可防止其在不太清醒时跌伤，又可保持其呼吸通畅。犬在清醒前若眼未闭合，应勤给它点眼药水以避免眼睛发干。犬清醒后，别急着给它喂食，而应先让它喝水，以免因空腹时间太长后进食太急而诱发肠变位，并可通过排尿促进体内残留麻醉剂的排出。在清醒后的一段时间内，犬若出现发抖、摇头、步态不稳、流涎、反应迟钝等，只要不是很严重就属正常，但最好能把情况及时而准确地告诉兽医师。

手术后直到手术创伤完全愈合前，除了喂食的时间以外，要坚持给犬佩戴伊丽莎白圈，以保护耳朵不被犬挠。伊丽莎白圈是一种戴在犬颈部的漏斗形保护装置，其作用是限制犬的头部活动范围，不让其爪子触及耳朵。伊丽莎白圈在佩戴期间，其表面尤其是外表面要经常用75％酒精棉球擦拭消毒。伊丽莎白圈也可用硬纸板代替，或想办法分别固定住犬四肢的一个关节使之不能挠耳即可。手术伤口一般经 2～3 d 就会结痂干燥。若伤口久不干燥，流出渗出液甚至脓血，则表示伤口已经感染，必须及时请兽医师处理，不要擅自用药。若用了刺激性强的消毒剂或消炎粉，会影响伤口的愈合。伤口愈合并拆线后，还需继续用药几天，以保证针眼完全封闭。

二、立耳矫正

犬在缩耳术后若耳朵未能直立起来，要在其耳朵内侧设一耳支柱加以引导，使耳郭内的软骨得以定型为直立状态。耳支柱可用纸和棉花卷成条状，并与耳的大小相适应。单独用纸卷成的支柱支撑效果好，但重量稍显大些，纯棉花卷的强度较差，故以纸和棉花结合起来卷制为宜。耳支柱做好后，可用线轻轻扎一下，以保持其不散开、不变形，但不宜用胶布缠裹，否则不利于耳内侧保持干燥。

对耳道进行清洁处理并稍滴一点滴耳液，然后把耳支柱置于耳朵内侧，以耳郭将其环绕起来，耳郭要密切地贴附在耳支柱的表面，并用绷带和胶布将耳郭和耳支柱一起固定，最好在适当位置留出空白区不缠胶布以利于空气流通。10 d 后拆开检查犬耳的挺立状态。如果效果不够理想，次日依旧包裹起来，10 d 后再次进行检查，如此反复操作，直到犬耳挺立为止。

三、断尾

某些犬种有断尾的习惯，这种做法源自使犬便于参加捕猎活动的需要。切断尾巴的犬在捕猎时活动比较方便，可避免尾巴被荆棘挂住，追逐猎物时也可提高奔跑的速度。目前，在专业的犬展中，对某些犬种仍有断尾的要求，但作为家庭宠物犬，断尾与否则完全取决于个人的兴趣。断尾宜在犬出生后 1 周内进行，最迟也不宜超过 2 月龄。出生后即行断尾，可减轻犬的痛苦，出血量也小，而且伤口易于愈合。断尾时，尾根部应分别以 5％～10％碘酊和 75％酒精充分消毒。尾部切除的长度有犬种差异，一般只保留 1～2 个尾椎。

切除后，最好用大小适宜的烙铁把伤口烫烙一下以利于止血。简易的烙铁可用粗铁丝自制。给日龄较大的犬断尾时，术部的毛要剪干净，充分消毒，围绕尾根拟切断处用 1％～2％盐酸普鲁卡因注射液做多点浸润麻醉，在术部前方（近心端）3～4 cm 处用止血带结扎止血。进行断尾操作时，助手将犬的尾部水平固定，术者用手术刀环形切开皮肤，将保留端的皮肤断缘朝尾根方向推移 1～2 cm，在适宜的关节处截断。较大的血管以结扎法止血，在断端上撒布止血粉，充分止血后缝合皮瓣，再用 10％碘酊消毒即可。

四、断悬趾的切除

一般犬的后肢爪部只有四个脚趾，有时在内侧会生出多余的趾，这是由于犬起源于狼，故又将这多余的趾称为狼趾。犬的后肢或前肢内侧若长有悬趾，可在出生当天至 1 周内把它剪掉。对新生仔犬切除悬趾，有痛苦轻、出血少、创伤易愈合的优点，故在其出生后可立即用消毒过的利剪或利刃将该趾剪去或切除，然后涂以5%～10%碘酊进行消毒。若剪除后有较多的出血，可撒布止血粉予以止血。

五、睫毛乱生

睫毛乱生是指睫毛排列不整齐，其中一部分向内生长，触及角膜的异常表现。临床上可见先天性和后天性睫毛乱生。后天性睫毛乱生多由于眼睑内翻、眼睑痉挛引起。症状：睫毛排列不整齐，向内、向外歪斜，向内倾斜的睫毛刺激结膜及角膜，致使结膜充血、潮红，角膜表层发生浑浊，甚至溃疡。患眼畏光、流泪、眼睑痉挛。

对倒向内侧的少量睫毛，可用镊子拔除，或做电解术，以破坏睫毛毛囊。其方法是将睫毛电解器的阳极板用生理盐水纱布包裹，放在犬的额部（事先剪毛），再将阴极连接细针，刺入毛囊2～3 mm，通电20～30 s，待毛囊周围皮肤发白，出现气泡时拔出针，然后用镊子很容易将睫毛拔掉。手术完毕，局部涂少许眼膏。由眼睑内翻引起的睫毛乱生，则应手术矫正。

项目十五
宠物摄影技术

知识目标

了解宠物摄影技术的概念以及流行趋势。

技能目标

掌握宠物摄影的基本技术与注意事项。

学习任务

通过教师的讲授与自主练习，除掌握宠物摄影技术外，还能够自行设计宠物的拍摄效果。

现在，宠物正逐渐成为城市的“新型居民”。随着人们生活水平的提高，不少宠物的主人十分愿意为自己的宠物消费。除宠物食品、服饰、美容、医疗等，宠物摄影也成为一项迅速崛起的宠物服务项目。

一、拍摄背景

背景要尽可能单调并与犬的毛色有一定的反差，使拍摄的主体得以突出。

二、相机设置

在室外拍摄，最好设定为自动状态。在室内拍摄时，主要应考虑光线条件和距离。距离一般以 2 m 左右为宜，过近时画面容易失真。但在拍摄特写时，画面突出的只是局部，不存在与其他部位或背景参照物进行比较的因素，故不必考虑画面失真的情况。

三、相机所处的高度

近距离拍摄时，相机最好与进入相机取景框内的犬身体的中心点持平。要做到这一点，摄影者就有可能要蹲下甚至趴在地面上，也可想办法让犬站在高台上，这样只要弯腰或站立拍摄就可以了。远距离拍摄时，可视具体情况采取蹲下、弯腰或站立的姿势拍摄。

四、防红眼

在宠物的“红眼”照片中，宠物眼球呈现的不是正常色彩，有的瞳孔血红，有的显出恐怖的蓝色，从而使照片失去观赏的价值。利用相机的防红眼功能或避免闪光灯光线直射进宠物的眼底即可避免发生“红眼”现象。此外，若用数码相机拍摄了一幅画面很合意而宠物却是“红眼”的照片，建议不妨在电脑中用 Photoshop 软件中的“红眼画笔工具”将其处理一下。这种矫正“红眼”的功能，即使对扫描的照片也可以做同样的处理。

五、宠物的姿势

给站立的宠物拍摄照片，要尽量将宠物的四肢在画面中显示出来。为此，要想办法让宠物的注意力集中于一点并使其保持理想的姿势。若有可供选择的拍摄机会，可从不同角度拍摄犬的同一姿势，这样就能得到表现效果不同的多幅照片。

给站立宠物拍摄照片最不好办的就是它难得保持不动。为了使宠物能安静下来并保持四肢站稳，可利用宠物普遍存在的“恐高症”特点，让其站在一个面积极小的平面，如支高了的小凳或顶部垫有木板的盆景架上，使其不能卧下也不敢往下跳，必要时可用一只手托住它的下巴，另一只手轻轻向后拉它的尾巴，它就会四肢挺直地站好，待它站稳后，就可以选取最理想的拍摄角度了。

拍摄宠物的大头特写时，可以适当缩点光圈，不要让景深过浅。

要拍摄宠物可爱的大头特写，关键在于所使用的镜头焦段，只要善用广角镜头“近大远小”的透视变形特性，就能够拍出大头的效果，如果搭配鱼眼镜头拍摄，效果更佳。

一般常见的拍摄角度都是由上往下，因为从高处俯拍更能夸张头部的比例，只要用广角焦段尽可能靠近拍摄，任何人都能轻松拍出理想的影像。其中比较需要注意的就是光圈的控制，近距离拍摄会让景深变浅，因此建议稍微缩小光圈，才不会只有眼睛或鼻子清楚、身体其他部分都虚化的情况发生。

六、动态拍摄

宜从侧面拍摄处于运动状态的宠物。拍摄时，摄影者的脚保持在原地不动，只靠着身体的转动使相机平稳而匀速地随宠物移动，而且在按下快门时也不可静止下来。这样，在画面上，不动而模糊的背景就会衬托出清晰的宠物的身影，并产生明显的动感。

七、多摄精选

常给动物摄影的人都知道耐心是很重要的，可以说每一幅好的照片都是等出来或选出来的。给宠物摄影时，它不会像人那样跟摄影者主动配合，常常好不容易遇到一个合意的姿势，它却在你即将按下快门的那一刹那改变姿势甚至跑到镜头外面，让人惋惜不已。

因此，在构思完成以后，不妨以适当的时间间隔连续拍摄多幅照片，然后从中挑选出效果较理想的一幅或几幅进行保存。数码相机提供了可随时删除不合意照片的功能，使用起来非常方便。

例如，在户外天气好时拍摄，用自动模式或 AV 光圈优先都可以满足大部分的拍摄需求；但若预设要捕捉它们奔跑跳跃的瞬间，则可以使用 TV 快门优先，确保有足够的快门速度可以应付宠物的动作。另外，还可以开启高速连拍，并将对焦模式设定在 AI SERVO 人工智能自动对焦模式，来提高拍摄的成功率。

项目十六
宠物的营养平衡

任务一　营养物质分类

知识目标

了解宠物的正常能量来源。

技能目标

掌握宠物维持生命所需各项物质的种类。

学习任务

通过教师的讲授与课后归纳总结，掌握矿物质、维生素的种类和作用。

宠物的正常生命活动都需要能量，维持体温的恒定、机体的运动和各个组织器官的正常活动，如心脏的跳动、血液循环、胃肠蠕动、肺的呼吸、肌肉收缩等需要消耗大量能量。生长、妊娠、泌乳等也需要能量。犬、猫都属于肉食动物，都要进食大量的动物蛋白质。但是动物蛋白质中缺乏宠物所需的很多必需的营养成分，因此它们还需要补充植物蛋白质，这些植物蛋白质有的直接来自蔬菜，有的来自其他类型的食物，如昆虫。

一、碳水化合物

碳水化合物是一类重要的营养素，广泛地存在于植物性饲料中，是供给宠物能量最主要的营养物质。宠物日常所需能量中，大部分是由碳水化合物提供的。宠物食品中的淀粉转化形成的葡萄糖是供给宠物代谢活动快速应变所需的最有效的营养素。葡萄糖供给宠物大脑神经系统、肌肉、脂肪组织、胎儿生长发育、乳腺等代谢所需的能源。

饲养实践中，如果日粮中碳水化合物不足，宠物就要动用体内贮备物质（糖原、体脂肪、体蛋白）来维持机体代谢水平，从而出现体形消瘦，体重减轻，繁殖性能降低等现象。犬如果严重缺乏碳水化合物，会生长迟缓、发育缓慢、容易疲劳。因此，必须重视碳水化合物的供应。

二、脂肪

宠物的各种组织器官中均含有脂类，脂肪是宠物体内重要的能源物质，是含能量最高的营养物质。脂肪为动物提供三种必需脂肪酸，它们对动物具有重要的营养生理作用。宠物食品中添加一定的植物油或动物脂肪可以有效降低热增耗，提高能量利用率。当宠物摄入的能量超过需要量时，多余的能量主要以脂肪形式贮备起来。而脂肪能以较小体积贮藏较多的能量，因而是宠物贮存能量的最好形式。脂肪还是维生素A、维生素D、维生素E等脂溶性维生素的溶剂。此外脂肪还具有固定和保护器官以及缓和外力冲击、保温御寒等作用。

宠物食品中添加油脂，除满足营养需求以外，还可以提高适口性，延长营养物质在肠道的停留时间，有利于其他营养物质充分地消化吸收，高温季节可以降低宠物的应激反应。但添加时要注意食品的消化能值不能变化太大；同时要满足宠物对蛋白质、氨基酸、矿物质和维生素的需要，以保持食品中养分的平衡；不能喂氧化变质的脂类，不能在食品中添加多次煎炸过的油脂。

三、蛋白质

蛋白质是构成动物体最基本的物质。动物体表的被毛、蹄甲都是由蛋白质构成的。动物的皮肤、肌肉、神经、结缔组织、腺体、精子、卵子及心脏、肺脏、肝脏、脾脏、肾脏、胃肠等内脏器官，均以蛋白质为基本成分。此外，动物在新陈代谢过程中，细胞的更新、增殖及损伤后的修补，都需要蛋白质。

蛋白质缺乏会影响宠物的生长发育、繁殖，还会使宠物抗病力低下、易患病、恢复缓慢，如果蛋白质严重缺乏，还会危及生命，造成死亡。蛋白质只有分解成氨基酸才能被吸收，氨基酸又分为必需氨基酸和非必需氨基酸。前者不能由机体合成，必须通过饲料获得，后者可以自行合成。动物饲料不仅富含蛋白质，而且富含必需氨基酸，植物性饲料蛋白质含量丰富，但必需氨基酸含量较低，植物性蛋白质的消化、吸收和利用不如动物性蛋白质，因此动物性饲料更适合犬、猫的营养需求。长期用低蛋白饲料喂养猫，会阻碍其生长发育，降低其繁殖能力，使其皮毛粗糙、无光泽，容易患病，恢复缓慢。但当蛋白质超过生理需求时，会增加肝肾的功能负担，对犬、猫健康不利。

四、矿物质

矿物质虽然不是动物体能量的来源，但它是动物体组织器官的组成成分，并在物质代谢中起着重要的调节作用。宠物必需的常量元素有钾、钠、钙、镁、氯、硫、磷等，微量元素有铁、锌、铜、锰、碘、硒等。这些矿物质在含量的基本稳定状态下，始终存在于体液、血液、肌肉、骨骼、消化道中，起到维持体液渗透压恒定，pH平衡的重要作用。

五、维生素

维生素既不是构成机体组织器官的原料，也不是能量的来源，而是一类调节物质，在物质代谢中起着重要的调节和控制作用。根据维生素的溶解特性，可分为脂溶性维生素和水溶性维生素两种。脂溶性维生素包括维生素 A、维生素 D、维生素 E 和维生素 K;水溶性维生素包括 B 族维生素、肌醇、胆碱和维生素 C。与其他养分相比,宠物对维生素的需要量极微,而且可直接被宠物完整地吸收。但维生素的作用是特定的,不能被其他养分所替代,而且每种维生素又有各自特殊的作用,相互间也不能替代。宠物缺乏维生素将导致特异性缺乏症。

任务二 宠物犬的营养需求

知识目标

了解宠物犬的正常营养需求。

技能目标

掌握现代犬粮的营养构成以及商品犬粮的分类。

学习任务

通过教师的讲授与课后归纳总结,掌握自制犬粮的营养配比方法。

一、能量需求

宠物犬必须摄取足够的卡路里以满足它们的能量需求,而它们对能量的需求会随着年龄、体形和运动量的变化而变化。另外,宠物犬的能量需求还与犬身体表面积有关,因此对热量的流失有一定影响。从宠物犬的体重和体表面积的关系来看,小犬比大犬的相对体表面积要大。一只体重 2.5 kg 的犬每千克体表面积比一只 50 kg 的犬每千克的体表面积要大 30%,所以相对而言,越小的犬需要的能量越多。准确计算犬所需能量的唯一办法就是不断检查它的体重和健康状况。家养的犬中大约有 1/3 超重,而超重的犬很容易得病。

宠物犬工作量很大(赛犬、雪橇犬)或者处于妊娠晚期或哺乳期时所需能量很多,一定要给它们提供足够的营养和食物。完整均衡营养的犬粮能满足犬在不同年龄阶段必要的营养和能量需求。

二、影响营养需求的因素

(1)年龄或生长阶段——幼年、少年、成年和老年。

(2)运动量或工作量。

(3)是否怀孕或哺乳。

(4)犬种(大型犬比小型犬成熟晚,特大型犬的饮食有特别要求)。

(5)体型大小(同一犬种的个体区别很大)。

(6)健康状况。

三、专用犬粮或自制犬粮

如果准备自制犬粮，首先应考虑需要多长准备时间，是否能够即时准备好犬粮，自制的犬粮是否达到了必需的营养要求，自制犬粮从经济上而言是否划算等问题。大部分人都使用外购犬粮，但有时候也会自制一些。稍微地调节是完全可行的。

但如果是幼犬或正在怀孕的母犬，则最好选用外购专用犬粮，因为专用犬粮会根据犬的成长期和身体状况特点而有变化。自制犬粮在营养的全面性（尤其是钙和磷元素）和各种营养的比例上很难达到要求。老龄犬需要特别的护理，最好选用适合它们这个年龄阶段的专用犬粮，以满足它们不断变化的营养需求。

（一）专用犬粮（商品犬粮）

专用犬粮是按照犬的营养要求，专为宠物犬研制的全营养食品。很多生产商还聘请专业的营养师和兽医师对其产品进行分析和试用，以确保达到国际水平。完全均衡的犬粮方便好用，分量也可准确测量。专用犬粮可按水分含量分类（同类产品之间也存在差异）。

(1)罐装或软型犬粮。水分含量一般在78%左右。因为在烹饪过程中已将所有细菌杀死，又做成了罐头，因此无需添加防腐剂。

(2)犬用肉肠或肉卷。水分含量一般为50%左右。产品中一般都含有防腐剂，需冷藏。

(3)中软型或半熟型犬粮。水分含量为25%左右。通常含有防腐剂，无需冷藏。碳水化合物或糖含量比较高，不适合患有糖尿病的犬。

(4)硬型犬粮。水分含量约为10%，通常含有防腐剂，无需冷藏。大多呈固体块状，所含营养成分较丰富，经济性也较好，属于适合各种成长阶段的最为普通的一种类型。

(5)宠物饼干。水分含量一般为8%左右，通常含有防腐剂，无需冷藏。

从营养的角度来说，只要含有等量的营养成分，硬型犬粮和软型犬粮没有区别，不过软型犬粮比硬型犬粮更贵。

价格便宜的产品也是可以的，但一定要有产品说明。产品说明通常会列出产品的主要材料、营养分析（蛋白质、盐和脂肪）和纤维含量，以及用量说明。有的还列出了每克产品的热量，方便使用者把握用量。

（二）零食咬胶

零食咬胶的脂肪和碳水化合物含量比较高。因此只能适当给犬吃一些，如逗它或奖励它的时候。给了零食咬胶后应适当减少当日犬粮量。

（三）动物医院出售的犬粮

有些专用犬粮只有在动物医院或宠物店才能买到，这些产品的营养成分和含量都有保证，更专业。如动物医院出售的犬粮不含结构性植物蛋白（TVP），而超市出售的有些犬粮就含有这种物质。

有些动物医院专售的犬粮有治疗作用，对犬的健康有一定帮助。其中包括母犬孕期或哺乳期专用犬粮，对术后或伤后体能恢复期或患有贫血或癌症的犬有帮助的特殊犬粮，以及对口腔卫生有帮助的犬粮和能减少和预防牙斑的宠物饼干。

（四）自制犬粮

如果用自制犬粮饲养犬，首先一定要保证配制的犬粮在营养成分的数量和质量上都达到要求。最常见的自制犬粮是用高压锅炖熟的瘦肉末和蔬菜搅拌在一起，再加些干面食或米饭。这种犬粮一次可以做很多，然后按一餐的量包好放冰箱冷藏。早餐可用外购宠物饼干，肉类则安排在晚上吃。

烹饪过程会损坏某些维生素，烹调过度则会减少食物的营养价值。因此要与合格的专用犬粮一样，按需要补充正确种类和分量的维生素。

补充剂一般含有碳酸钙或骨粉（使磷和钙达到平衡）、碘、维生素 A 和维生素 D。宠物店和动物医院还可以买到完全营养的补充剂和中成药。使用前可向兽医师请教具体用法和用量。

补充剂只有在某些必须情况下才使用，如犬感到有压力或生病时。使用补充剂前应咨询兽医师。当然也可以选用有治疗作用的药品。

（五）自制保养犬粮

如表 16-1 所示为自制保养犬粮配方。这个配方是专门为犬的日常保养制作的，用来补充肉类缺乏的营养。肝富含维生素 A、维生素 D、维生素 E 和 B 族维生素，玉米油含有必要的脂肪酸，骨粉能提供搭配合理的钙和磷，矿物盐能提供碘。

配方中的份额是为体重 10 kg 的宠物犬设计的。因此应根据宠物犬不同的体重进行适当调整。每次的食用量应以犬的热量需求为依据，表 16-1 中食物的总热量为 3 140 kJ。犬粮可在冷冻条件下保存数天。但是，犬和人一样喜欢新鲜的食物，对加热过的食物都不是很感兴趣。

表 16-1　自制保养犬粮配方

项目	用量	项目	用量
精米或糙米	140 g	矿物盐	3 g
肉（肥瘦适宜）	70 g	玉米油	5 mL（一茶匙）
肝	30 g	水	420 mL
骨粉	8 g		

调制方法：首先将精米或糙米与水搅拌均匀煮 20 min，然后加其他材料再煮 10 min。

（六）自制犬粮需要的原料

全部使用买来的专用犬粮也同样需要补充一些食物，如鸡蛋、牛奶和油等。

所有的红肉或白肉（通常把牛肉、羊肉和猪肉称为红肉，而把鱼肉、禽肉称为白肉。红肉的特点是肌肉纤维粗硬、脂肪含量较高；而白肉肌肉纤维细腻，脂肪含量较低）都含有蛋白质、B 族维生素、脂肪和热量，但是不同的肉所含的量不一样，不同的切法也有影响。

所有肉和动物内脏中钙含量都很低，磷含量也不够，而磷钙比例兔和牛心脏为 10∶1，牛肉为 30∶1，新鲜肝脏为 36∶1，比例严重失衡。犬所需要的磷钙比例应为 1∶1.30。

另外，肉类缺乏维生素 A 和维生素 D、碘、铜、铁、镁和钠等元素。生肉的营养比较丰富，但是考虑到其来源，一般都要煮熟才能给犬食用。为了消灭泡状绦虫，有的国家还要求所有的绵羊肉或山羊肉（或新鲜内脏）都必须在一定期限内煮到一定温度或冷冻到一定温度。

四、食物在犬体内的消化

1. 肉和肝脏

肉在烹饪过程中损失了大量的 B 族维生素。肝脏含有丰富的蛋白质、脂肪和可溶于脂肪的维生素 A、维生素 D、维生素 E 和 B 族维生素。过多的维生素 A 可能造成骨骼生长异常，当然肝脏中部分维生素 A 在烹饪过程中会流失。一般说来，肝脏在犬粮中的比重不能超过 15%。

鸡肉比红肉容易消化，而且有的犬对红肉中的某些蛋白质过敏，食用后皮肤会有刺痛感。

2. 鱼肉

鱼肉主要有两种：白色鱼肉和多油鱼肉。白色鱼肉中营养成分与瘦肉相似，而多油鱼肉中维生素 A 和维生素 D 含量较高。所有鱼肉都含有高质量的蛋白质和碘，而钙、磷、铜、铁、镁和钠的含量就相对缺乏。生鱼肉中含有维生素 B_1 酶，这种酶可以让维生素 B_1 的活性减弱，因此不要给犬吃太多生鱼肉。

鱼头中的杂碎也不要喂犬。多油的鱼(如金枪鱼)含有大量不饱和脂肪酸，犬食用太多可能患脂肪组织炎症。

鱼骨头一定要在高压器皿中煮软或用搅拌器搅碎后才能给犬吃，当然也可以将鱼骨头煮烂或炖烂，但是长时间煮或炖会造成营养素的损失。

将鱼整个放在高压器皿中煮熟后比肉更有营养，因为鱼的营养更均衡。

3. 鸡蛋

鸡蛋含铁、蛋白质、大部分的维生素(除维生素 C 外)和碳水化合物，生吃也特别好。但是吃过多的生鸡蛋也是有害的，因为蛋白中含有一种叫卵白素的物质，这种物质会耗尽犬体内的维生素 H(存在于 B 族维生素中)，而维生素 H 是犬生长及促进毛皮健康不可或缺的营养。因此，应按照体重 30 kg 的犬 1 周喂 2 个生鸡蛋的量给犬喂生鸡蛋。如果只喂蛋黄的话，可以增加到 1 周 4 个。煮透后鸡蛋中的卵白素会减少，也会降低鸡蛋的营养价值。

4. 牛奶和奶酪

奶制品富含蛋白质、脂肪、碳水化合物、钙、磷、维生素 A 和 B 族维生素。

牛奶是犬吸收钙的主要来源，当然有的犬不喜欢喝牛奶。牛奶中含有乳糖，由于小犬长大后消化能力逐渐减弱，所以喝太多牛奶容易出现腹泻。有的成年犬有乳糖不适症，喝牛奶会出现过敏、脱水、皮肤瘙痒等症状。奶酪是很有用的动物蛋白质源，大部分犬都喜欢吃，可以一次给它们吃一大块。奶酪中的乳糖含量很少，甚至不含乳糖，因此，对乳糖有不适症的犬也可以吃。另外，还可以给对乳糖有不适症的犬喂些未经高温消毒的酸奶。

5. 脂肪和油

脂肪是能量的来源之一，它协助脂溶性维生素(维生素 A、维生素 D、维生素 E、维生素 K 和胡萝卜素)的吸收，含有各种脂肪酸(其中包括亚油酸，亚油酸对改善皮毛很有帮助)。

脂肪的消化率几乎达到了 100%，还能使食物更加美味。植物油和鱼脂肪的营养要比动物脂肪好。如果犬粮还没有完全均衡的话，可以添加极少量鳕鱼肝油，过量可能患脂肪组织炎。用过的食用油不能给犬吃，因为其中含有有毒的过氧化氢。

6. 蔬菜

犬、猫自身都有合成维生素 C 的能力，因此不需要在膳食中添加维生素 C。蔬菜富含 B 族维生素，但是煮得太久维生素会受损。因此，只要稍微煮一下就可以了。菜汤也可以加到犬粮中。根茎类蔬菜含有丰富的维生素 A，能改善犬的消化能力。

豆类能提供蛋白质、热量和 B 族维生素。黄豆中的蛋白质和热量特别高。

给犬喂豆类也有缺点，那就是在消化过程中容易产生气体，使犬出现肠胃胀气。其他食物也可能造成肠胃胀气，如过多的牛奶或奶制品、高蛋白食物、土豆、花菜、大白菜和洋葱等。

7. 谷物

谷物能提供大量碳水化合物，一定量的蛋白质、矿物质和维生素。谷物中一般缺乏脂肪，必要的脂肪酸和脂溶性维生素 A、维生素 D 和维生素 E。麦芽中含有维生素 E。

8. 酵母

酵母富含 B 族维生素，老龄犬食用非常好，即使食用过多也不会有害处。

9. 纤维素

来自蔬菜的纤维素应占正常犬粮的 5%(干燥质)。如果需要消除宠物肥胖的话可以使用高纤维配方(10%～15%)，同时高纤维食物还对患有糖尿病的犬有帮助，因为纤维能降低葡萄糖的吸收速度，而碳水化合物经过消化最后都转化成葡萄糖。

10. 骨头

骨头内含有 30%的钙和 15%的磷、镁和一些蛋白质。骨头中缺乏脂肪、必需的脂肪酸和各种维生素。骨粉与骨头的营养成分相似。要记住，犬食用过多的骨头会排白色的很硬的大便，甚至出现便秘。

不要给犬喂食鸡骨头或排骨。鱼骨头一定要用高压炊具煮软了才能喂给犬吃。

11. 水

要保证犬随时都能喝到干净、新鲜的水。正常情况下，犬每千克体重每天需要的水大约为 40 mL。水的需求量会受气温和食物类型的影响，所以喂干粮时要多准备些水。犬患病时，如腹泻、糖尿病或肾病等，需要的水也会比较多。

任务三　正确喂食

知识目标

了解宠物犬日常所需的能量标准。

技能目标

掌握宠物犬不同生长期的饲喂方法。

学习任务

通过教师的讲授与归纳总结，除掌握宠物喂食的正确方法外，还掌握宠物犬食物中毒的处理方法。

选一块容易清洁的地方作为犬的喂食区，不要随便换地方。犬的喂食用具最好选用不锈钢、陶瓷或塑料制品，每次用完后都要清洗干净。没有吃完的罐装食品要及时处理掉，半软型食物也只能装在碗里保留几个小时，而干燥食品则可以放一整天。

一、给崽犬喂食

犬妈妈的奶富含蛋白质和脂肪，因此崽犬离窝以后的前几周吃的食物要尽量跟母乳接近。成长期的崽犬每千克体重所需的能量是成年犬的 3 倍，但是因为它的胃容量小，所以必须一日多餐。

生产崽犬专用犬粮的厂家很多，有些是以谷物为主的，有些是以肉类为主的，这些都可以试试，免得自己动手。幼犬很小的时候可以喂些牛奶。通常来说，一只 8～12 月龄的犬每天应吃 4 餐专用饲料或自制犬粮。决定以后就要坚持使用，因为把自制犬粮和专用犬粮混合使用容易造成营养失衡。

3～6 月龄崽犬每天要喂 3 餐。大一点后喝牛奶如果出现腹泻，可能是因为牛奶中的乳糖造成的。

6～12 月龄崽犬每天喂 2 餐即可。如果想调整食谱的话，这时候可以逐渐加些新东西，从第 1 天的 25%，第 2 天的 50%，第 3 天的 75%，到第 4 天就可以用 100%的新食谱了。

二、给成年犬喂食

大部分成年犬都是不运动、没有怀孕的，而且生活环境非常好。它们经常一次性把一天的食物都吃完，这样不仅能满足它们的胃口，也方便主人饲养。大部分主人都喜欢傍晚运动后给犬喂食。犬吃过东西后 1～2 h 内会大小便，因此太晚给犬喂食不太好。也可以将犬进食的时间分几次，和家人吃饭安排在同一时间。

胸深的大型犬（如大丹犬和爱尔兰猎狼犬）一口气把 1 d 的食物都吃下去的话腹部容易胀气，所以最好一日多餐。家里养了 2 只犬的话，应该分开喂食，以免地位高的犬把另一只犬的饲料也吃了。

三、饲料的用量

犬每天要采食足够的食物才能维持正常活动，但是采食得过多又容易超重。采食食物的量不仅要看犬的运动量，还要看它新陈代谢的速度。犬的能量需求跟体重的增加不是成正比的，以食量和体重的关系来看，越大的犬所需要的能量越少。如一只 2 kg 的吉娃娃每天需要的热量为 963 kJ，而一只体重为 30 kg 的犬（体重为吉娃娃的 15 倍）每日所需热量为 7 116 kJ（所需热量仅为吉娃娃的 7 倍）。

如果犬身体健康，皮毛光滑，体重基本维持不变的话，这说明它每天的食物恰到好处；如果犬出现皮肤有厚鳞屑，脱毛过多，体重过大或太轻，萎靡不振，特别容易饥饿或经常没有胃口等，则有必要跟兽医师谈谈。另外，摸摸犬肋骨和脊椎上的脂肪层也可知道犬有没有过度肥胖。

不要给犬喂零食。如果要给的话，最好加到饲料里，或作为奖品奖给它。记住，这些零食，如巧克力屑，都含有卡路里，计算当日犬粮热量时一定要把这些零食的热量计算在内。

四、营养问题

完全均衡营养的食物不会引起犬的营养问题。但是下列情况则有可能造成营养问题：

(1)犬粮食谱不适宜。

(2)生病导致犬的吸收利用营养能力减弱。

(3)因为各种原因犬没有吃东西(厌食症)。

犬吃得太少会造成能量缺乏，营养不足，体重下降，甚至会饿死。吃得过多又会过度肥胖，并引发与肥胖相关的各种病症。

五、中毒

一定要像保护孩子一样保护犬的安全。花园里的很多植物，还有家里、花园、车库或车棚里我们经常使用的一些东西，都有可能对犬有害。尤其是磨牙的幼犬，喜欢咬东西和舔食从容器内渗出的液体。因此，所有可能对犬有害的物品都要锁起来或放到犬碰不到的地方，会散发毒气的物质用过后要及时保存到通风好的地方。

(一)中毒症状

宠物中毒后可能出现的症状有如下多种。

(1)流泪。

(2)喘粗气。

(3)流涎或口吐白沫。

(4)休克迹象。

(5)摔倒或昏迷。

(6)突然呕吐和/或严重腹泻(1 h 内腹泻超过 2～3 次)。

(7)沉闷。

(8)发抖，行动不协调，走路摇摇摆摆或痉挛。

(9)有过敏症状(脸部肿大或腹部出现红疹)。

(二)处理方法

(1)抓紧时间。

(2)找出中毒原因。

(3)选择适合的应急措施。

(4)立即联系兽医师并尽快将犬送到动物医院。

(5)发现时若犬旁边有毒品或不明物质的话，应连同容器一起把毒品或不明物质带到医院，容器上的产品说明多数会写明解毒办法。

(6)如果犬已经呕吐,用干净器皿取些呕吐物带到医院。

(三)应急措施

(1)如果是腐蚀性毒品(强酸或强碱)或是不能确定的物质,那么:

①不要促使宠物呕吐。

②犬还有意识的话,先用水冲洗口鼻处,再喂一茶匙蛋白或橄榄油。

③立即将犬送到动物医院。

(2)如果是非腐蚀性毒品,或神经毒素(如蜗牛诱饵),那么:

①犬还有意识而且还没有呕吐,采取措施促使它呕吐。

②用干净器皿取些呕吐物。

③立即将犬和呕吐物一起送到医院。

(3)促使宠物呕吐的方法有:

①1～2 块洗衣肥皂(碳酸钠)塞到宠物喉咙里。

②将一满茶匙精制食盐加入适量温水服下。

③将一大茶匙芥末粉加入一杯温水。每 10 min 服 1 次,直到犬呕吐为止。

(四)急症解毒剂

吸收剂(吸收有毒物):袋装药用炭片 6 片,或取 2～3 大汤匙药用炭粉末用温开水服下。

保护剂(保护胃黏膜):一大汤匙蛋白或橄榄油。

抗酸剂:一茶匙碳酸氢钠加等量温水。

抗碱剂:几茶匙醋或柠檬汁加等量温水。

项目十七
正确训练宠物犬

知识目标

了解宠物学校的概念以及流行趋势。

技能目标

了解宠物训练的必要性,掌握宠物训练中有哪些基本指令。

学习任务

通过教师的讲授与自主练习,掌握宠物犬的日常训练方法以及宠物犬不良生活习性的纠正方法。

每个养犬的人都希望自己的宠物听话,安静,在公众场合行为端正。但是往往难以如愿。出门时,犬虽然穿着漂亮,但是邋遢,爱追猫,喜欢朝路边的老人嚎叫,甚至若单独放在车里就会划花汽车内饰。

那么怎样才能避免这种状况呢?正确的做法是幼犬领回家后就要对它进行训练。要注意的是,参加训练的不只是犬,主人和家人都要一起参加,家里只有一个人懂得如何正确调教犬是不够的。虽然犬会选出自己服从的领导,但是应该让犬懂得服从家里所有人。

一、幼犬训练学校

幼犬训练学校通常是由动物医院管理,在绝对无病毒细菌的场所进行。训练的目的是让幼犬在安全无疾病的环境中学习良好的家庭生活行为,帮助无经验的饲主尽早开始幼犬的训练。幼犬的训练一般是从 7～8 周开始。实践证明,参加过训练的犬比没有参加过训练的犬在服从性和控制方面要好很多。

可能的话,将幼犬领回家后饲主就可以到幼犬训练学校参加学习,本周学过的内容每天要温习 2 次,每次至少 10 min。学习结束后每天要复习。幼犬疫苗保护期结束后就可以带它四处走走,同时按照所学的方法对幼犬进行训练。需要的话还可以带幼犬到正规的训练中心进行深造。

二、室内基本训练

训练学校开课前也可以先在家里进行一些基本训练。幼犬接受能力特别强，大部分幼犬能很快学会5个最容易的指令，即“坐下”“留在原地”“过来”“躺下”和“跟我来”。

食物在训练幼犬的过程中很有作用。很多小犬喜欢吃市面上出售的干肝脏薄片，不喜欢肝脏的幼犬可以喂些奶酪或饼干。

在训练初期，食物是必不可少的。但是随着幼犬逐渐长大，应该慢慢减少食物的用量，到最后可以完全用表扬代替食物。

三、基本指令

基本指令要按顺序从易到难一步步教。最容易的是“坐下”，最难的是“过来”。可带着犬绳或犬链进行训练。

1. 坐下

站到犬身前，把食物放在它头顶耳朵的高度，然后叫它坐下。幼犬为了吃到食物必须抬头后仰，尾部自然就会靠在地上。这时将食物给它作为奖励。

但有的犬身体不往后仰，而是往后退。出现这种情况应该先让犬站在屋角或其他角落(这样它就不能往后退)，再开始训练。大部分犬1周左右就能学会。

2. 躺下

先令犬坐下，再给它奖励。然后把另一个奖品放在幼犬的前腿和胸部之间，说:“躺下”。犬为了吃到食物，头、鼻子和身体会跟着躺下。这时，把奖品给它作为鼓励。

开始有的幼犬只躺下一半身体。遇到这种情况时，将没有拿食物的手轻轻按住犬的肩部，使犬躺下。

3. 留在原地

首先命令犬坐下或躺下。然后站在犬旁边，一只手掌贴在它脸上，说:“留在原地”。然后向前走一步，停下，再回来。若犬没有动的话，应给它奖励。

慢慢增加前进的步数。若犬动了，让它退到原地，再说:“留在原地”。每天训练，2～3周以后幼犬就能高兴地等着你从房屋的另一头返回来了。

4. 跟我来

首先令犬坐下，手握食物引它抬头看着你，用开心的声音跟犬说话(改变音调和音高并说些很傻的话)，然后向前走，说:“跟我来”。鼓励犬一边跟着一边看着你。注意训练过程中犬绳不能拉得太紧。重复说:“跟我来，好犬，看”。幼犬自动抬头跟着你走时，把奖品给它。但是要注意给奖品的时候不要停下来，否则幼犬会将奖品和停下来联系起来，很快就不想走了。

5. 过来

在不同的场所反复训练。训练时一定要用奖品，先叫犬的名字再说“过来”，犬过来后把奖品给它。发出命令时声音一定要盖过周围其他声音而且要显得很开心。

犬走过来后，应该给它最好的奖励，因为对犬和饲主来说，这都是不小的收获，放弃了其他很多有趣的事情进行训练，应该把这当作一天中最开心的事。

出去遛犬时，犬绳一定不能拉得太紧。而且不要轻易在公共场合让犬自由活动，除非能保证它一定会回来。到这一步需要一年训练才可以，因为对犬来说，这是最难的一课。如果犬没有自己找回来也千万不要责怪它。万一它独自走开了，悄悄地跟上去抓住它或用犬绳将它牵住，叫它坐下，再奖励它。或者跟它比赛，让它觉得跟在后面很有趣。耐心训练肯定会得到回报。

6. 安静

有的犬只要有一点风吹草动就叫，所以有必要训练它安静。首先犬安静时叫它坐下或躺下，表扬它，再说“安静”。每天多训练几次。犬一吠就把它叫过来，令它坐下，然后发出命令“安静”，待它安静下来后给它奖励。

犬听到陌生的声音或看到陌生人都会自然地吠叫，学会这个命令后就比较好控制了。但是也不能太过分，以免以后它看到任何东西都不想吠。

7. 拿来

有的犬天生就懂得如何为主人找回东西，但有的犬一定要教才会知道。喜不喜欢找东西，幼犬 12 周龄时就能看出来。喜欢的话，它会自然地把东西叼起，还喜欢叼着东西被人追。主人把球之类的东西丢出去时它也会追着把东西找回来。

犬天生有找东西的爱好就应当好好利用，并让它习惯等主人发出命令后再把东西找回送到主人手中。开始训练时可以手拿玩具让犬追，然后丢到近处，带着犬一起把玩具捡起，把玩具交给犬，再带它回到原地。接着发出命令“拿来”，让犬单独去拣。刚开始最好用犬绳将犬牵住方便控制它的行为。

有时候幼犬把东西衔回来后却不肯交出来。这时要想办法用食物或它最喜欢的玩具跟它交换。时间久了，把东西衔回来交给主人所得到的乐趣会让它很满足，也不会再不交出来了。

天生喜欢找东西的犬种有拉布拉多猎犬、指标犬、塞特种猎犬和卷毛狮子犬。其他喜欢追东西的犬种有德国牧羊犬、达尔马提亚犬、大部分㹴类犬和很多杂种犬。

四、 如何改掉幼犬咬人恶习

玩耍时幼犬经常咬主人，因为犬跟犬玩的时候它们经常这样。犬咬人的恶习并不容易控制，尤其是没有受过专业训练的幼犬。

犬在一起玩耍时，幼犬被咬后会大声嚎叫，然后背过身体不理对方，有时候还会反过来咬对方。但通常情况下，对方会被它的激烈反应吓住而静静地走开，下次玩耍时就会温和些。所以主人跟犬玩耍时被犬咬了就要大声喊“痛”，然后走开不理它或者让它单独在房子里待 5 min，再回来把它叫住，让它坐下，拍拍它的身体，若下次再咬人就这样不理它或把它关在房间里。很快它会发现咬人意味着主人不理它或要单独关在房间里，也就不会再干这种事了。

但有的犬不管你给它什么处罚它还是继续咬人。对这种犬必须适当进行一些体罚。一只手把它侧身扣在地上，另一只手把它的嘴巴合紧，同时威严地盯着它的眼睛。等它停下来不挣扎了再放开轻轻地敲它几下。不过最好请兽医师或犬行为专家先示范一下再自己动手，以防不必要的危险。

主人一定不能用打骂的方式逼迫犬，这只会让它咬得更凶。玩拔河游戏时，最好用专门的拔河玩具，而且不能让犬拉扯主人的衣袖、裤子或衣服其他地方。

五、如何改变犬喜欢跳到主人身上的习惯

主人回家或有客人来访时有的犬会异常兴奋，喜欢跳到人身上。这样做容易引起客人不开心，还会抓破或弄脏衣服，碰到老人、小孩还可能被它推倒。所以最好改变它这个习惯。

犬跳过来的时候，先扭过身体然后朝相反的方向走开。这时不要跟犬说话，也可以把它关起来。过一会儿折回来叫它坐下，给它些奖品。下次它再跳过来时说："别来"。再叫它坐下，给它奖品。如果它跑过来伸开爪子想跳到你身上，立刻转过身，不要碰它，让它扑到地上。然后再让它坐下，给它奖品。

但如果它顽固不化就得找人帮忙。首先事先约好让客人在某个时间过来，然后给犬拴上笼头和犬绳防止它跳到客人身上。客人进门时让犬安静地坐好，这时客人假装没有看到它，它也就不会兴奋地跳起来，此时再给它奖品表扬它。但如果它有跳的冲动，让客人拍拍它再走开。等犬安静下来后再让客人过来摸它，表示鼓励。

不一定要客人帮忙，家人也可以互相帮忙。时间久了，犬就会发现它跳起来意味着全家人都不理它甚至还要被关起来，以后它会跑动或者坐下来迎接家人回来或客人来访。

六、训斥和纠正犬的不良行为

现在的宠物训练一般不使用体罚，训练的重点主要是转移注意力和奖励宠物的正确行为。

犬做错事，原来人们喜欢用报纸筒敲或打它，结果幼犬变得畏畏缩缩，六神无主。其实犬并不是故意要犯错的，它们分不清主人允许它们玩弄的旧拖鞋和不准它们玩的贵拖鞋之间有什么区别。因此主人不应该随意对它又打又骂，应该给它准备一些玩具，耐心地纠正这些不良行为。如果犬屡教不改，如总是把猫逼到角落或撕咬沙发垫子，最好不要对它进行体罚，可以按顺序采取这些办法进行纠正。

(1)提起项圈把犬抓住。

(2)盯着它的眼睛。

(3)用坚定的声音说"别闹"。

(4)把它赶到另一个房间。

(5)2 min 后过去命令它"坐下"或"躺下"，再奖励它。

或者也可以用一杆水枪在它做坏事的时候朝它脸上喷水，它肯定会因为惊讶停下来，这时把它叫到身边坐下，给它奖品。通常对待宠物的不良行为，最好不要采取体罚，应尽量想办法转移它的注意力或用奖品予以纠正。

训练中如果遇到困难或者犬攻击性极强，爱出风头，吵闹或者出现异常恐惧或焦虑的情况时，不要忘了请教兽医师和行为专家。

七、训练辅助工具

把幼犬领回家后要及时给它戴上软项圈。因为幼犬还不习惯,所以刚开始只要在它吃东西或玩耍的时候戴上就可以了。等它习惯后就可以一直戴着。

走在你的左侧。犬有一个习惯的过程,所以要有耐心,它做得好的时候还要不断地表扬它,奖励它。如果它对犬绳反感可以把犬绳拴在项圈上,让犬在前面走,但是要避免犬绳被其他东西挂住或者被犬咬断。

等犬适应了戴着项圈和犬绳在花园里散步以后,就可以把它带到社区周围走走。这时候犬不一定要走在主人的左侧,应该让它自由地看看周围的事物。

犬绳要够长,这样才既方便犬自由活动,又方便主人控制。如果绳子太紧,犬不但不愿意跟在主人后面往前走反而会往后退。

八、标准犬绳和项圈

6 月龄以上的幼年犬和成年犬可以带上尼龙或皮质项圈,最好在项圈上注明犬的基本信息。

犬绳要根据犬的体型大小和力量来选择,如大型犬应该用短而结实的犬绳,带皮质绳套并且用金属链子拴在项圈上,或者是麻花辫似皮质犬绳,而小型的犬可以用细长一些的皮质绳或尼龙绳。

(一)犬绳的长度

犬绳的长度应该与犬的大小和体重相符合。市面上可以买到 3～5 m 的长的绳子,特别适合正在训练的幼犬。

未经专家允许,最好不要使用如犬笼头、缰绳、颈围等辅助工具。有必要时,必须征得兽医师的同意并请教这些工具的正确使用方法。

(二)犬笼头

有的犬戴上犬绳以后总要拖着走,这让牵绳的人觉得很难受。犬笼头就是专门为主人更好地控制犬的头部而设计的,控制了头部也就控制了犬的行走速度和方向。

戴上犬笼头以后还能避开犬与犬的争斗。遇到攻击性比较强的犬时,只要主人扭动一下犬笼头就可以绕开。因为套在笼头里,犬感觉自己处于劣势,也就不会随便跟其他犬发生冲突了。

注意:一定要正确使用犬笼头,拉得太紧容易弄伤犬的脖子。

(三)犬链

犬链主要起套索的作用。使用时,突然将弯曲的犬链拉直再马上松开。习惯后,犬会把链条的声音和链条拉扯脖子的疼痛感联系在一起,因此只要听到声音它就不会再拖着走。最好选用链扣大的犬链。

如果不知道颈围的正确戴法,可以请兽医师示范。另外,也有的犬听到声音后没有反应还是继续往前拖，常常被链条卡得透不过气。双向滑链能解决这个问题，这种链条的好处就在于不能拉紧，因此也不会勒到犬脖子。或者也可以选择皮、麻线或宽尼龙布制成的活动项圈。

注意：这些器具使用不当容易伤到犬的喉咙或颈椎。

（四）挽具

挽具是用来戴在犬胸部和前腿之间的，对小型犬尤其是短脸或脖子受过伤的犬特别有用。普通的挽具不适合喜欢拖的大型犬，它们要选用不能拖的挽具，戴上这种挽具后，压力集中在犬的胸部，犬往前拖时能拉住它的前腿。虽然这种挽具也存在缺点，如容易引起皮肤发炎，但效果的确很明显。

（五）香茅油颈圈

香茅油颈圈是一种比较人道的颈圈，犬一叫就会喷出香茅油到脸上阻止犬叫。这种项圈适合叫得特别厉害的犬。但使用前一定要取得行为专家的同意，而且刚开始应该在行为专家的指导下使用。如果犬叫得厉害是因为它感到烦闷，使用香茅油颈圈只会让情况更糟，所以不能大意。

九、高级训练

犬掌握了基础的命令后，犬主人就能更好地控制它的行为，跟它在一起也会有更多乐趣。同时，犬主人还可以在这个基础上进行更多的训练，使它掌握一些远距离命令，如从远处叫犬坐下等。一般来说，犬训练中心和兽医师会为宠物的高级训练提供帮助和不错的建议。通过训练能提高灵活性或服从性的犬种如下。

(1)斑点犬、杜宾犬。

(2)德国牧羊犬、金毛寻回犬、大丹犬。

(3)贵妇犬。

(4)罗威纳犬、施娜则犬、威玛猎犬。

(5)威尔士柯基犬。

成年犬的训练。从宠物收养中心或者从种犬养殖场收养的往往是需要重新训练的成年犬。这些犬有的几个月大，有的甚至有几岁了，它们已经形成了自己的生活和行为方式。重新训练需要大量的时间、精力和耐心，但是训练难度并不是很大。有的犬，如警犬就是从20个月龄后才开始训练的。

总体而言，训练成年犬的方式跟训练幼犬基本相同，但是也存在一些区别。因为有的犬之前接受过训练，命令语或许也不相同。面对这种情况，主人在与犬玩耍时最好使用单词命令，看看它的反应。以拿躺下这个命令为例，有的主人会说“下”，有的用“倒”或“躺下”，不尽相同。命令语一旦定下来后，就不要改变，并且保证宠物每次听到命令都会做出反应。在宠物掌握新命令前最好给它拴上犬链。

有的成年犬最大的问题就是室内大小便。原来饲养在种犬养殖场的犬因为习惯了在水泥地面上大小便(因为同样接受过“基质优先”的训练)，因此经常会弄脏人行道、车道和门阶，甚至还会在室内的水泥地板上排便，给主人和邻居带来困扰。

因此一定要改变它之前的基质优先反应，而唯一的途径就是密切关注它的行动，一发现它有排便反应就用犬绳把它牵到室外，等它在指定的地方排完便再表扬它。

千万不要认为犬会自动知道主人的意愿，也不要因为它是成年犬就觉得它理所当然能达到主人的要求。训练成年犬切忌过快过急，也不能过分严格。

项目十八
了解、纠正和预防宠物犬的行为问题

知识目标

了解宠物犬不良行为的种类以及造成的危害。

技能目标

掌握宠物犬不良行为形成的原因以及应对方法。

学习任务

通过教师的讲授与自主练习，掌握纠正宠物犬不良行为的正确方法以及训练时的注意事项。

一、攻击行为

攻击敌人是犬的本性。狩猎、保护幼崽、社会等级关系形成时，如果被其他动物威胁，犬喜欢通过各种姿势和声音，如嚎叫、咆哮和吼叫来展现自己的攻击欲望。只有其中一方做出认输服从的行为，另一方才停下来，这是避免恶斗的好办法。

但是攻击性太强或攻击人的话就成了行为问题。事实上，这是最常见的犬的行为问题。

（一）支配性攻击

支配性攻击是犬最常见的攻击行为。有些自主支配性较强的犬会挑战主人的权威，想成为家庭的领袖，于是便产生了一些问题。可能犬已经意识到自己被控制，或者是想通过这种行为了解它在家庭中的地位。

支配性攻击行为往往发生在犬睡觉被人吵醒，或者要求换地方，或者要求它做某件它不愿意做的事的时候，而且通常发生在犬 18 个月至 2 岁正值等级观念成熟的时候。这个年龄段的犬迫切想知道自己在家中的地位并试图进入领导阶层。于是，它只会在家人面前嚎叫。它第一个挑战的对象是孩子，因为跟大人相比孩子在家中各方面都处于弱势。

有支配性攻击行为的犬还会显示出占有性攻击或者说食物攻击。如果你家的犬出现了这种问题，应该请教兽医师，或通过他（她）请到动物行为专家指导。

（二）恐惧性攻击

这是仅次于支配性攻击行为的常见攻击行为，这种攻击行为有时候还会遗传。从动物收容所领养回来的犬和有过被虐待经历的犬最容易出现恐惧性攻击行为。它们的精神受过创伤还没有康复。

犬患恐惧性攻击 3 个月后就会开始出现明显的行为表现，有时候没有任何恐惧的事情发生它们也会感到恐惧，在外面散步时路上有行人走过或路边的物体都可能让它感到恐惧。开始主要表现有吠叫、发抖、夹尾、后退、大小便失禁，脖子和尾部的毛竖起来。这时需要请动物行为专家帮忙，他们经常会要求犬服药并采取脱敏措施，包括让犬逐渐接触恐惧源和放松治疗。同时，犬主人自己也可以采取一些辅助措施来缓解犬的恐惧。

(1)在专家治疗前不要让犬接触恐惧刺激源。

(2)犬感到恐惧时不要抚摸它，安慰它，相反应该不予理睬。

(3)恐惧反应过后应给犬适当奖励。

(4)恐惧性攻击的预防。

遗传的恐惧性攻击是不可能预防的。但是让犬从小就多接触陌生人和陌生环境并尽量给它留下好的印象是有好处的。

(三)占有性攻击

占有性攻击行为的典型表现就是犬不肯交出从主人那里偷过来的玩具或其他东西，强迫它交出来时，它会嚎叫、低鸣甚至咬人。占有性攻击行为和支配性攻击行为往往同时出现，主要是宠物的“控制情结”引起的。

占有性攻击是相当危险的，尤其是对儿童。在行为专家诊治并完全康复前最好不要试图控制它的攻击行为。

占有性攻击的预防：下面的办法对预防占有性攻击应该有一定帮助。

(1)让幼犬明白自己在家中所处的被领导地位。

(2)尽量避免跟幼犬或大犬用玩具打闹。

(3)让幼犬学会用球或玩具换奖品。

(四)食物相关攻击

出现食物相关攻击的犬很危险，对儿童尤其危险。它们会非常粗暴地保护食物，尤其是骨头或饼干，一边吃一边吼，甚至还会咬旁边经过的人。食物相关攻击也经常与支配性攻击同时出现，所以让它们单独在房间吃食物是最容易也是最安全的解决办法。如果攻击行为特别严重的话，最好不要给它们吃骨头。这种情况自己一般很难解决，所以最好请专家帮忙。

首先放一只空碗，命令犬在远处坐下，捡起空碗，加一点食物，再把碗放到地上让犬吃。等它吃完后再重复前面的做法，直到主人把碗端着给犬吃食。这个过程中，只要犬发出叫声就停止给食。

食物相关攻击的预防：保护食物是犬的天性。幼犬出窝前就已经学会跟自己的兄弟姐妹抢大份，抢到后就顽强守护。所以幼犬领养回家后应该经常端着碗给它吃食，它吃东西的时候坐在旁边。必须让犬了解主人的统治地位。

(五)母性攻击

这种攻击行为一般发生在下崽前后的母犬身上。任何人抓幼犬它都会粗暴地保护，甚至会杀死幼犬。母犬假怀孕的时候会粗暴地保护玩具出现攻击行为。若母犬出现母性攻击征兆可以采取下列办法。

(1)母犬下崽后第1周尽量不要去打扰它。

(2)第1周过后帮母犬系上犬绳将它带出门散步,其他人移变动一下它的床。

(3)散步回来后给它喂食,然后让它独处。

(4)如果是假怀孕,母犬出去散步时将犬窝和玩具移开。改变它的日常习惯让它培养新的爱好。严重的应该带到动物医院检查荷尔蒙。

母性攻击的预防:出现母性攻击迹象的母犬应该进行结扎手术,这也是唯一的解决办法,因为它这种行为很可能对以后哺育幼崽造成影响,而且还可能遗传到下一代。

(六)掠夺性攻击

出现这种攻击行为的犬经常会攻击或杀死其他动物,如猫、松鼠、小鸡、绵羊和山羊等,甚至还会杀死邻居家的宠物,这种攻击行为一般是在比较安静的环境下快速地完成,具有危险性。

最恐怖的是犬对儿童和婴儿展开攻击。对犬来说,新生儿和幼儿看上去就像是受伤的猎物,他们动作不协调,而且经常会突然尖叫,而这些也是犬展开攻击的诱因。

掠夺性攻击的预防:犬一旦出现掠夺性攻击行为就很难通过训练治疗,主人必须随时警惕。严格地服从训练对治疗有一定帮助,但是并不是可靠的办法,因此一定不能让犬在无人看管的情况下与儿童单独相处。

(七)转向性攻击

这种攻击行为常出现在主人阻止犬进行某些他认为不妥的行为的时候,如犬朝着客人或邮递员大声吼叫时。因为犬期待的行为受到阻碍,它会转而攻击猫或威胁家人。

对付这种攻击行为首先要找到行为的诱因,再做相应处理。如犬对邮递员吼叫被主人阻止后再开始咬猫的话,最好的办法是让犬知道追赶送邮件的邮递员是不对的。首先主人必须教犬改变对待邮递员的方式,消除犬对邮递员的敏感,如命令它坐下并将注意力集中在主人身上,然后再拿食物奖励它。或者也可以请教行为专家。

转向性攻击的预防:犬的转向性攻击行为是很难预测的,但是严格地服从训练应该有助于降低攻击的强度。在专家治疗前,如果犬表现出转向性攻击倾向,用水枪往它脸上射水也可以消除它的攻击欲望。

(八)自发性攻击

这种行为的诱因一般无法得知,甚至经常是突然发作,没有任何原因,并且极度暴力,口吐白沫,很难控制。这种行为可能是因为犬精神上的某种缺陷造成的。对付这种犬的办法只有将它们单独关起来,必要时还可以注射镇静剂。特别严重的,兽医师还会建议安乐死。

自发性攻击的预防:这种攻击行为没有明显的诱因,因此很难预测。不过这种自发性攻击行为并不多见。

(九)与陌生犬之间的攻击

这种攻击行为一般发生在出门散步的时候。犬与犬见面的时候,不管有没有带犬绳,攻击性强的犬总是容易挑战在它身边经过的其他犬,这与对方的年龄、性别或体形大小无关。

若对方完全服从，它会停止攻击。否则必定有一场恶战。

这种行为无疑会给双方主人造成麻烦，而且打斗的双方肯定会受伤。有的犬攻击性异常强烈，这往往是由于它们内心焦虑不安或者大脑中缺乏某种化学物质。

如果这种行为发生在公犬与公犬之间，阉割是有效的办法，不过也不能从根本上解决这个问题。攻击性强的犬出门时应该戴上笼头以方便主人控制它的头部。其他犬走过来时把犬头转到一旁，让犬脖子露出来表示服从，从而避免对方以为它在发起挑衅。

当然也可以采取一些有针对性的防护措施，比如碰到其他犬的时候让犬学会放松并把注意力集中在主人身上。需要的话，可以找行为专家帮忙。

与陌生犬之间攻击行为的预防：

(1)阉割。阉割后的公犬攻击性会减弱。

(2)从幼犬开始进行足够的社交训练。从幼犬时期开始经常与其他犬交往的犬，一般犬都不会很有攻击性。

(十)自家犬之间的攻击

这种攻击行为往往是犬相互争夺家庭地位的途径。通常幼犬成长到 18～24 月龄，社会意识开始成熟时，会对家里原来的大犬发起攻击。幼犬要求占有对方习惯睡觉的地方或钟爱的玩具等，一旦对方不同意就会发起攻击。

面对这种情况，主人最重要的是要判断谁有能力取得最后的胜利。如果大犬已经年迈，力量也不足，无法战胜幼犬，那就只好背叛老朋友了。每次喂食的时候让幼犬先吃，梳洗穿戴的时候让幼犬先来，这样大犬会感觉到对方的优势地位。或者如果大犬依然很强壮，体型很大，打斗胜算很大，那就要给幼犬强化大犬的优势地位。

但是如果两者势均力敌，难分上下，主人就必须把其中一只犬送出去，否则将家无宁日，也可以找行为专家帮忙。两只犬的上下级关系还没有完全确立前千万不要让它们单独相处，以免发生恶战。

自家犬之间攻击的预防：如果准备养两只犬，最好选择异性犬，不要把两只犬一起关在狭窄的空间，不要让两只犬一起进食。

二、犬吠

人类最难忍受的恐怕就是犬无休无止的叫声，尤其是在郊外。而且有的犬天生爱叫，只要有一点风吹草动它就会叫好一阵子，如㹴类犬；而有的犬却不太喜欢叫，如西伯利亚雪橇犬和巴山基犬。吠叫是犬类的基本交流方式，但叫得异常厉害就成了行为问题。

犬经常吠叫也可能是某些内在的原因造成的，而且不同的叫声和叫的方式都可能提供一些线索。如有的犬只要主人一离开家就开始叫并且一直叫到主人回家为止，同时叫声也比较单调，这说明它患有分离忧虑症。

有的犬只是偶尔发出叫声，这说明它碰到了异常现象，如隔壁邻居的犬来了。有的犬在主人回家的时候叫得非常凶，而且总要叫好一阵子，这种情况除非邻居提意见，否则也不是大问题，这是它们感到沮丧的行为表现。如果你家的犬总是在家人出门后叫，并且对邻居造成了困扰，那就应该请邻居帮忙记录犬叫的次数和持续时间。如果主人不在的时候它一直都在叫就说明它患有分离忧虑症。这是一种严重的行为问题，应该请行为专家帮忙解决。

如果它只要看到邮递员或其他人经过都会叫，应该给它准备玩具和舒适的床，尽量不让它受到刺激。如果主人准备让犬单独待在家里一段比较长的时间，最好在出门前让犬进行一些剧烈的运动，这样主人走后它很快会睡着。

主人在家时也喜欢叫的犬可以通过训练教它安静，也可以采取措施消除它对门铃和邮递员的敏感。

预防犬吠叫的措施：

(1)教犬学习“安静”的指令。

(2)尽量让幼犬或新犬多见识一些不寻常的声音和情景，每次它表现得很安静时就给它奖励。

(3)犬显得非常激动、叫得很激烈的时候应该转移它的注意力，如命令它“坐下”或“躺下”，再奖励它，让它把注意力转移到主人和食物上。

三、破坏性行为

破坏性行为是幼犬最容易出现的问题行为。因为幼犬喜欢啃东西，尤其在出牙的时候，这也是它们打探和调查周围环境的办法。成年犬也会出现破坏行为，如打闹的时候，独处的时候，或者也可能是分离焦虑症造成的。

主人照管不当的话，幼犬有可能极具破坏性。幼犬开始咬家具或门的时候必须用坚定的语气对它说“不准”，再给它玩具让它咬。发现它咬自己的玩具应该给予表扬。若不听话应用水枪往它脸上喷水，而且什么话也不要说。最好让幼犬把不开心的场景跟它破坏的东西联系在一起。水枪对成年犬也能起作用。或者在它啃咬的东西上洒一点苦橙汁等让它不敢再靠近。

破坏性行为的预防：

(1)训练幼犬啃咬自己的玩具。

(2)不要让幼犬或刚领养的大犬靠近贵重家具。

最好把犬留在洗衣房，给它一些玩具或骨头啃玩。

(一)挖掘

犬喜欢挖洞埋玩具或骨头，或找出被它们闻出气味的东西或其他被别人埋起来的东西，或者挖个洞躲在里面乘凉或保暖，甚至就是为了好玩，因为泥巴能变成各种形状。有时候它们挖洞的目的就是想从篱笆下逃出去。

如果刚种好花草或围好栅栏的花园里被犬挖了个大洞，并且它试图从篱笆下跑出去的话，这无疑是件恼人的事。

不停打洞，任何事物都无法转移其注意力的犬很有可能患有强迫症，必须请动物行为专家帮忙治疗。

犬打洞的地方比较重要或不能破坏的话，应该想办法将犬转移到它自己的领地上去，如花园里的采沙坑或废料场等。如果它不肯转到其他地方,可以在它正在挖掘的地方埋一个吹满气的空气球或有点像塑料捕鼠器并能发出噼啪声的训练器。只要犬挖到训练器就会发出噼噼啪啪的声音,肯定能把犬吓一跳。

对付篱笆下挖洞的行为可以把篱笆换成低压电网(这要看当地政府是否允许这么做)。

犬挖掘行为的预防:

(1)白天让犬多参加互动游戏和运动。

(2)将犬的兴趣从挖掘转移到某个有趣的游戏上。

(3)给犬骨头并将它关在密闭的不能打洞的地方。

(二)室内大小便

幼犬在进行室内训练时弄脏房屋是常见的,但是成年犬也可能因为某些原因在房间内大小便。

突然开始在室内大小便的成年犬应该带到医院进行全面检查,看是否有某些身体疾病,如膀胱炎和肠炎等。如果是老龄犬则有可能由于膀胱和肠道的控制能力衰弱或是年迈的关系。

如果犬只有在主人外出时才会在室内大小便,则其有可能患有分离焦虑症,需要请求动物行为专家的帮助。当然犬这么做也许是在做领地记号宣布自己的统治地位,又或者出于习惯。

跟人打交道时过分激动或过于服从也会出现小便失禁的现象。这种情况经常发生在主人回家或有客人来访的时候,当然犬自己并不知道它小便了。随着年龄的增长大部分犬都不会再出现这种过度激动的行为,因此最好的办法就是忽略。但惊吓性撒尿就必须通过训练改正。

有时候当家里添了新成员或者有人住下,公犬往往会向内抬腿,划出领地并"宣布"自己的统治地位。

结扎能让这种问题行为减少75%,当然也有必要重新训练犬。屡教不改者应该规定它的活动空间,只要它在房间里就要对它严加看管。它一表现出行为倾向就要用雾枪或水枪吓唬它,然后再把它放到门外。

除了幼犬训练之外,还应该经常带犬出门,它在外面排便就应该给它奖励。成年公犬往往不能一次性把大小便排完,所以散步最好久一点,让它将所有大小便排完再回家。同时这也能减少它在室内做记号的概率。一群犬一起关在室内最容易出现随地大小便的现象,公犬和母犬也会互相用尿做记号,还可能在室内大便,所以最好把群犬关在室外,尽量不要让它们进入房屋内。

一直生活在动物收容所直到繁殖期结束后才被领养的犬经常喜欢在室内大小便。它们原来已经学会在硬地面排便,在它们看来家里的地板跟外面马路或水泥路没有区别,所以必须重新训练。"基质优先"(习惯在草皮或土壤上而不是在硬地面或地毯上排便)的训练一般是从小开始的。老龄犬的训练方法也一样。

特别服从的犬无论看到谁走过来都有可能无意识地撒尿,这跟它看到统治它的犬是一样的反应。而有的犬在有人盯着它看的时候也会摆出服从的姿势并无意识地撒尿。

这些犬可以通过奖励的办法训练它减少服从动作和行为,如坐下和正视主人等。它在地上打滚或撒尿的话应当不予理睬。

室内大小便现象的预防:

(1)幼犬开始进行严格的训练。

(2)保证每天有充足的运动量和户外活动,尤其是未阉割的公犬。

(3)家里来陌生人时想办法让犬放松。

(4)如果是几只犬最好放在室外养。

四、分离焦虑症

分离焦虑症是指有的犬独处时或者与某个家人分开时所表现出的异常行为。主要表现是主人一离开就开始不断吠叫,直到主人回来为止。有时候还会啃门和家具、撕地毯和窗帘、在室内大小便等,严重的甚至还会跳窗。

分离焦虑症常跟遗传有关,而从动物收容所出来的犬犯病概率非常高,不知道是因为它们被主人抛弃而患上了焦虑症,还是因为主人无法控制它的焦虑症而抛弃了它。

患病的犬独处时总会感到异常焦虑不安,必须服用消除焦虑的药品,并参与行为纠正方案,也就是犬和主人必须每天要做一套运动让犬放松,渐渐习惯主人不在房间,甚至离开家的状况。

分离焦虑症的预防:

(1)观察幼犬是否习惯独处。

(2)尽量避免幼犬只跟家里某个人在一起,让它学会跟家里其他人轻松相处。

(3)出门前不要举行分别仪式,调换洗澡和吃早餐的顺序,穿上鞋子、衣服后坐下来喝杯咖啡再出发。

(4)出门前不要争论,回家后也不要牢骚太多。

(5)出门前带犬进行一些强度大的运动。

五、强迫症

强迫症(OCD)是指不断重复某个正常行为的不正常行为,常给主人的生活造成困扰。犬的病症主要有强迫性地挖掘、追影子、咬自己的尾巴、拍事实上不存在的苍蝇、沿着栅栏跑和啃脚底等。

患有强迫症的犬很难转移注意力,甚至会攻击试图阻止它行为的人,严重的还会残害自己的身体,如挖就挖到脚流血,指甲破裂;喜欢啃咬的犬还有可能在自己身上咬个口,导致皮肤感染。

患强迫症主要是因为犬的大脑内缺少某种影响神经系统的化学物质,需要请求专家帮忙。除了服药之外,还必须想办法转移病态行为并使它们身心放松。很多患犬必须终身服药。

强迫症的预防:强迫症是遗传疾病,很难治疗,因此尽量不要收养患有这种疾病的母犬所生的崽犬。先天容易患这种病的犬种有苏格兰㹴类犬,牛头㹴(咬尾巴)和查理王小猎犬(拍苍蝇)。

六、逃跑

有的犬总想逃跑或出门到处看，这无疑会给主人造成困扰，犬也容易受到伤害。要解决这个问题，首先就必须在房子周围围上栅栏，栅栏的高度不得低于 2 m，埋设深度应达 1 m。或者可以用声波栅栏，有物体通过时会发出高频响声。或者砌一个围栏，地板和顶部都用混凝土打牢。另外，犬每天都需要充足的运动量，并需要主人陪它一起玩耍。犬能够参与主人的活动就不会到处乱逛乱看了。而且充足的运动能保证犬在主人离开的时候心情放松，睡得安稳。

追着母犬疯跑的公犬只要阉割就没问题了。

项目十九
宠物犬的繁殖

知识目标

了解宠物犬的繁殖周期以及繁殖过程。

技能目标

掌握宠物犬在繁殖期与幼龄期的饲养技术。

学习任务

通过教师的讲授与归纳总结，掌握宠物犬的繁殖技术。

幼犬很讨人喜欢，但是一般不推荐用自己家里的宠物作种犬。育种的事最好交给这方面的专家，他们有足够的设施和时间，有更专业的技术。如果有充足的时间，并且很有责任心，而且家里全天都有人，那也可以试试。

首先联系母犬的育种专家请他们帮忙选个适合的公犬。公犬的选择很有讲究，并不是所有同种公犬都可以用来做种犬，否则生出的幼犬可能存在遗传缺陷。最好是选基因适合、性情好、身体健壮、繁殖力强的公犬配种。

一、母犬的性周期

正常母犬每年发情 2 次，一般在春季 3—5 月和秋季的 9—11 月各发情 1 次。第 2 和第 3 次发情期最适合配种。发情的征兆有分泌物增多，外阴充血，阴门肿胀，潮红湿滑，流混有血液的黏液。分泌物的多少因个体而异，有的母犬还会把自己的分泌物舔干净以至于主人很难察觉。

这个时期母犬的行为也有变化。它会更友好，尾巴下垂。同时母犬喜欢到处走，小便频率增加。公犬常会闻味而来，这时主人可以将它们关在一起。母犬发情期间要关好，出门时一定要带犬绳。

母犬发情开始后 10～14 d 繁殖能力最强。如果公犬是附近的，主人可以每天观察，顺其自然，如果是远处的，就有必要知道母犬的具体受孕时间。可以化验血样血清中黄体素浓度，也可以请教兽医师。

二、交配

通常情况下，种犬双方认识后不久就会进行交配，公犬有经验的话更顺利。也有的因为互相不喜欢而没有交配。发生这种情况，往往是因为母犬占据了主导地位，需要另外寻找适合的公犬。交配一般选择在公犬熟悉的环境下进行。

正常情况下，犬在交配时，当公犬阴茎插入母犬阴道后几秒钟就开始射精，随后公犬的阴茎海绵体呈栓塞状态，这种栓塞状态一般持续 6～20 min。公犬爬跨在母犬身上或站在母犬身后。

三、不当交配

有时候母犬自行选择了交配对象。两只犬正在交配的时候不要强制性把它们分开。等它们自己分开后，主人应考虑接下来怎么办。如果犬主人允许母犬将偶然受孕的幼犬生下也可以。如果犬主人不希望母犬将偶然受孕的幼犬生下来，也不希望它那么早就繁殖，可以让兽医师替母犬注射药物以防止它怀孕。不过服用避孕药也会给母犬带来一定的副作用，因此要跟兽医师认真商量。或者还可以等母犬发情期过后给它进行绝育手术。

四、如何照顾母犬

母犬交配前一定要给它进行一次彻底的全身检查，保证在受孕前 6 个月之内注射过疫苗。母犬健康，生育的幼犬才能具有抵抗一般疾病的能力。同时，母犬交配前和妊娠期间都要驱虫。最好选用涂在皮肤表面不会被身体吸收的药品，以保证母犬的安全。母犬怀孕期间应该先熟悉为它下崽准备的场所。最好为它做一个宽敞的产箱，让它可以伸展，可以全身侧躺或自由翻身。而且最好布置在远离主要交通道路安静的地方。

盒子里放些报纸和旧毛巾让它睡着舒适。每天将饼干或它的一顿饭放在盒子旁放一会儿。

如果它喜欢睡在自己的床上，就把床整个搬到产箱里，让它在那里睡觉。

五、分娩

犬分娩前会出现不安，喘粗气和踱步等反应。这种反应一般要延续 8 h 左右。这段时间母犬还经常会将报纸撕碎垒窝。

最后会出现剧烈腹肌收缩，频频站起、躺下，并舔舐自己的阴部。腹肌收缩开始后 20～60 min 就会生下第 1 只犬崽，犬崽生出来时外面包着胞衣，身上还连着脐带，与胎盘连在一起，母犬会用嘴把胞衣和胎盘移开。通常母犬把脐带咬断后会将胎盘吃下去，主人不要制止它。对母犬舔舐，犬崽会用叫声作出回应，并很快能找到乳头开始吸奶。

如果母犬不愿意照顾其中某只仔犬，主人必须想办法接产。

洗干净手，拿一块干净的有点粗糙的毛巾，撕开幼犬口鼻处的胞衣。用手指把犬崽口中的液体擦掉，再让它头朝下。

用毛巾用力摩擦犬崽直到能清楚地听到它的呼吸和哭叫声，然后把它放到乳头附近。如果母犬 20 min 后还没有将脐带咬断，主人应用细线把脐带绑好，把胎盘移开。

如果母犬难产，应立即联系兽医师。

刚分娩过的母犬，一般不进食，可先喂一些葡萄糖水，5～6 h 后补充一些鸡蛋和牛奶，直到 24 h 后正式喂食。此时最好喂一些适口性好、容易消化的食物。

母犬分娩时最好有人在旁边照看。如果觉得让孩子们看到分娩过程对他们有好处，一定要让他们保持安静并且不要摆弄刚出生的崽犬。

六、饲养崽犬

崽犬出生后的前 2 周大部分时间都在吸奶和睡觉。这段时间母犬每天应饲喂 4 次，为保证它有足够的奶水。钙很重要，如果选用专业犬粮，就不用再操心。有些特殊犬粮不仅适合刚分娩的母犬，也适合刚开始吃硬食的崽犬。如果是自制犬粮，则一定注意补钙。动物医院可买到钙粉、液体钙或钙片。

母犬产后因保护崽犬而变得很凶猛，刚分娩过的母犬，要保持 8～24 h 的静养，陌生人切忌接近，避免母犬受到骚扰，致使母犬神经质，发生咬人或吞食仔犬的后果。分娩后 2～3 周每天要带它出去小便 3～4 次，趁它小便时换床 2 次。

如果母犬生下一大窝崽犬，奶水不够，应用奶瓶装些宠物奶喂养崽犬。

一般一窝崽犬有 6～10 只。超过 10 只就不太好照顾。要认真检查哪些崽犬已经吃过奶，如果有崽犬瘦弱而且经常哼叫，肯定是没有吃饱。有任何疑问应及时与兽医师联系。补充喂奶和幼犬液体食品的量一般是按照一半母奶一半补充奶的比例，每 2～3 h 喂 1 次。

崽犬出生后 10～14 d 开始睁眼，表现出好玩的天性。2 周后开始喂些硬食，每日 4 次。此时还要补充一些婴儿谷物和罐头食品或冰冻肉(冷冻后搓碎再解冻的肉)。或者也可以使用前面提到的特殊犬粮。因为这些食品营养全面，针对性强，因此是犬崽的最佳食品。

母犬有时还会将食物反刍后再喂给犬崽，这是正常行为，不必阻止。

崽犬从 2 周龄开始每 2 周要驱虫 1 次，这是必不可少的，因为崽犬通常是带着寄生虫出生的，不管照顾得多么周到，大部分母犬体内都存在蛔虫幼虫包囊。怀孕期间因为荷尔蒙分泌减少，这些幼虫经胎盘移行到胎犬体内。哺乳期的母犬也需要驱虫，每 2 周 1 次，以防幼崽再次感染。

崽犬从 3 周龄开始与人接触，开始熟悉人的照顾。这段时间如果有客人来访，要注意细菌感染。要求客人进门时换拖鞋，摆弄崽犬前要洗手。

另外，崽犬从 2～3 周龄开始到产箱外面大小便，这一点很重要。让幼犬在报纸或沙碟上排便，如果户外比较暖和，也可以让它们到户外草地上排便。

崽犬 7～8 周龄后应该卖出去。离家前最好给它们注射疫苗。大部分动物医院给崽犬注射疫苗都会便宜些，另外也有必要为崽犬进行全身检查。

七、幼犬的社会化

崽犬刚出生时看不见，听不见，行动也不便。但即使是这样它们也会抢着喝母奶。崽犬长大一点后，强壮的或最霸道的崽犬就能喝得最多。

出生后的头 2 周（新生期），崽犬的听觉、视觉、嗅觉、触觉和味觉很快发育成熟。10 d 左右眼睛、耳朵通道开始打开。3 周后开始玩耍。3～5 周龄它们对新个体的出现开始作出反应，这段时间也是它们与人接触的重要时机。6 周龄时它们会经历恐惧期，因此这是最不适合出窝的时期。第 2 个恐惧期大约发生在 14 周龄。在此之前就已经学会与人打交道的崽犬遇到陌生人时不会有太大的反应，但有的崽犬因为还不适应与人打交道，它们遇到陌生人或新事物后常会反应剧烈。出现这种情况应耐心地给予帮助。

基质优先，也就是选择最佳大小便场所的能力，在第 7 至第 8 周形成。这是幼犬进新家的最佳时期。

一般幼崽跟母犬待在一起的时间大约有 6 个月，甚至更长。在这段时期，同窝崽犬之间会不同改变地位。第 8 周占统治地位的崽犬到第 12 周一般都会被替代。

崽犬在玩耍中学习。如果被咬得太厉害，崽犬会大叫出来，并拒绝和咬它的崽犬交往。这样，崽犬懂得了玩耍也要掌握分寸。而且崽犬玩得太过火母犬也会及时出面制止。

母犬制止过分行为的办法一般是用嘴巴压在崽犬的脸上，或者在侧面推并把爪子放在崽犬的脖子或肩膀上。人训练幼犬时也可以学习母犬的办法。

项目二十
宠物常见疾病的诊治

任务一　宠物犬常见皮肤及肠胃疾病

知识目标

了解宠物犬常见皮肤及肠胃疾病引起的原因。

技能目标

掌握宠物犬常见皮肤及肠胃疾病发生的症状。

学习任务

通过教师的讲授与总结，掌握宠物犬常见皮肤及肠胃疾病的诊断及预防措施。

一、皮肤病

(一)概述

犬皮肤病，作为宠物临床常见疾病，会导致犬出现不同程度的症状，如瘙痒、脱毛、皮肤色素改变等，严重影响其生活质量。犬的皮肤病大致可分为16种，其中最为常见的6种为：寄生虫(如跳蚤、蠕形螨)性皮肤病、细菌性皮肤病、真菌性皮肤病、过敏性皮肤病、营养不良性皮肤病以及内分泌紊乱性皮肤病。

(二)流行特点

犬皮肤病在一年四季都可能发生，但夏秋季节尤为高发。此类疾病的病理过程较长、治疗周期长、治愈后易复发，因此给宠物犬的主人带来了不小的困扰。

(三)临床诊断

犬皮肤病的主要症状通常包括皮肤溃烂、红疹脓疱、红斑瘙痒、脱毛掉屑等。若病犬皮屑增多、皮肤有异味且瘙痒，则可能患有脂溢性皮炎。此外，若病犬脱毛严重，皮肤表面粗糙无光泽，腿部、面部出现炎症反应，则可能患有蠕形螨病，这是一种常见的寄生虫感染皮肤病。对于真菌感染诱发的皮肤病，可以根据皮肤发红、肿胀、渗出液等临床现象进行诊断(图20-1至图20-12)。

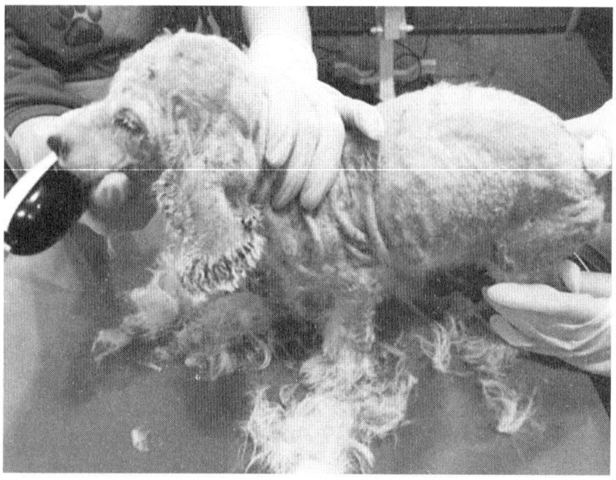

图 20-1 患皮肤疥螨的犬外观

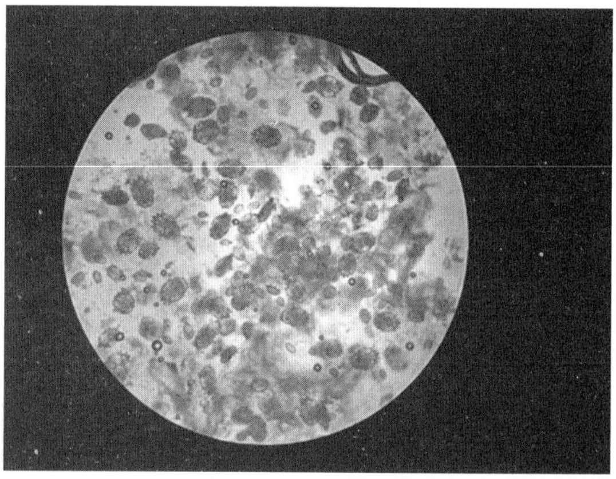

图 20-2 皮肤疥螨镜检

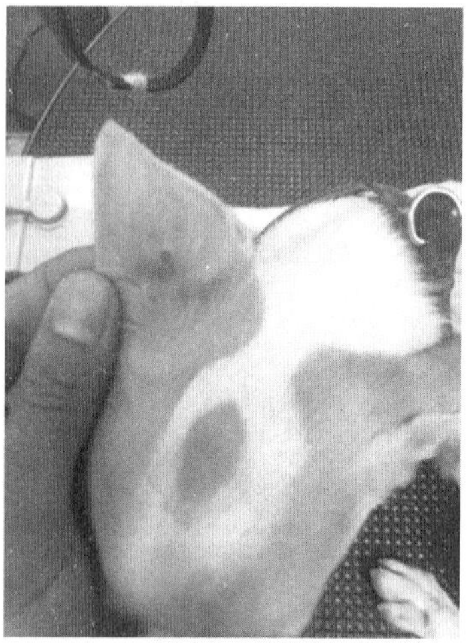

图 20-3 皮肤蜱虫

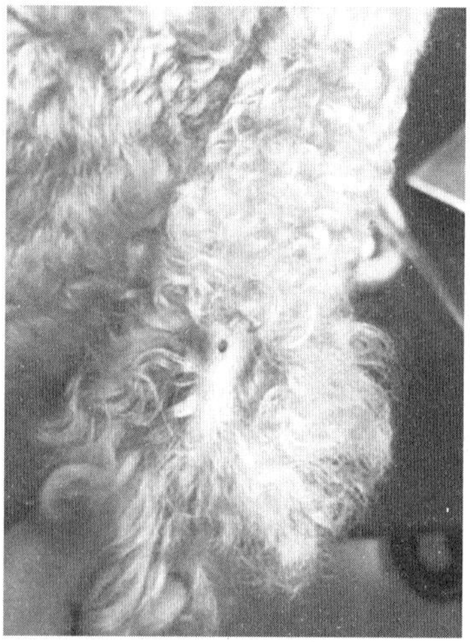

图 20-4 皮肤蜱虫

图 20-5 活体皮肤蜱虫

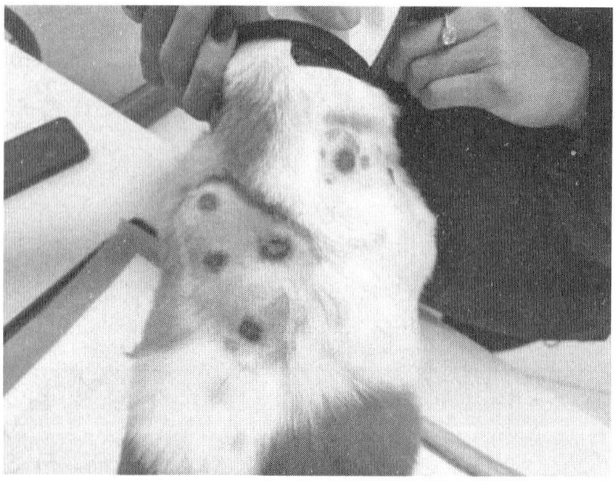

图 20-6 皮肤真菌

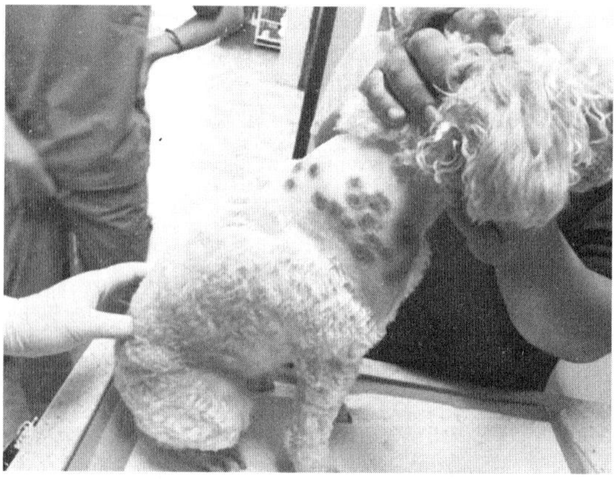

图 20-7 颈部皮肤真菌

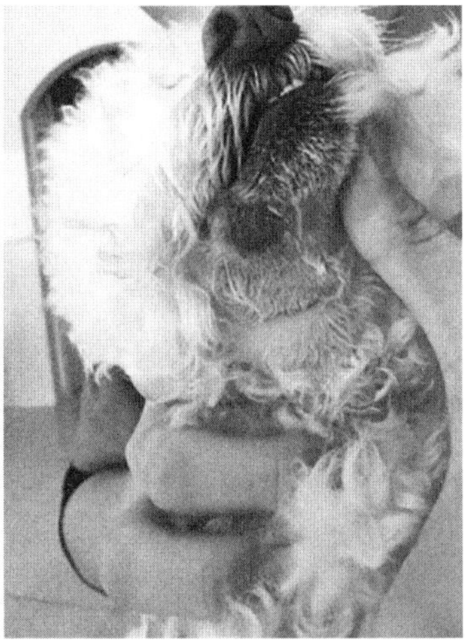

图 20-8 皮肤细菌

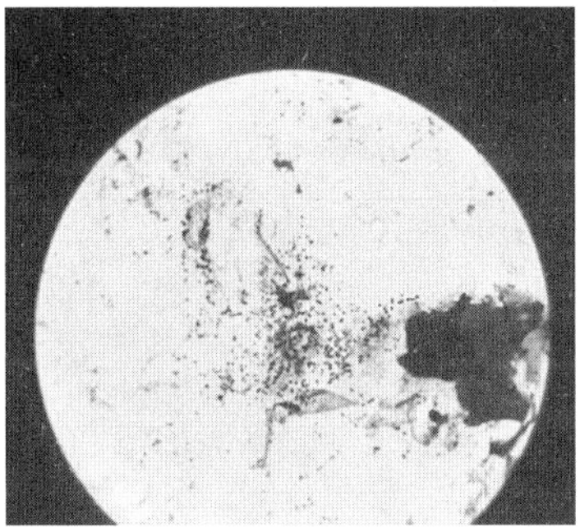

图 20-9 皮肤细菌镜检

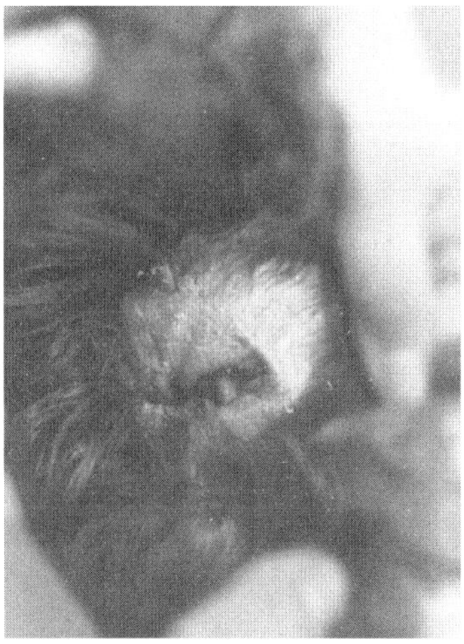

图 20-10 耳道马拉色真菌

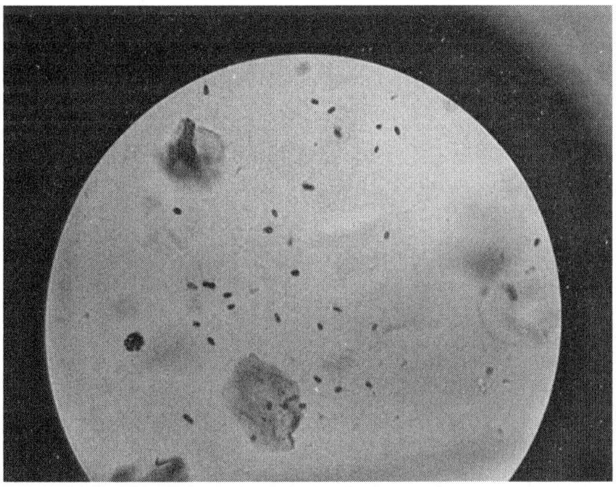

图 20-11 耳道马拉色真菌镜检

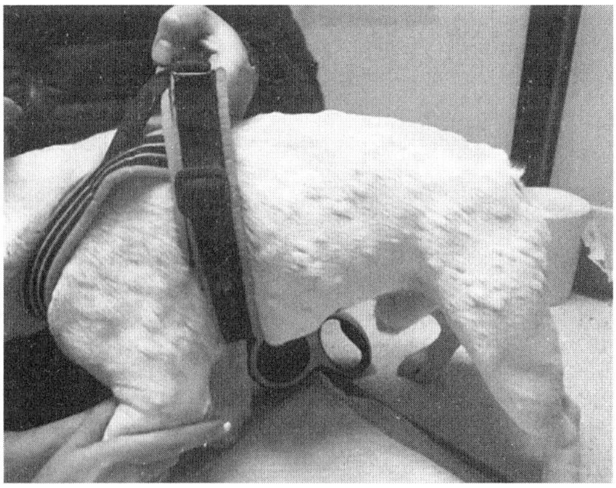

图 20-12 宠物犬过敏

(四)防治措施

对患有皮肤病的病犬进行综合治疗时,关键在于选择有效的药物,而药物治疗方案应依据诊断结果来确定。如对于脓皮病,其症状包括脓包和脓疖,治疗方法是先用高浓度氯化钠冲洗病变发脓处,然后涂抹红霉素软膏,必要时需进行引流操作,一般 2 周后病情会有明显好转。对于湿疹和皮炎,可用依沙吖啶清洗法消毒,然后使用皮质激素药物消炎。对于藓菌病,需进行抗真菌治疗,同时避免病犬与其他动物接触,并涂抹克霉唑软膏、藓净软膏等。对于蠕形螨病,可使用具有消炎杀菌功效的清洗液清洗,涂抹鱼藤酮,并搭配土霉素等抗菌药。在治疗过程中,还需注意饮食营养搭配,选择营养丰富的犬粮,避免投喂可能加重病情的食品,如海鲜、鸡肉、牛奶、鸡蛋等。通过药物治疗、饮食干预和环境管理,可以有效消除复发风险,提升犬类动物的生存质量。

二、肠胃疾病

(一)概述

犬类常见的肠胃疾病包括消化不良、腹泻、呕吐、胃炎和肠炎等。其中,消化不良的原因可能与食物过敏、饮食变更或食物质量有关;腹泻则可能由感染、寄生虫、肠道疾病或饮食问题引发;呕吐可能由感染、消化不良、肠梗阻等因素引发;胃炎可能由感染、饮食问题、药物反应等因素引发;肠炎可能由感染、寄生虫、炎症性肠病等因素引发。

(二)流行特点

肠胃疾病的发病率受饲养环境和饲养者关注程度的影响较大。通常情况下,夏季的发病率高于冬季。

(三)临床诊断

肠胃炎的常见症状包括腹泻、呕吐、精神不振和食欲不振等。若患有病毒性肠炎,症状可能更为急剧和严重,如上吐下泻、吐血、拉血等。异物阻塞通常表现为呕吐,偶尔伴随腹泻,需通过宠物 X 光辅助诊断(图 20-13、图 20-14)。消化不良可能表现为剧烈呕吐和腹痛,可能伴随腹泻。病犬可能显得虚弱或完全厌食,可能需要禁食或住院进行药物治疗。

图 20-13 宠物犬腹泻

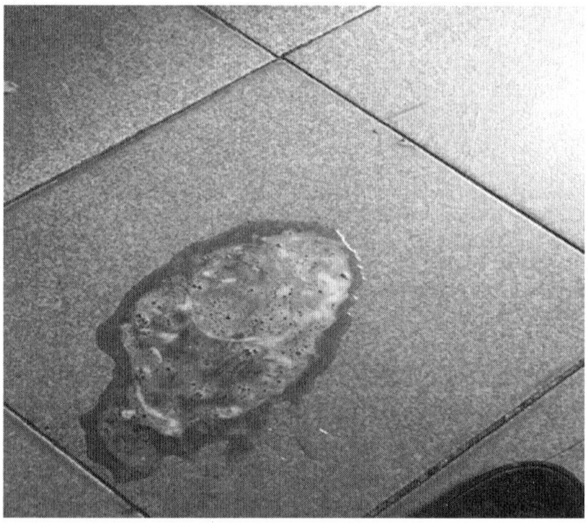

图 20-14 宠物犬呕吐物

(四)防治方法与措施

鉴于宠物犬肠胃疾病的多样性和不同的临床表现,对应的诊断措施和治疗手段也有所不同。若宠物犬出现肠胃疾病的症状,建议及时前往宠物医院进行专业检查和对症治疗。同时,饲养者应注意提高饲养环境和关注程度,以降低宠物犬肠胃疾病的发病率。

三、便秘

（一）概述

受城市生活空间限制，宠物犬运动量往往不足，受环境因素的影响，导致许多宠物犬出现肠蠕动机能障碍。肠内容物因无法及时后送而滞留于大肠内，排泄物滞留时间过长会变干变硬，进而引发肠道堵塞，形成便秘。此外，主人对宠物犬的过度溺爱及精细化饲喂方式，也加剧了便秘的发生率。

（二）流行特点

便秘是犬类常见的消化道疾病之一，多因饲养管理不当所致。通过优化饲养管理，可有效降低宠物犬便秘的发生率。

（三）临床诊断

便秘已成为犬类常见且多发的消化道疾病。患病犬初期常表现为多次弯腰举尾排便姿势，排便次数增多但每次排便量较少，大便略显干燥。在此期间，患病犬的食欲和精神状态基本正常。随着病程的进展，患病犬会出现食欲下降、精神不振、烦躁不安、痛苦呻吟等症状，肛门肿胀外翻，排便停止，甚至出现便血。此时，通过触摸患病犬的肛周和直肠，可感觉到坚硬的粪便结块（图 20-15、图 20-16）。

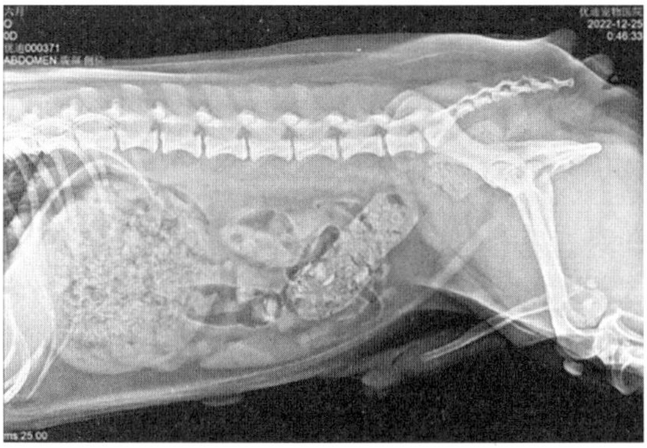

图 20-15　犬便秘影像

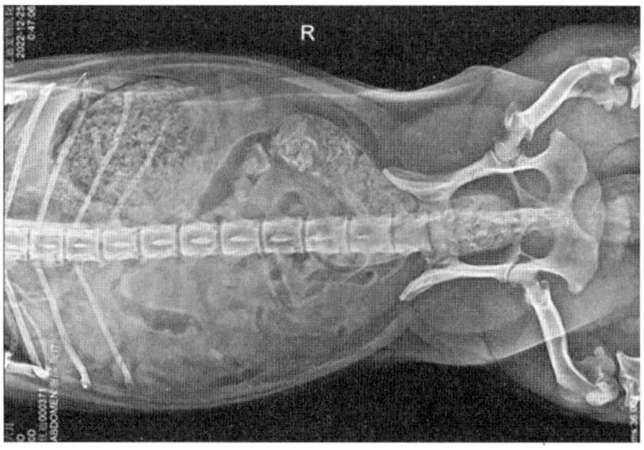

图 20-16　犬便秘影像

（四）防治方法与策略

在面对宠物犬便秘问题时，应采取一系列综合饲养管理措施。首先，增加宠物犬的运动量，有助于促进肠道蠕动，改善便秘状况。其次，调整饮食结构，确保饮食均衡且多样化，以满足宠物犬的营养需求。此外，适量在饮食中增加富含纤维素的食物，有助于增加粪便体积，促进排便。这些措施的实施，旨在逐步改善宠物犬的便秘情况。

若宠物犬的便秘症状严重，应立即带其前往宠物医院进行详细检查，并根据医生建议进行针对性治疗。通过科学有效的医疗手段，缓解宠物犬因便秘所带来的不适和病痛，确保宠物犬的健康。

任务二 宠物犬常见传染性疾病

知识目标

了解宠物犬常见传染性疾病的种类。

技能目标

掌握宠物犬常见传染性疾病发生的症状。

学习任务

通过教师的讲授与总结，掌握犬常见传染性疾病的诊断及预防措施。

一、犬瘟热

（一）概述

犬瘟热病具有高度传染性，主要影响呼吸系统和消化系统。幼犬的死亡率显著高于成年犬。一旦发现相关症状，应立即就医，根据病犬的具体状况制订适当的治疗方案，以提高治愈率。

（二）流行特点

犬瘟热具有强传染性，即使在采取隔离措施的情况下，仍有很高的风险导致犬只之间的传播。此病主要通过消化道和呼吸道传播，同时也可通过胎盘、肠道、飞沫、口腔及不洁饮食等直接接触方式传播。犬瘟热的发病具有明显的品种、季节和年龄特征，通常纯种犬的发病率高于土犬，寒冷季节的发病率高于温暖季节，1岁龄幼犬的发病率高于哺乳幼犬及老龄犬。健康犬与病犬直接接触后，感染率近乎百分之百。

（三）临床诊断

多数病犬表现出结膜充血、精神不振和食欲不振的症状。眼角及鼻孔有大量浆液分泌，24 h后，浆液将转变为脓性物质（图20-17、图20-18）。在发病初期，病犬体温约上升至40 ℃，通常2 d后可恢复正常，但4～5 d后体温将再次升高，呈现稽留热特征。病犬达病症中期，其肺部呼吸音增强。少数病犬会出现腹泻或便血，随着病情恶化，病犬体重迅速下降，最终因器官衰竭而死亡。部分病犬表现出神经症状，如肌肉痉挛、兴奋或四肢麻痹，错过最佳治疗时机后，病犬死亡概率较高。

（四）防治方法与措施

一旦发现病犬，应立即隔离，避免与健康犬接触。对病犬的生活环境和饲养工具进行全面消毒，并对病犬排泄物进行无害化处理。治疗的关键在于补充能量和水分，对于出现严重脱水或腹泻症状的病犬，可灌服牛奶、面汤等食物，并通过口服盐水、输液等方式进行有效补液。对于食欲减退的病犬，可适量饲喂软质食物，帮助其尽快恢复体力。此外，定期驱虫和改善生活环境是降低患病率的有效措施。

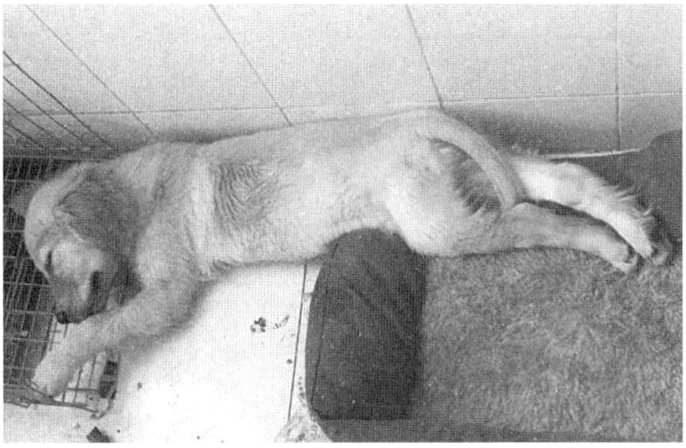

图 20-17　病犬精神萎靡

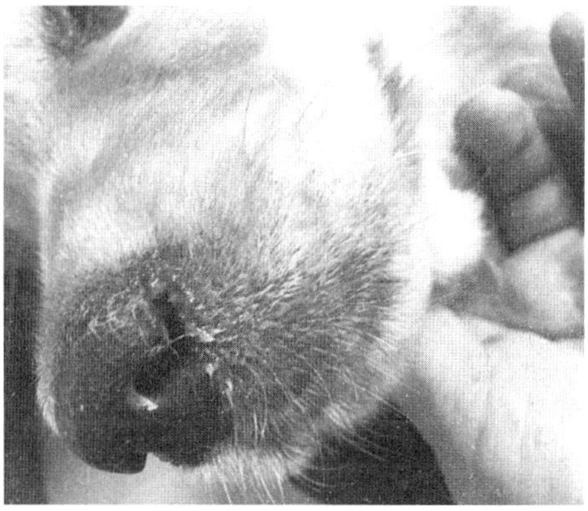

图 20-18　病犬鼻孔流出黏液

二、细小病毒病

(一)概述

细小病毒病是由细小病毒科病毒引发的传染病,主要感染犬类、猫类等宠物,并存在感染人类的风险。此病毒具有高度的传染性和致病性,可能引发多种症状,严重时甚至威胁生命。细小病毒病在全球范围内均有分布,对宠物健康和人类生活造成较大威胁。

(二)流行特点

细小病毒病传播迅速,主要通过直接接触、飞沫传播以及接触被污染的物品等方式进行传播。病毒在环境中可存活较长时间,增加了传播的风险。此外,各种年龄、品种的宠物犬、猫等动物均易感染。流行季节通常受气温、湿度等环境因素影响,春秋季节为高发期。

(三)临床诊断

细小病毒病的临床症状因感染动物种类、年龄、免疫力等因素而异。犬类感染后可出现高烧、咳嗽、呕吐、腹泻等症状(图 20-19 至图 20-21),严重时可能引发肺炎或致死。

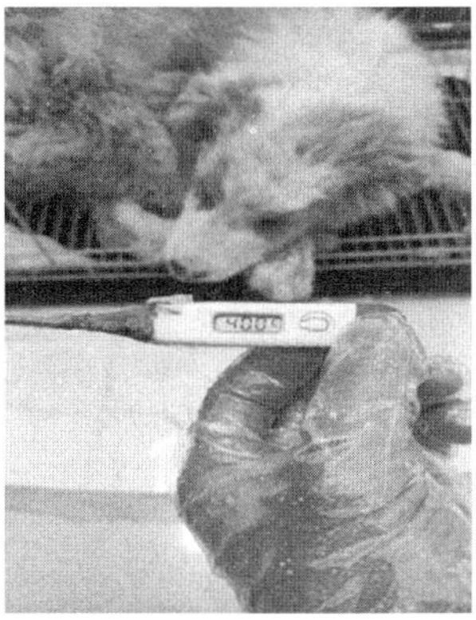

图 20-19　病犬高烧不退

图 20-20　病犬萎靡便血

图 20-21　病犬血便

（四）防治方法与措施

为有效应对细小病毒病，需采取一系列防治措施。首先，加强宠物卫生管理，定期为宠物接种疫苗以提高免疫力。其次，注重环境卫生，定期清理宠物粪便和污染物品，降低病毒传播风险。对于已感染宠物，需及时隔离并进行治疗，防止病毒扩散。现阶段科研机构和企业在积极研发新型疫苗和药物，以便更好地控制细小病毒病的传播，更好地保护宠物健康。

三、犬肺病

（一）概述

犬肺病，作为宠物犬健康的一大威胁，其成因多种多样，包括但不限于感染、气管炎、肺炎等，这些疾病可能导致宠物犬出现呼吸困难、咳嗽等症状，严重影响了它们的生活质量。因此，一旦发现宠物犬出现这些症状，主人应立即带它们去宠物医院进行检查，以便及时诊断和治疗。

（二）流行特点

犬肺病的流行特点因病因不同而有所差异。如由感染引起的犬肺病可能在冬季和春季更为常见，因为这些季节气温较低，宠物犬的免疫力容易下降，容易感染病原体。

（三）临床诊断

犬肺病的临床症状因病因和病情严重程度而异。一般来说，宠物犬可能会出现咳嗽、呼吸困难、气促、发热、食欲不振等症状。此外，有些宠物犬还可能出现肺部杂音、胸部疼痛等症状。这些症状的出现，不仅影响了宠物犬的生活质量，还可能危及生命（图 20-22、图 20-23）。因此，一旦发现宠物犬出现这些症状，主人应立即带它们去宠物医院进行检查。

图 20-22 病犬呼吸迟滞

图 20-23 病犬咳嗽、呼吸困难

（四）防治方法与措施

犬肺病的防治方法与措施主要包括以下几个方面。首先，针对不同类型的肺病，宠物医生会根据宠物犬的症状和体检结果，制订相应的治疗方案。治疗可使用抗生素、消炎药物、支气管扩张剂等药物，以及提供适当的休息和营养支持。其次，主人需要注意保持室内空气流通，避免烟尘等环境因素的刺激。此外，定期进行宠物犬的体检和疫苗接种，也是预防肺部疾病的重要措施。除了以上提到的防制方法，还有一些其他的措施也可以帮助预防犬肺病。如主人可以为宠物犬提供均衡的饮食，增强其免疫力；在户外活动时，尽量避免宠物犬吸入有害气体或烟尘；对于易感染的宠物犬，可以定期进行体检和预防性治疗等。这些措施虽然看似简单，但却对宠物犬的健康有着重要的影响。

四、犬传染性肝炎

（一）概述

犬传染性肝炎，是一种常见且高传染性的由腺病毒引起的犬类疾病。此病具有高发病率和高致死率，其主要症状包括体温上升、血凝障碍和角膜浑浊等。

（二）流行特点

犬传染性肝炎主要影响12月龄以内的幼犬，其中幼犬的致死率较高，可达40%。成年犬感染此病时，其临床表现相对较轻。此病的传播途径主要包括消化道感染，同时，体外寄生虫和胎盘也可能成为传播媒介。

（三）临床诊断

病犬在发病初期，会表现出精神萎靡、畏寒和蜷缩的症状（图20-24）。随着病情的发展，病犬会出现流鼻涕、流眼泪和结膜黄疸的现象（图20-25），并且饮水量显著增加，甚至可能出现饮水困难。在发病后期，病犬会出现呕吐、腹泻、便血等症状，同时精神状况极度恶化，长时间趴卧不起。随着病情的加重，还会出现呼吸困难、干咳、全身无力、食欲下降等症状。

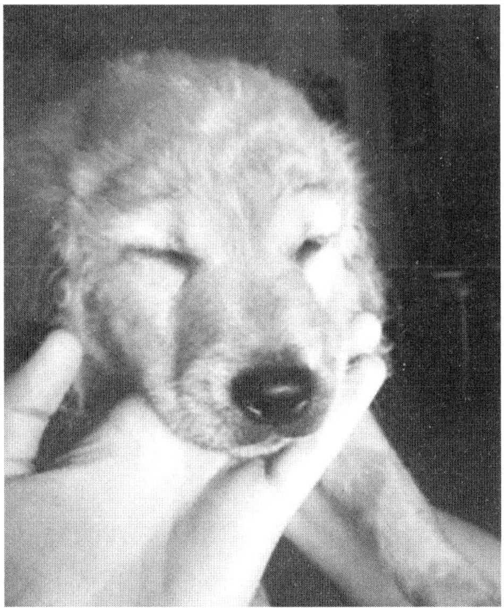

图20-24　病犬精神萎靡，蜷缩畏寒

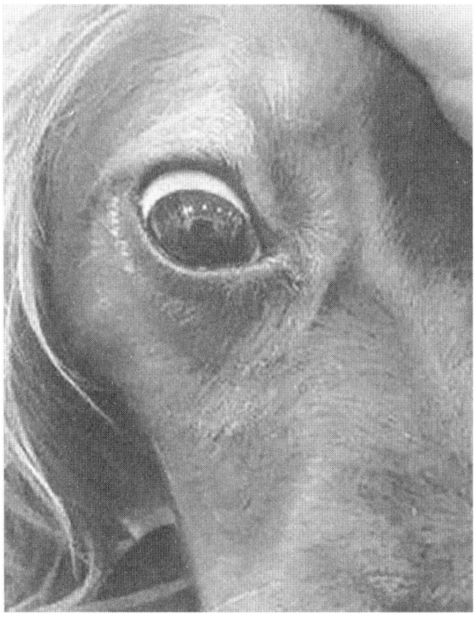

图20-25　病犬结膜黄疸

（四）防治策略

预防此病的关键在于加强管理，避免病犬与其他犬接触，保持犬舍清洁并定期消毒。此外，定期接种相应疫苗也是必要的预防措施。一般情况下，犬只在断奶后应接种 1.5 mL 疫苗，并在间隔 1 个月后再注射 2 mL，之后每隔半年进行 1 次接种。对于已经发病的犬，应对症治疗，可以静脉注射电解质、葡萄糖等缓解症状，促进康复。对于严重病例，应采用支持疗法，改善体内电解质紊乱的情况，防止继发感染，并可通过输液治疗纠正酸碱平衡和脱水情况。

任务三　宠物犬眼耳鼻喉疾病

知识目标

了解宠物犬眼耳鼻喉疾病的流行特点及临床症状。

技能目标

掌握宠物犬眼耳鼻喉疾病发生的原因。

学习任务

通过教师的讲授与总结，掌握犬眼耳鼻喉疾病的诊断及预防措施。

（一）概述

近年来，随着社会经济的发展和人们生活品质的提升，犬类宠物在家庭中扮演着日益重要的角色。特别是在城市化进程中，小型犬因具有便携性和易于照顾的特点，受到了广大宠物爱好者的青睐。然而，随着宠物犬数量的增长，其眼耳鼻喉疾病的发病率也呈上升趋势。这些疾病不仅影响宠物犬的生理健康和外貌，还给宠物主人带来了诸多不便。因此，深入了解犬类眼耳鼻喉疾病的成因、流行特点、临床症状及防治方法，对于维护宠物犬的健康至关重要。

（二）流行特点

犬类眼耳鼻喉疾病的流行特点主要包括以下几个方面：一是季节性，部分疾病的发生与季节变化密切相关，如春季花粉过敏易导致鼻炎、喉炎等疾病的发生；二是年龄，幼犬和老年犬因免疫力较弱，更易感染眼耳鼻喉疾病；三是品种，部分犬种因遗传特点，易患特定类型的眼耳鼻喉疾病，如某些品种犬易患青光眼等。

（三）临床诊断

犬类眼耳鼻喉疾病的临床症状因疾病类型不同而异，但一般表现为以下几个方面：眼部症状如流泪、眼睛红肿、疼痛、视力减退等；耳部症状如耳朵瘙痒、疼痛、分泌物增多、听力减退等；鼻部症状如流涕、鼻塞、打喷嚏、呼吸困难等；喉部症状如咳嗽、声音嘶哑、呼吸困难等（图 20-26 至图 20-31）。宠物主人应密切观察宠物犬的症状，一旦发现异常，应及时就医，以免延误病情。

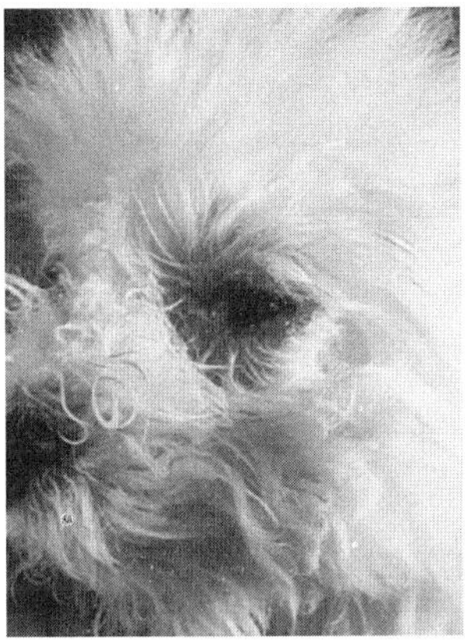

图 20-26　病犬睑板腺炎

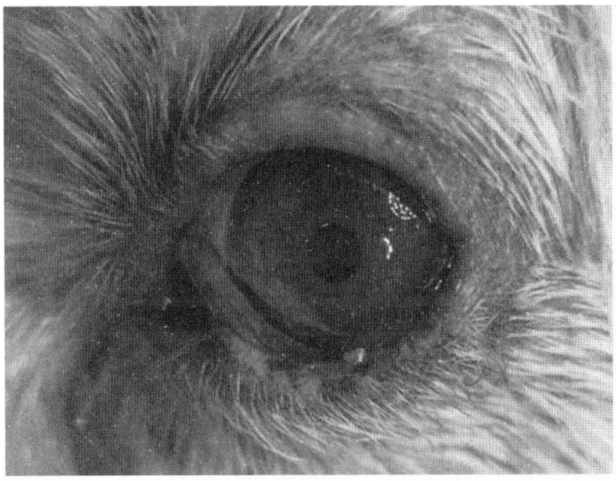

图 20-27　病犬睑板腺瘤

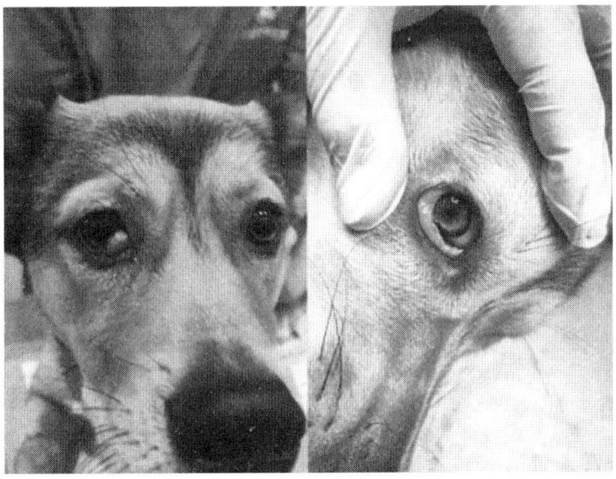

图 20-28　病犬瞬膜腺脱出

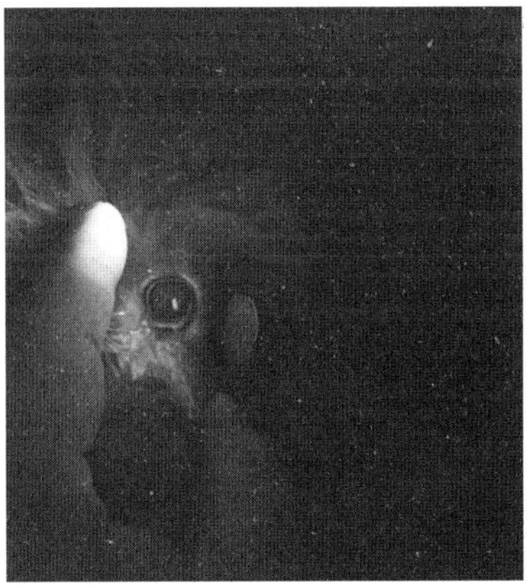

图 20-29　病犬角膜溃疡

图 20-30　病犬眼球脱出

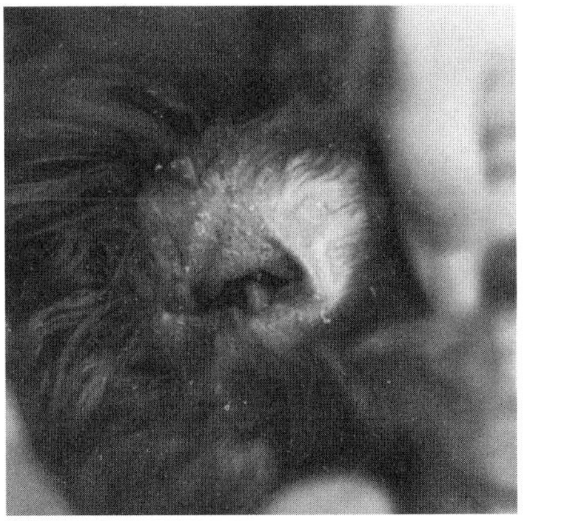

图 20-31　病犬耳道感染

(四)防治方法与措施

针对犬类眼耳鼻喉疾病的防治,应采取综合性措施。首先,定期为宠物犬进行预防接种,以提高其免疫力,降低疾病发生率。其次,保持宠物犬的生活环境清洁卫生,定期消毒,减少病原体的滋生和传播。此外,为宠物犬提供营养均衡的饮食,增强其体质,提高抵抗力。同时,定期带宠物犬进行体检,及时发现并治疗潜在疾病。对于已经发病的宠物犬,应根据其具体病情采取相应的治疗措施,如药物治疗、手术治疗等。宠物主人还应加强对宠物犬的日常护理,如定期清洁眼部、耳部、鼻部和喉部,保持其清洁卫生,减少疾病的发生。总之,犬类眼耳鼻喉疾病的防制需要宠物主人和宠物医生共同努力,通过预防、治疗、护理等多种手段,确保宠物犬的健康和幸福。

任务四　宠物犬寄生虫疾病

知识目标

了解宠物犬寄生虫疾病的流行特点及临床症状。

技能目标

掌握宠物犬寄生虫疾病发生的原因。

学习任务

通过教师的讲授与总结,掌握犬寄生虫疾病的诊断及预防措施。

(一)概述

寄生虫病是指寄生虫寄生于宿主体内外而引发的疾病。通常寄生虫通过夺取宿主营养、损害宿主的组织细胞及分泌毒素等方式,对宿主造成不同程度的损害。在宠物犬领域,寄生虫病根据寄生部位的不同,被细分为体外寄生虫病和体内寄生虫病,这两种病症长期以来都是影响宠物犬健康的重要因素。值得注意的是,部分寄生虫病具有人兽共患的特性,因而也对人类健康构成了潜在威胁。

(二)流行特点

在宠物犬中,常见的体外寄生虫病包含虱病、蚤病和蜱螨病等。这些寄生虫主要通过直接接触或环境媒介传播给宠物犬,并引发瘙痒、皮肤炎症等症状,影响宠物犬的健康和舒适。另外,体内寄生虫病也不容忽视,主要包括肠道寄生虫病和血液寄生虫病。肠道寄生虫病是宠物犬中较为多发和常见的疾病,其发生往往与日常卫生护理不当或进食习惯不科学有关。血液寄生虫病则主要由弓形虫、心丝虫和巴贝斯虫等病原体引起,这些寄生虫通过血液传播,对宠物犬的健康构成严重威胁。

(三)临床诊断

宠物犬的寄生虫感染因其种类和感染程度的不同,会呈现出不同的症状。对于体外寄生虫感染,宠物犬通常会表现出皮肤瘙痒、红肿、脱毛等症状,它们会频繁地抓挠或舔舐受感染的部位。而对于体内寄生虫感染,宠物犬可能会出现腹泻、呕吐、贫血、消瘦等症状(图 20-32 至图 20-36),严重时甚至可能危及生命。

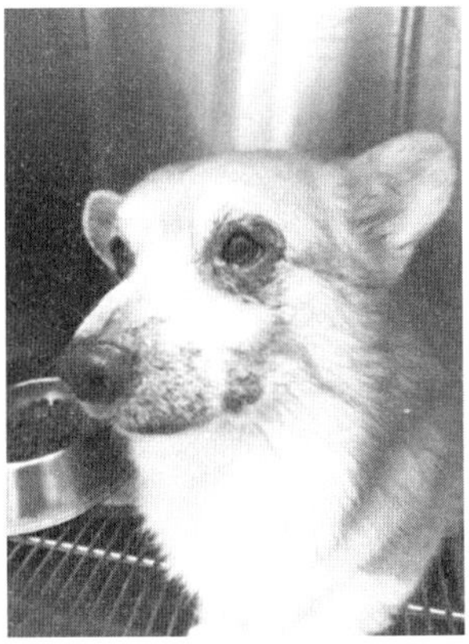

图 20-32　蠕形螨

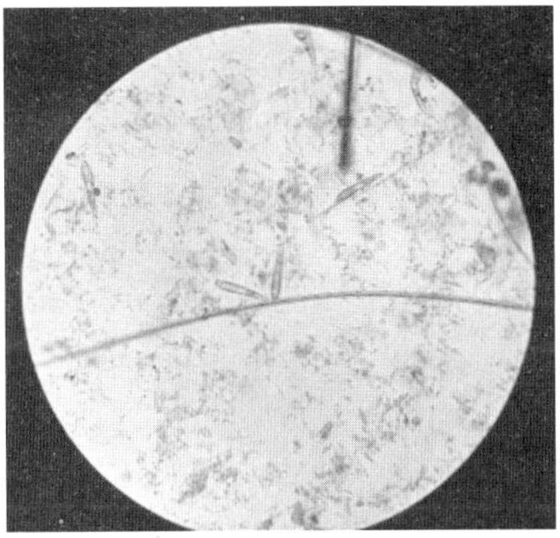

图 20-33　蠕形螨镜检

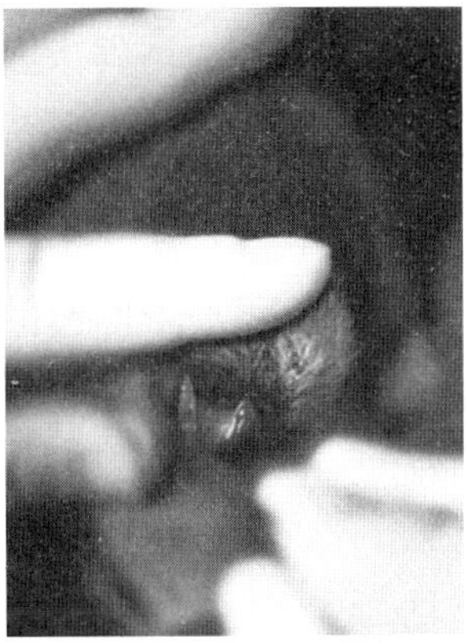

图 20-34　病犬眼线虫感染

图 20-35　病犬肠道蛔虫

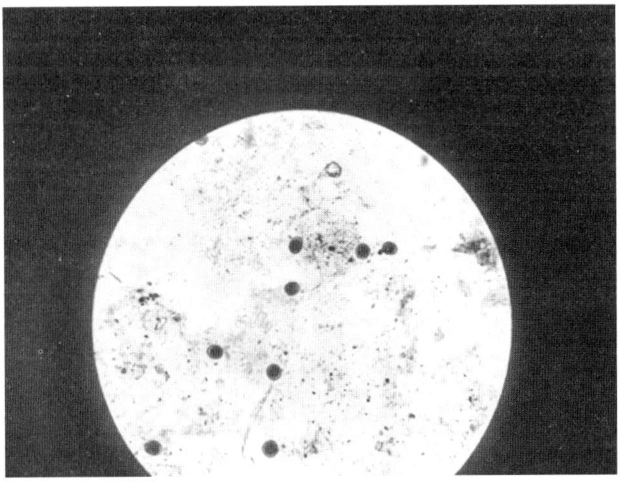

图 20-36　病犬肠道蛔虫虫卵镜检

(四)防治方法与措施

关于宠物犬寄生虫病的防治策略,应坚持“预防为主,防治并举,防治为先”的原则。首要任务是实施定期驱虫措施,选择广谱、高效且毒性低的复合药物,以提高治疗效果并减少副作用。在此过程中,我们必须深入理解药物、寄生虫与宿主间的相互关系,以便充分发挥药物效能,同时减轻或避免潜在的不良反应。其次,强化饲养管理是至关重要的环节。我们应致力于消除或阻断寄生虫的传播途径,通过定期清洁宠物犬的居住环境,保持其干燥与卫生,从而遏制寄生虫的滋生与繁殖。此外,饮食卫生也不容忽视,应避免宠物犬摄取可能携带寄生虫的食物或水源。宠物主人也需提高对宠物犬寄生虫病的认识与重视程度,定期携宠物犬进行检查与驱虫治疗。

任务五 宠物猫的应激及肠胃疾病

知识目标

了解宠物猫的应激及肠胃疾病流行特点及临床症状。

技能目标

掌握宠物猫的应激及肠胃疾病发生的原因。

学习任务

通过教师的讲授与总结，掌握宠物猫的应激及肠胃疾病的诊断及预防措施。

一、宠物猫应激

（一）概述

随着社会进步，猫在家庭中扮演着愈发重要的角色。然而，生活中多种短暂强烈或持续刺激可能引发宠物的热应激、氧化应激、免疫应激等反应，导致猫行为异常，甚至损害其机体健康，增加被遗弃的风险，对宠物猫的健康构成威胁。为缓解猫机体的过激反应，通常需要采取综合调控措施，降低和缓解其应激反应。

（二）流行特点

猫应激是宠物体对于内、外界刺激因子做出的非特异性反应。当刺激持续时间过长或瞬时强度过大时，可能引发宠物猫的不良反应，甚至导致死亡。猫应激状态涉及身体和心理的一系列反应，刺激源可包括环境变化、社会互动、疾病或身体不适等。这些原因多种多样，如搬家、新家具、新家庭成员、临时寄养、疫苗接种、疼痛或疾病等。

（三）临床诊断

猫应激的常见诱因包括环境刺激、动物福利不完善和种群内部争斗等。常见的应激类型有热应激和免疫应激等。猫在面对应激情境时，会展现出多种行为表现。它们可能会选择躲避在隐蔽的角落、床底或偏远区域，试图与外界隔离，从而减轻对应激源的恐惧感。此外，它们还可能会发出异常的叫声，如嚎叫声、咕咕声或嘶哑声，这些声音的变化反映了它们的心理状态。在体态上，猫可能会展现出紧张的反应，如反胃、拱背、蜷缩、缩脖子等，这些都是身体紧张的表现。同时，它们还可能会通过抓挠、撕咬或破坏家具、地毯等物品来释放压力和焦虑情绪（图 20-37 至图 20-39）。在不适当的地方排尿或排便，或者频繁地清洁自己的皮毛，也是应激反应的表现之一。这些行为都是猫咪在面对压力时采取的自我调节和应对机制。

图 20-37　争斗

图 20-38　攻击

图 20-39　高温中暑

(四)防治措施

猫应激预防管理需要多方面处理。如热应激通常由外界环境温度过高导致,可能引起猫机体代谢增强,调节机制失衡,进而损害健康。为降低热应激的影响,应确保宠物猫的饮食合理搭配和能量水平,并在饮用水中补充维生素、抗氧化剂、益生菌和矿物质等。此外,为了有效缓解猫的应激反应,建议大家采取以下综合防控措施。第一,确保为猫提供一个安全舒适的环境;第二,让猫逐步适应变化,避免突然改变;第三,根据需要使用适当的药物来帮助猫缓解压力;第四,为猫提供丰富的玩具和娱乐,以满足其玩耍需求;第五,寻找一些日常治愈活动,如抚摸、梳毛等,以增进主人与猫的互动和信任;第六,建立固定的日常规律,有助于猫形成良好的生活习惯;第七,采用正向训练方法,引导猫建立积极的联想和行为。这些措施旨在帮助猫建立与人之间的亲密关系和信任,从而减轻其应激反应,确保其健康成长。

二、猫呕吐、软便、拉稀

(一)概述

猫出现呕吐、软便及拉稀等消化系统症状,其背后可能涉及多种因素。这些因素可能单独或共同作用,导致猫出现不适。其中,应激反应可能源于环境变化、生活规律被打乱或与其他生物互动时产生的压力。消化不良则可能因食物种类不合适、食物摄入过量或对食物中某些成分不耐受。肠炎和肠道菌群紊乱可能由感染、饮食不当或长期滥用抗生素等造成。此外,各种寄生虫,如蛔虫、钩虫、绦虫等,也可能导致猫发生寄生虫感染。

(二)流行特点

猫呕吐、软便及拉稀的流行特点主要表现为以下 3 方面:其一,具有季节性特征,尤其是在春秋季节,由于天气多变,猫容易感染病毒和细菌,进而引发相关病症;其二,年龄分布广泛,从幼猫至老年猫均可能受到影响;其三,地区分布广泛,无论城市或乡村,只要有宠物猫的存在,均有可能发生此类病症。

(三)临床诊断

猫呕吐、软便及拉稀等症状可能表现为食欲不振、精神不振、腹部不适、大便次数增多且大便稀薄,甚至可能伴随血液或黏液(图 20-40、图 20-41)。宠物主人一旦发现这些症状,应迅速寻求宠物医生的专业治疗,以免病情恶化。在此之前,宠物主人可先行观察猫的饮食及生活环境,寻找可能导致肠胃不适的原因,如饮食不规律或摄入不适宜的食物。若宠物主人具备一定经验,可尝试调整猫饮食，提供易消化且清淡的食物，并观察症状是否有所改善。若症状持续或加重，务必立即就医，遵循宠物医生的诊疗建议，为猫提供适当的治疗与护理，确保其健康。

图 20-40　病猫呕吐的食物

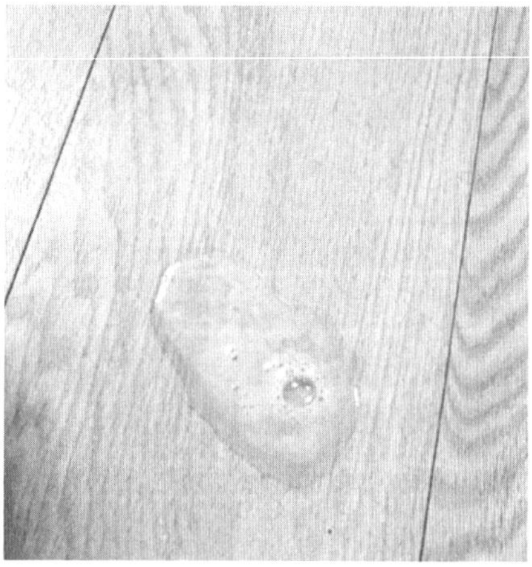

图 20-41　病猫口吐的白沫

(四)防治方法与措施

预防猫呕吐、软便及拉稀等问题，需要宠物主人采取综合方式进行管理。如为猫创造稳定和舒适的居住环境，减少外部因素的干扰，必须保证它们享有充分的休息和娱乐时间，以减轻其应激反应。在选择猫的食物时，必须考虑其年龄、健康状况和口味偏好，以确保合理的饮食管理，防止过量或不适当的食物摄入。对于幼猫出现的消化不良症状，特别是腹泻，需要常规使用止泻药物并调节肠道菌群平衡。在幼猫出现腹泻和呕吐时，应先暂时断食以观察情况，并预防脱水。在此期间，应避免喂食牛奶和蛋黄，且在 2 个月内不投喂肉食，可以改用羊奶中泡幼猫奶糕粮进行投喂。若症状未得到缓解，应立即就医，可能涉及细菌性肠炎或病毒性腹泻的诊断。此外，猫吐毛球是舔舐毛发后的正常生理反应。为了帮助毛球排出，应定期梳理猫的毛发，并投喂适量的植物纤维。为了猫的健康，应定期带它们到宠物医院进行体检，并按时驱虫，以便及时发现并处理潜在的健康问题。如果猫出现呕吐、软便或拉稀等症状，应根据宠物医生的建议进行相应的药物治疗。

任务六　宠物猫常见传染性疾病

知识目标

了解宠物猫常见传染性疾病流行特点及临床症状。

技能目标

掌握宠物猫常见传染性疾病发生的原因。

学习任务

通过教师的讲授与总结，掌握宠物猫常见传染性疾病的诊断及预防措施。

一、猫瘟

(一)概述

猫瘟,作为一种急性且高度接触性的猫传染病,其主要临床症状包括体温升高、呕吐、腹泻、脱水以及白细胞数量的急剧下降。此病在不同年龄、品种和性别的猫中发病率与致死率存在差异,疫苗接种不全或未接种的猫更易感染。目前最为有效的预防方法是通过猫三联疫苗进行免疫接种,从而降低猫瘟的发病率,并推动宠物行业的健康发展。

(二)流行特点

猫瘟一年四季均可发生,尤其在冬、春两季更为多发。所有年龄段的猫均有可能感染此病,其中 1 岁以内的幼猫发病率较高,特别是 3～5 月龄的幼猫更易被感染。病猫和康复后携带病毒的猫是主要的传染源,而消化道则是主要的传播途径。病毒通过病猫的眼、鼻分泌物,唾液、呕吐物,粪便和尿液等排出体外,健康猫在直接接触或间接接触被这些污染物污染的猫粮、饮水、用品、粪便和尿液时可能被感染。值得注意的是,妊娠母猫还可通过胎盘进行垂直传播。

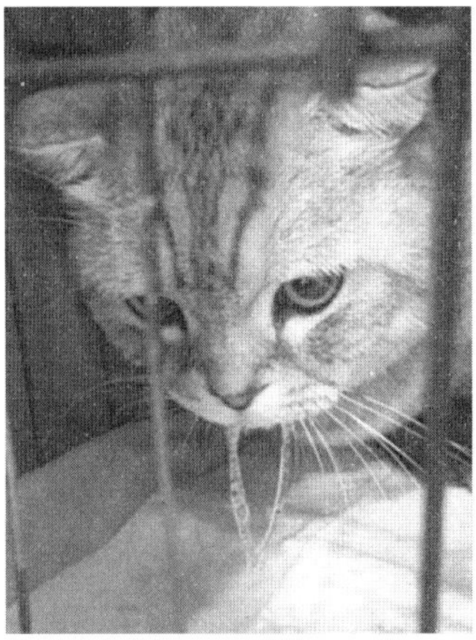

图 20-42　患猫瘟的猫呕吐

(三)临床诊断

猫瘟的临床症状主要表现为病猫的体温升高、呕吐、腹泻、脱水以及白细胞数量减少。病猫早期会出现被毛粗乱、精神沉郁、食欲下降或废绝等症状。随着病情的发展,病猫会出现贫血、脱水、顽固性腹泻、便血等严重症状(图 20-42、图 20-43);妊娠母猫则可能出现流产、死胎或早产的情况。

项目	结果	范围	结论	判读
FPV	3 558.1 IU	阴性范围: 0～19.999 IU	阳性	(阴性)(携带)(弱阳)(阳性)(强阳)

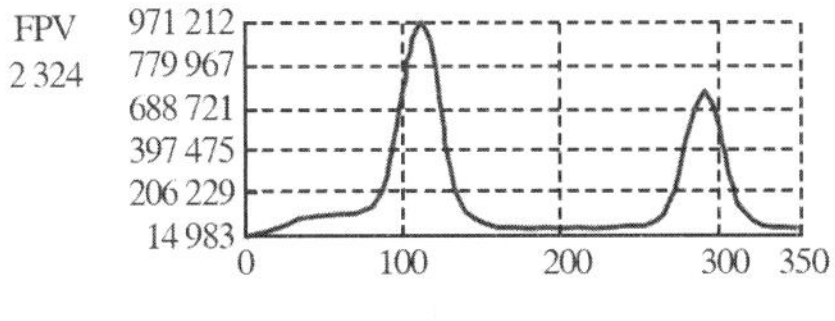

2024-03-15　12:05:12

临床意义

猫细FPV Ag (猫细小病毒抗原): 检测猫细小病毒含量。猫瘟又称猫泛白细胞减少症,主要分为超急性、急性和亚临床感染类型。超急性感染常见于幼猫,猫可能在12 h内死亡,无任何先兆性症状。急性感染是临床最常见形式,表现为精神沉郁、厌食、频繁呕吐、腹泻、脱水、发热、出血性肠炎等,成年猫常无明显临床症状。

图 20-43　猫瘟的诊断

(四)防治方法与措施

目前,针对猫瘟尚无特效治疗药物,因此预防接种疫苗是预防猫瘟的有效手段。为确保疫苗的有效性，应严格按照疫苗的使用说明进行科学的免疫接种，以提高猫对该病的免疫力。此外，科学的饲养管理同样重要，尤其是在猫瘟多发的冬春季节，应做好猫的保温措施，避免因天气寒冷导致猫的抵抗力下降。同时，做好日常消毒工作，对猫的用品和生活环境进行定期消毒，并定期对猫进行驱虫，以降低感染猫瘟的风险。若宠物猫患病，应采取以对症治疗为主的治疗原则，包括防止继发感染、止吐、止泻、补液补钾等治疗方法。治疗时，可首选猫重组干扰素、FPV 单克隆抗体等生物制品。同时，主人在饲养猫时，应特别注意饲养方法，经常关注猫的健康状况，一旦发现猫出现体温升高、食欲不振、呕吐不止、腹泻等症状，应立即带猫到宠物医院进行诊治。早发现、早治疗是提高猫瘟治愈率的关键。若家中饲养了多只猫，一旦发现有猫患病，应及时隔离患病猫，防止病毒传播。患病猫会通过粪便、尿液、眼、鼻等分泌物排出大量病毒，且病毒能在环境中存活较长时间，因此应对患病猫污染的环境和使用过的笼具、用具等进行彻底的消毒。

二、杯状病毒

（一）概述

猫杯状病毒病，是一种由猫杯状病毒（Feline Calicivirus，FCV）引发的常见传染病，主要影响猫的口腔与呼吸道。此病毒对全球范围内的宠物猫构成严重威胁。猫杯状病毒是一种属于杯状病毒科疱疹病毒属的球形无囊膜病毒，具有二十面体对称性。它在猫科动物中广泛传播，是导致宠物猫易患猫口炎病的主要原因，对猫的健康造成严重危害。

（二）流行特点

病猫或健康带毒猫是本病的主要传染源。病毒通过宿主的分泌物和排泄物排出，污染环境。易感猫通过与病猫或其分泌物、排泄物以及被病毒污染的笼具接触而感染发病。

（三）临床诊断

该病是宠物猫的常见口腔疾病，具有反复发作和难以根治的特点。病毒可通过口、鼻、眼或结膜途径感染，主要影响猫的上呼吸道和口腔。典型的感染特征是舌头上频繁出现水疱和溃疡。此外，该病还可能引发鼻炎、结膜炎、四肢溃疡、跛行、流产、肺炎和猫慢性龈口炎（图 20-44 至图 20-46），甚至可能导致死亡。

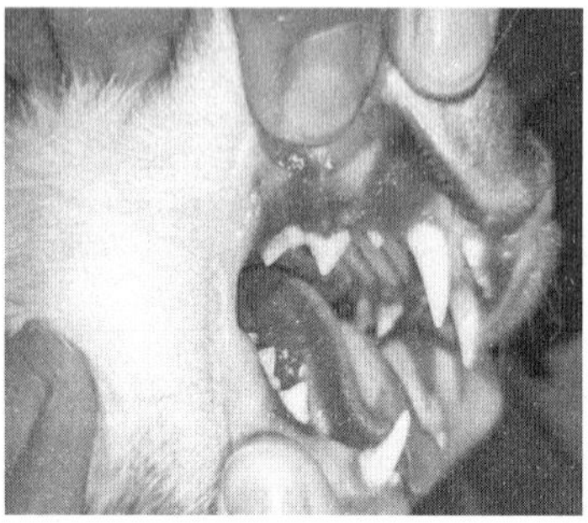

图 20-44　感染杯状病毒的猫患龈口炎

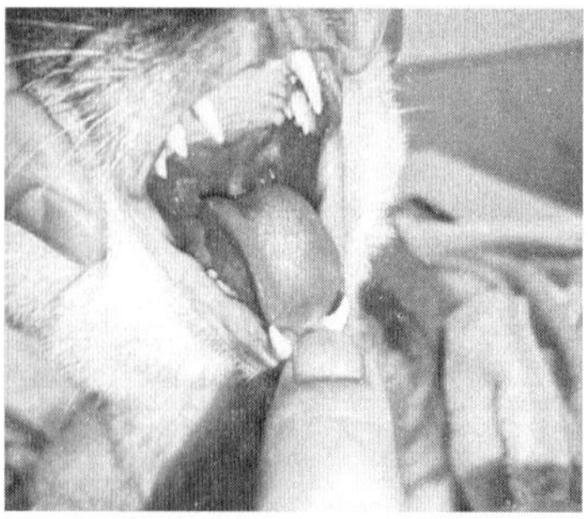

图 20-45　病猫口腔水疱

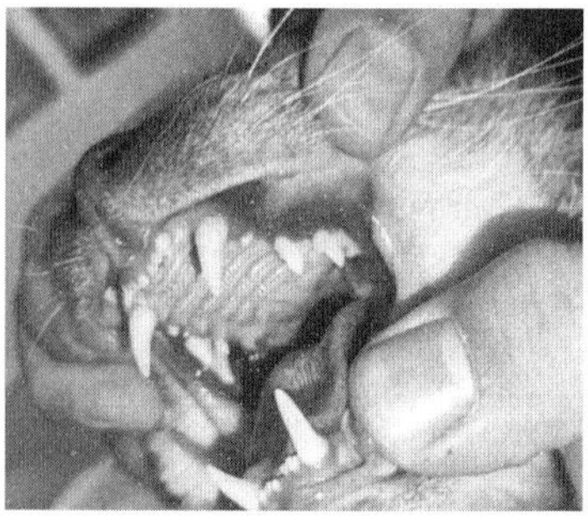

图 20-46　病猫口腔溃疡

(四)防治方法与措施

鉴于FCV与猫口炎的高度关联,以及猫口炎对猫科动物生活质量的严重影响和潜在的致死风险,并且尚无特效疗法。因此,该病预防成为减少或减轻病痛的关键。建议宠物主人在尚未出现针对性疫苗和抗病毒药物的情况下,加强宠物猫的环境卫生和饲养管理,确保猫的健康生长。

三、猫癣

(一)概述

猫癣是一种由犬小孢子菌、石膏样小孢子菌、须毛癣菌和变形小孢子菌等真菌引起的犬猫皮肤病,其中犬小孢子菌是最主要的病原体,约占98%。猫癣具有人兽共患的特点,因此,其防治对维护公共卫生安全具有重要意义。人类感染猫癣后,可能会出现大面积皮肤病变,容易继发细菌感染,慢性病例可能持续数月甚至数年。为了维护人类的健康,以及宠物的外观和福利,对患猫癣的病猫应及早进行彻底治疗,防止病情扩散。

(二)流行特点

皮肤真菌的传播主要通过接触性传染,猫的生活场所中的污染物、污染的梳子、刷子、铺垫物等都可能成为传播媒介,人的手和衣物同样也可能成为传播途径。

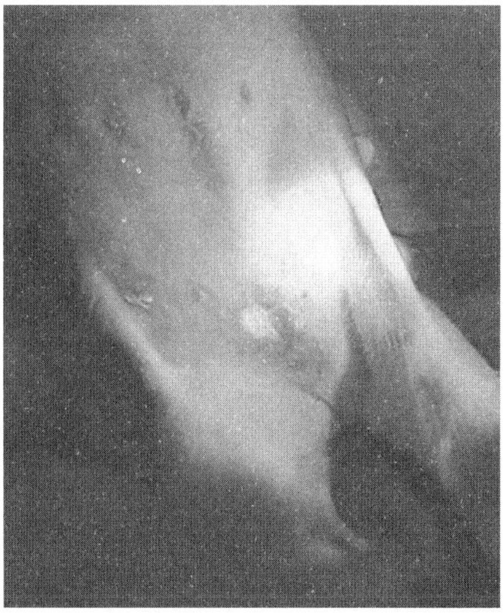
图20-47　猫癣

(三)临床诊断

猫癣对猫的精神和饮食影响较小。初期症状包括毛发变粗糙、脱落,甚至块状掉毛。癣斑多发于脸部、躯干、四肢和尾部,呈圆形或椭圆形,上覆灰色鳞屑,颜色逐渐加深。病程较长的猫可能会出现身体消瘦、毛发色泽暗淡、部分或大面积脱落等症状(图20-47)。患部瘙痒程度不一,部分猫因抓挠可能继发细菌感染。典型病变表现为患处皮肤脱毛,形成环形的鳞屑状、干燥的圆形斑疹。有的患部残留有部分毛根,有的患部完全脱毛,有的患部在癣斑中间生毛。

(四)防治方法与措施

为了防制猫癣,应特别注意环境卫生和定期消毒,特别是猫常躺睡的窝、垫子、地板以及家具等。同时加强观察,及时发现并治疗患猫。为猫提供干燥、通风的环境,避免潮湿、高温和不通风的情况。对患猫进行隔离,剃除病部及附近毛发,以方便涂抹药物和防止病情蔓延。口服抗真菌药物,涂抹咪康唑软膏,使用皮特芬喷剂,或配合药浴治疗2周,直至康复。感染猫癣的猫抵抗力可能下降,因此需要增加营养,可多喂鸡胸肉和胡萝卜,并鼓励猫多晒太阳。

任务七 宠物猫常见寄生虫病

知识目标

了解宠物猫常见寄生虫病流行特点及临床症状。

技能目标

掌握宠物猫常见寄生虫病发生的原因。

学习任务

通过教师的讲授与总结，掌握宠物猫常见寄生虫病的诊断及预防措施。

一、耳螨

(一)概述

随着宠物猫数量的增加，其健康问题引起了广泛关注。猫耳痒螨是宠物猫的主要寄生虫，易引发外耳炎及其他并发症，对宠物猫的健康产生严重影响。据统计，50％～80％的猫外耳炎病例由耳螨引起。

(二)流行特点

猫耳螨病主要通过直接接触和间接接触传播，是引起外耳炎的主要原因。在猫舍中，耳螨病的感染率较高，母猫的感染率远高于公猫。加菲猫的耳螨病感染率在所有品种中最高，且幼龄猫相较于其他年龄段的猫更易感染。

(三)临床诊断

最典型的临床症状为明显的瘙痒，患病猫会频繁搔抓耳朵并摇头。当耳螨从耳道内活动至体表时，患病猫可能表现出轻度至重度的皮炎。强烈的瘙痒可能导致自残、出血和耳血肿等现象(图 20-48、图 20-49)。耳螨感染有时会引发强烈的刺激和继发性细菌感染，进而引发化脓性外耳炎，严重影响猫的健康。

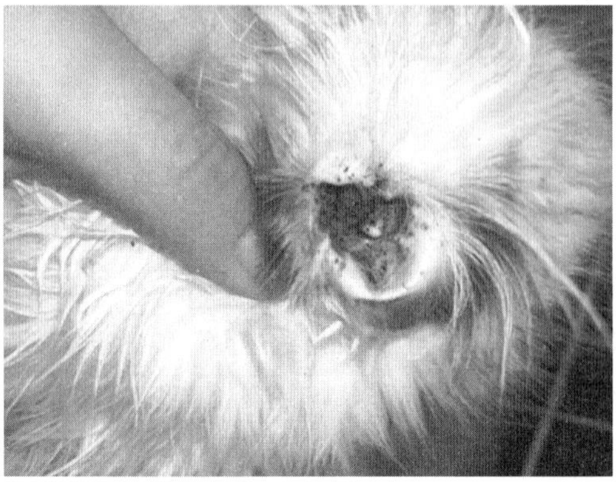

图 20-48 猫耳螨

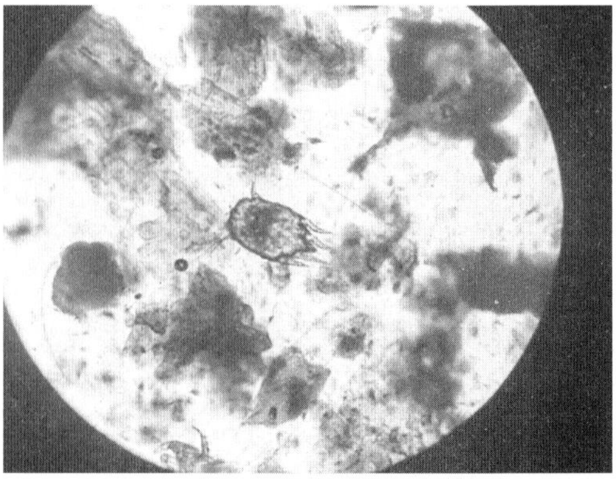

图 20-49 猫耳螨镜检

（四）防治方法与措施

鉴于宠物猫数量的增加、品种多样化以及饲养环境的复杂性，猫耳螨病的防治变得尤为重要。目前，常见的治疗药物包括伊维菌素、多拉菌素和莫西菌素等，这些药物在防治猫耳螨病方面效果显著。建议在治疗猫耳螨病时，遵循定期检查、早发现、早治疗的原则。一旦发现病症，应尽早带患病猫到宠物医院接受治疗，以减轻耳螨病对宠物猫的影响。

二、猫弓形虫病

（一）概述

弓形虫病，作为宠物猫常见的体内寄生虫感染疾病，同时也是一种重要的人兽共患病。当猫患有弓形虫病或携带弓形虫时，人在与其亲密接触，特别是处理猫粪或接触被猫粪污染的物品时，可能感染弓形虫。此外，食用未熟肉类或未洗净的蔬果也是人类感染弓形虫的重要途径。

（二）流行特点

猫弓形虫寄生并繁衍于猫的消化道中，通过粪便排入环境，进而感染其他动物和人。此病全年均可发生。感染弓形虫的猫，其发病症状因弓形虫侵犯多个器官而呈现复杂性。大部分猫感染后不出现明显病症，但在免疫功能较弱或感染量较大时，可能出现发病症状。

（三）临床诊断

猫弓形虫病的常见症状包括精神萎靡、食欲减退、体重下降、呼吸困难、肌肉痉挛或瘫痪等（图 20-50）。感染弓形虫的母猫在怀孕期间发病，可能引发流产、死胎或新生猫先天性弓形虫病，表现为黄疸、肝脾肿大、视网膜炎、脑炎、肺炎等病症。猫弓形虫病的严重程度与猫的年龄、健康状况、感染弓形虫的数量和种类等因素相关，严重时可能对猫的生命构成威胁。

（四）防治方法与措施

猫主人需密切观察宠物猫的日常行为，及时发现弓形虫病的早期症状，并尽快就医治疗，以避免严重后果。在猫的饲养管理中，应注重提高猫的免疫力，减少患病风险。同时，饲养者也应提高防护意识，避免感染。一旦发现猫出现异常行为，如食欲不振、体重下降、精神萎靡等，应尽快就医检查。若确诊弓形虫病，应对病猫进行隔离，防止病原体通过排泄物传播。对病猫生活区域进行彻底清洁和消毒，包括宠物床铺、食具等，以消除环境中的弓形虫卵。药物治疗是控制弓形虫病的关键，常用药物包括磺胺类药物、乙胺嘧啶和克林霉素等。

图 20-50　猫患弓形虫病精神萎靡

三、其他常见体内寄生虫

(1)蛔虫。蛔虫是猫的常见肠道寄生虫,其中以幼猫感染居多,感染后会出现呕吐、拉肚子、腹部胀大、体重减轻等症状,成年猫感染后症状不明显,极个别猫可能会拉出或吐出虫体。

(2)绦虫。大多数猫是在舔毛的过程中,不小心把跳蚤吃了,从而感染了绦虫。绦虫在猫肠道中不断掠夺营养,从而造成猫营养缺乏,发育缓慢,消瘦、贫血等问题。

(3)钩虫。猫感染钩虫病后,会出现食欲减退或不食、呕吐、下痢等,典型症状表现为排出的粪便带血,色呈黑色、咖啡色或柏油色。

(4)预防措施。做好饲养环境卫生保洁,定期驱虫,服用或外用宠物专用驱虫药。

四、其他常见体外寄生虫

(1)跳蚤。如果猫抓挠身体、焦躁不安,拨开猫咪的毛发在发根处可见黑色的点点,把黑点挤破会有红色液体,说明猫已患上了跳蚤。跳蚤与人畜的关系极为密切,除了让猫感觉瘙痒外,还会造成猫咪贫血,有时甚至是某些人和动物疾病,如鼠疫、黄热病、斑疹伤寒等疾病的传播媒介。

(2)蜱虫。蜱虫在犬身上寄生较多,但是也会寄生在猫身上。如果发现猫身上寄生了蜱虫,需要去宠物医院进行驱虫处理,如果自行处理的话,很难把蜱虫完整抓下来,即使拉断,虫头仍会留在皮肤里,分泌更多携带病原体的唾液,增加感染的可能性,进而危害猫的健康。蜱虫主要栖息在草地、灌木、树林中,尽量避免宠物猫在草地、树林等环境长时间坐卧玩耍。

(3)虱子。虱子寄生于猫的体表,紧贴皮肤,为肉色或白色,需仔细辨认才能认出。虱子行动较跳蚤缓慢,但由于紧贴皮肤所以比跳蚤难抓。虱子会引起猫咪的皮肤炎症,严重的话会引起脱毛及猫癣。

(4)预防措施。搞好环境和宠物猫卫生,清除杂草,定期洗澡,外出遛猫时携带驱虫项圈或喷涂驱虫剂。

项目二十一 宠物标本制作方法

知识目标

了解宠物标本制作的概念。

技能目标

掌握宠物标本制作的种类与应用范围。

学习任务

通过教师的讲授与练习，掌握宠物标本制作的方法步骤以及注意事项。

喜欢宠物的人往往将宠物当作自己的朋友、家人，倾注情感，并建立了极为深厚的感情，有些人甚至认为宠物已成为他们生命的一部分，宠物一旦死亡，大部分的主人都极为伤感，为宠物办理“身后事”更是费心不已。如果将死去的宠物制作成栩栩如生的宠物标本，长期陪伴在主人身边，一定能极大地满足人们对宠物的情感需求。人们也非常愿意花几百甚至几千元的高价将那些宠物制成标本，这比埋掉或丢弃更符合他们的情感，当作是宠物生命的另一种延续，所以这一行业极受人们的欢迎。每年我国死亡的宠物总数在150多万只，抓住这一商机，在极大地满足人们对宠物情感需求的同时，也将给商家带来丰厚的回报。

一、浸制标本

浸制标本是采用保存液来防腐的标本。如果保存得好，这种标本可以长期保存下去。它能清晰地显示生物体的外部形态和内部构造，还能长期保持生物体原来的色泽。

1. 准备工作

(1)使用工具

解剖刀：用来解剖器官、神经和血管。

剪刀：用来解剖和剪除多余的组织，制作神经标本，剪除骨骼，最好用民用剪指甲的一种阔头剪刀。

镊子：用来夹取材料。

解剖板(蜡盘)：用来固定材料。

20 mL 注射器:注射防腐剂用。

标本瓶或标本缸:用来盛浸制标本。

大头针:标本定型用。

玻璃片:插入标本瓶内,用作绑扎标本。

塑料薄膜和纱布、蜡线:用作标本瓶封口。

(2)化工用品

40%甲醛溶液(福尔马林)或 95%酒精:用作防腐剂。

乙醚:麻醉动物用。

聚氨酯(马利当)黏合剂:用作标本瓶封口。

石蜡:配制标本瓶封口蜡。

合成樟脑:用作驱虫剂。

萘:用作驱虫剂。

2. 脊椎动物标本的制作

(1)防腐。动物整体标本浸制时,保存液不易渗入,时间一长,内脏容易腐败,要注入保存液防腐。可用注射器套上针头,插入头部、胸部和腹部,各注入少量 10%福尔马林。

(2)整形浸制标本的固定十分重要,要细心地从头部一直做到尾部,不能遗漏。固定解剖板或解剖蜡盘。以草蜥为例将注射过防腐剂的草蜥,背部朝上平放在解剖板上,头颈下面衬垫一团棉絮,使头部仰抬。如果要使口张开,可在口内塞入一团棉絮。将前肢、后肢、躯干和尾部按生态摆好,用大头针固定指、趾和尾。

(3)如果标本瓶短,可将尾巴弯曲(以草蜥为例)。草蜥的尾容易断,如果尾部断脱,可以用细竹丝插入,连接断尾,再整理姿态。用毛笔蘸 40%福尔马林,在草蜥皮肤上涂遍 2 次。1 h 以后,草蜥标本的前后肢,趾和尾尖部已经定型硬化,拔去大头针,取下浸在 10%福尔马林里。10%福尔马林用作过渡浸液,可以浸掉草蜥体内的黄液,以免正式上瓶时污染浸液。标本要浸 1～3 个月,中间换新液 3～4 次,直到浸液不再发黄为止。

3. 装瓶

从 10%的浸液中取出草蜥,用针穿好白丝线,在草蜥的胸部靠近前肢处和腹部靠近后肢处各穿过一条白线,将线缚在玻璃片上,在玻璃片的边缘打结,尾部也可绑扎一条白线,使整个标本缚扎于玻璃片上,然后制作玻璃片的垫角,安装于玻璃片上,再装入已洗刷干净的标本瓶中。将标本装入瓶后再加入保存液,盖好瓶盖。瓶中的保存液不宜装得过满,液面不能接触瓶盖。取树脂胶或蜡,用毛笔蘸取填入瓶盖与瓶身的缝隙处,直到填平为止,然后在瓶身贴上标签。

4. 保存

浸制标本不宜放在阳光直射的地方,以防瓶口封蜡融化,浸液挥发。也不宜放置在零度以下的地方保存,防止浸液冰冻,玻璃破裂。在搬动时,不能剧烈震动,且要放置平直,以免翻倒。

二、剥制标本

指导学生学会制作剥制标本的方法,掌握记录外形、处死、剥制、防腐、装置、固定、整形等知识。动物剥制标本的制作主要面向脊椎动物，脊椎动物的大部分种类都可以制成剥制标本，但在实际应用中，主要适用于哺乳类和鸟类，以及一些不宜采用浸制方法的其他各纲的大型种类，如鲸、鲨鱼、海龟等。

动物的种类繁多，外部形态、躯体大小、皮肤情况等都很不一样，在制作过程中必须根据不同情况采取不同方法进行制作。如一般鸟类的剥皮是从腹部剖开，但鸬鹚因腹部脂肪较多，在腹部开口易污染羽毛，就可改为从背部剖开。除此之外，在制作标本的过程中也因人而异，有很多种制作方法，如在制作鸟类标本时就有从胸部剖开和腹部剖开的区别。只要做好的标本能形象逼真、符合生态、栩栩如生，就是件好的作品。

1.常用药品

三氧化二砷（As_2O_3）也称砒霜，白色无嗅无味粉末，剧毒，有防腐功能。

硫酸铝钾[$K_2SO_4 \cdot Al_2(SO_4)_3 \cdot 24H_2O$]也称明矾。无色、透明晶体，具有防腐、硝化作用。

樟脑（$C_{10}H_{16}O$）具有防止虫蛀标本作用。

硼酸（H_3BO_3）有防腐作用，但较差。

苯酚（C_6H_5OH）也称石炭酸、来苏尔。有消毒防腐作用，可防止残留肌肉变质。

2.防腐剂的配制

砒霜防腐粉：主要用于爬行类、哺乳类。配制时砒霜、明矾、樟脑按 2∶7∶1研成粉末，混匀即可。

硼酸防腐粉：可代替砒霜防腐粉，但效果较砒霜防腐粉差，但使用较安全，用硼酸粉、明矾粉、樟脑粉按 5∶3∶2混匀即可。

砒霜防腐膏：具有防腐防虫及保护羽毛不致脱落的功能，主要用于鸟类。

3.常用工具和材料

解剖工具：如解剖刀、镊子、剪刀、骨剪等，可根据经济条件准备。

木工、金工工具：如钢丝钳、台钳、榔头、电钻、锯等，可根据条件准备。

石膏粉（或滑石粉）：有吸水功能，主要用于吸收鸟类羽毛清洗后的水分，在剥制过程中撒在肌肉和皮肤之间，防止粘连，并防止血液、脂肪等污染羽毛。

铅丝：用于动物标本支架，可根据动物的大小选用粗细不同的型号。

填充物：主要用于填入标本体内，可选用棉花、竹丝、麻刀、棕等。

玻璃义眼：可用来代替动物的眼睛。

针线：缝合标本剖口用。

标本台、树枝等：固定动物标本用。

标签、记录动物标本的名称、性别、采集地点等。

4.鸟类及哺乳类动物的处死

活的动物一般需在剥制前 1～2 h 将其处死，待血液凝固后方可进行剥皮。处死方法有以下几种，可根据不同动物选用。

（1）胸部压迫法。使其无法呼吸，心跳停止而死亡。

（2）空气针法。在动物的静脉中注入少量空气，阻断血液循环，如家兔可从耳部注射；鸟类可从翼部内侧肱静脉中注射。

(3)溺死法。对哺乳类动物可使用。

5. 鸟类的剥制标本

在剥制前如果是活的,需处死;如果是死的,需对躯体做如下检查:羽毛是否完整,躯体是否腐败。躯体是否腐败的检查是非常重要的。检查方法是:用力按拉面颊部、腹部、嗉囊部的羽毛,如不脱落方可使用。

有的鸟类是用枪弹击毙的,常从伤口等处流出血液污物沾污羽毛,可用毛刷蘸水或洗涤剂清洗,然后拭去水分,用石膏粉或滑石粉撒在洗涤处,待羽毛干燥后刷去石膏粉块即可使羽毛蓬松,如一次未能完全干燥,可重复再做一次。

(1)鸟类标本的剥皮。鸟类标本的剥皮方法基本相同(特殊种类例外),现以家鸽为例,叙述如下。

将鸟置于桌上,胸部向上,头部向左。分开胸部的羽毛,露出裸毛区,由胸龙骨前部的凹陷处开口,沿皮肤直剖至胸龙骨中央。开口长度应比鸟的胸宽稍大。初学者开口可适当加大一些,但不宜过大,过大在后期缝合整形时不好处理。开口的前端应露出颈部,然后用解剖刀沿鸟胸部的皮肤和肌肉之间剥离,直剥至胸部两侧的腋下。在剥皮的过程中要经常撒一些石膏粉在皮肤内侧和肌肉上,以防止羽毛被血液和脂肪污染。

接着向前用解剖刀将鸟的嗉囊与皮肤分开,并露出颈部。用手握住鸟的头部,使鸟的颈部向腹面弯曲,再用剪刀在靠近胸部处将鸟的颈部及食管、气管一起剪断。这时应注意:①要把颈部与皮肤完全分开后再剪,勿将颈部皮肤剪破。②如有血污要及时撒上石膏粉,不要使血污污染皮肤。③最好不要把嗉囊弄破,如不小心将嗉囊弄破时,要及时将鸟体拿起,将嗉囊中的食物剥出,勿使食物污染羽毛。

将鸟体翻转,使背部向上,然后把头部和颈部翻向背上,沿皮肤将鸟的背部剥离,露出两肩。

继续剥离两翅的肱骨处。将肱骨上的肌肉去掉,并在肩关节处将肱骨与鸟体分离。

继续向背部剥离,直至腰部。在剥腰部时要背腹面同时进行,当两腿显露时,要将皮肤一直剥至跗跖骨之间的关节处,去掉胫骨上的肌肉,并在胫骨上端关节处剪开,使胫骨与鸟体分离。

向尾部剥离时,剥至泄殖孔时要用刀把直肠基部剪断;剥至尾部时要将尾脂与皮肤完全分离,并用剪刀在尾综骨末端剪断。剪断后内侧皮肤呈"V"字形,注意不要把尾羽的羽轴根剪断,以防止尾羽脱落。这时躯体肌肉与皮肤已完全分离。

随后进行翼部皮肤的剥离,先将肱骨拉出直剥至尺骨。在剥尺骨时,因翼部飞羽轴根牢固地生在尺骨上,要用手指紧贴羽轴根将翼部皮肤与尺骨完全分离,一直剥至腕骨,然后将尺骨、桡骨上的肌肉全部清除干净。

在做展翅标本时,就不能用上述方法剥离两翅。因为把尺骨上的羽根与尺骨分离后,在展翅时,飞羽失去支撑就会下垂,无法使飞羽张开。因此在做展翅标本时,要在尺骨内侧切开皮肤,将尺骨、桡骨上附着的肌肉去除后,再沿皮肤切口缝合。

两翅剥离后,最后进行头部的剥离。先拉颈部,使颈部的皮肤向头部翻过,逐渐剥离露出枕骨。这时在枕骨两侧会出现呈灰褐色的耳道，用解剖刀紧靠耳道基部将其割断，或用尖头镊子沿耳道基部将其拉出。再向前剥去，两侧会出现暗黑部分，这就是鸟的眼球，用解剖刀把眼睑边缘薄膜割开，用镊子将眼球取出(注意不要割破眼球和眼睑)，同时观察虹膜颜色以备安装义眼时按此着色。

在枕孔周围，用剪刀将枕孔扩大，并剪下颈部。同时沿下颌骨内侧剪开肌肉，拉出鸟舌，将头部肌肉剔除干净。用镊子从扩大的枕孔中伸进颅腔，夹住脑膜把脑取出。这样，整个剥离过程就完成了。

有些鸟类。如啄木鸟、鸭等头大颈细，头部骨骼无法从颈部皮肤中翻出，可先剪除颈项部，然后从外部沿枕部剖开一小口(大小视鸟头大小而定)将头骨从小口中翻出，挖出耳道、去除眼球肌肉等。做完除腐处理，安装完义眼后，再将小口缝合即可。

鸟体剥好后应再检查一遍，将附在皮肤上的肌肉、脂肪等清除干净，刷去剥制过程中撒在皮肤上的石膏粉，缝合在剥离过程中不小心割破的皮肤(从内面缝)。

(2)标本的防腐处理。鸟类躯体经剥皮后，其皮肤内侧必须马上进行防腐处理。在防腐处理过程中，逐渐把有羽毛的一侧翻回到体表，恢复原形。防腐及复原步骤如下。

首先在眼窝、脑颅腔、下颌部分涂上三氧化二砷防腐膏(砒霜膏)，用两团如同眼球一样大小的棉球填入眼眶，并在适当的位置装好义眼，再在颈项部皮肤内侧用毛笔刷上防腐膏，逐步把头部翻转过来(注意不要强拉，以免颈项部羽毛脱落)。

其次在两脚胫骨上涂上防腐膏，并在胫骨上缠上棉花，上大下小，与原来小腿上的肌肉一样；同时在小腿内侧、尾部、两翅内侧等部位全部涂遍防腐膏后，即可将其皮肤完全恢复原样。

(3)鸟类姿态标本的填充

鸟类标本的填充方法有多种，现将比较简便、易于掌握、效果较好的方法介绍如下。

①支架制作及安装。填充前，应先在鸟体内安装支架以便支撑鸟体。支架用铅丝制作，铅丝的粗细视鸟体大小而定。

取两段铅丝，一段为鸟喙到趾端长度的 1.3 倍(以鸟体仰卧伸直时为准)，另一段较前者长 3～6 cm，按(图 21-1、图 21-2)顺序绞合，弯制成支架(绞合处要绞紧)。绞合时 1、3，要对齐，短者 4 到绞合处的长短以鸟喙到鸟龙骨前端长为准。a～a′为鸟胸宽的 1/2，a～b 和 a′～b′为鸟胸高的 2/3。

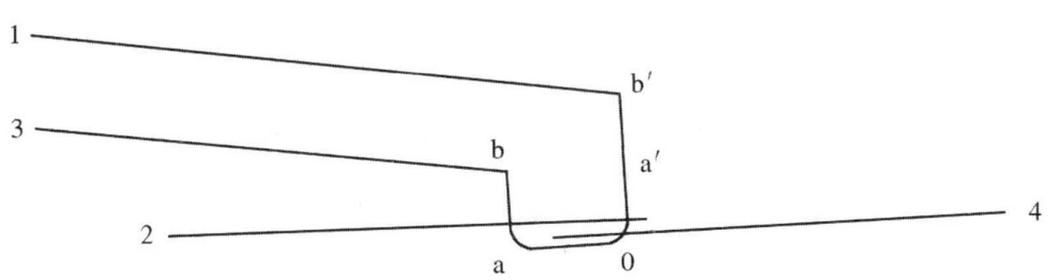

图 21-1　支架制作示意图

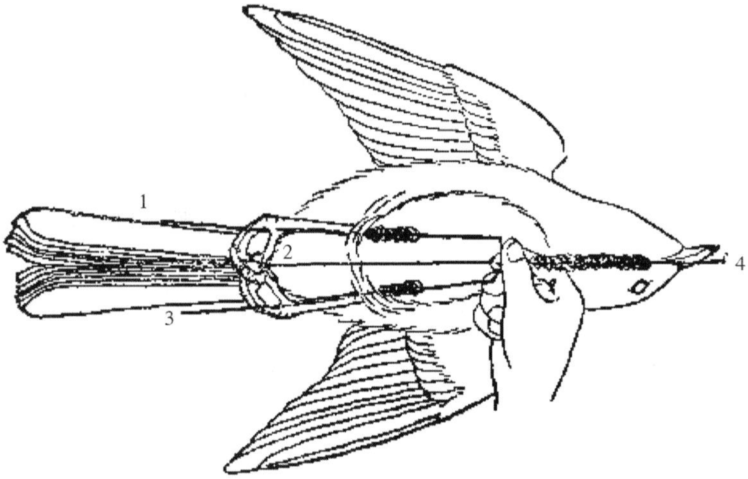

图 21-2 支架制作身躯位置图

支架制成后将 4 个端点用钳子剪一下，形成一个锐尖，并在 0～4 上缠上棉花，粗细比原颈部略小。将 1、3 两端分别从两脚胫骨与跗跖骨关节间的后侧，向脚跟方向插入，由脚掌部穿出，同时将 2 端插入尾部，由尾部腹面中央穿出，以支撑尾羽。

尽量将 1、2、3 端铅丝向后移，使 4 端穿入颈部，由脑颅腔插入鸟上喙尖部，并使 4 端向鸟腹部弯曲一点，这样鸟头部就不会摇动。最后调整铅丝支架的位置，使鸟体符合原剥制前的长度，铅丝绞合的中心点(即原来的 0 点)位于原鸟体龙骨前端位置。

市场上出售的义眼大部分是透明玻璃的，中间只有一个大小不等的黑点(即瞳孔)，这时我们就要根据鸟的虹膜颜色，在义眼背面用油画色(也可用广告色)涂上相应颜色，然后再熔一点石蜡将颜色盖上。如果义眼未在防腐过程中安装，也可在整形时安装。安装方法类似我们系扣子一样。

②鸟类标本的填充。将已安装好支架的鸟皮仰放于桌上，在支架下面(支架与背部皮肤之间)填充填充物(棉花、竹丝等)，顺序为尾、腰、背。在背部填充时一定要保持填充物的平整，填充厚度约为胸高(活体时)的 1/3，这样才能使制成的鸟体标本自然，不出现背部凹凸不平和有铅丝支架的痕迹。填充背部时还要注意靠近颈部的填充，填少会凹陷，填多会凸起，都会影响标本的美观。

在颈部要用一长条棉花，用镊子直送到鸟的下颌处，其一是使鸟的颈项呈椭圆形，其二是用来补充下颌处舌和肌肉的空缺，颈的两侧也要适当充填一些填充物，以代替气管等。填好背部及颈项后，将鸟的肱骨拉出，放于支架上方(靠近鸟腹面)，肱骨近似和支架中轴平行，放好后可将鸟体翻转过来，观察一下双翅位置是否合适，背部填充是否平坦等。

然后将鸟体腹面向上放好，在肱骨上方压上重物，使翅不移动，并将鸟双腿稍稍向上翘起，再根据鸟活体的情形继续填充腹部与尾部。填充时要比原鸟活体时多填一些，以备鸟皮肤干燥后收缩。同时要注意在鸟小腿两侧要填一些填充物，以使鸟体两侧丰满。

填充的总体原则是要使标本符合原来鸟的生态，所以在做鸟标本前最好要多观察，对鸟的各部分位置，如颈长、身长、翼长、翅尾之间长度等要先量好，并做记录，以做参考。填充后要将鸟体的开口缝合，填充工作就完成了。

6.整形

所谓整形，就是把已经装填好的标本，整理成适合它在生活时的某一种姿态，内容主要包括站立台板、摆设姿态、理毛和嵌装义眼等。

剥制标本的整形工作，在标本制作过程中是一个关键环节。其间需要耐心细致地琢磨，并且需要根据各种动物的生态特征，整理成适合于它在生活时的某一种姿态，切记不能过分地艺术夸张，尤其重要的是要注意面部的形态和表情。因为标本形象做得逼真与否，与整形工作存在密切的关系。所以制作者在野外采集时和在剥制前，需要细致观察动物的生活习性和形态特征，同时也可借助某些动物图谱，作为整理姿态时的参考，竭力把标本的形象做得生动活泼，千姿百态，如觅食、跳跃、求偶、攀爬和静立观望等。

在制作过程中，应当根据实际需要，结合自己的愿望和标本橱的大小，选择并确定制作成某种姿态。如果某一种类的标本数量多，则可尽量制作成不同的生态类型。如果条件许可，在标本橱中还可布置一些生境作为背景，如森林、草丛、山坡、泥滩等，使标本的形象酷似生活在大自然的生境之中。当然，要做到这样，不是轻而易举的，必须下一番苦功夫才能达到。现将整形方法介绍如下。

首先，将标本初步整理成确定要做的生活时的某种姿态，并检查各部位填充物是否均匀、对称，尤其是四肢的关节，如有凹凸不平或不足现象，可用手稍加揿、捏，及时地想方设法加以补充和矫正。

其次，选取一块适当大小的标本台板(大型的种类经常暂用普通的木板固定，标本干燥后再行安装)，在台板上量取与四肢掌心相应的位置，用稍大于支架铅丝直径的钻头钻四个孔，然后将由四肢通出的铅丝插入孔中，而下端则弯曲成“L”状，使四肢固定在标本台板的底面(或用螺帽固定)。凡是营树栖生活的种类，如灵长目的金丝猴、长臂猿和啮齿目的松鼠、鼯鼠等，最好将其固定在附有标本台板的树枝上。

然后适当地调整标本的姿态，更需要整理好脸部的形态和表情，具体方法如下。

小型哺乳动物：用镊子先将眼眶整圆，并将眼眶中的填充物压实，填入少许油泥(或加入少许白胶)，取一对与原来眼球颜色相同，大小较眼睑稍大的义眼，嵌入眼眶中，并用针挑拨，使眼眶遮住义眼的边缘。然后整理颜面部的表情，用手加以揿、捏，力求使颜面部与原来生活时的形态相似，再将整体检查一遍，适当地加以调整，直至各部位的形态基本相似后，置于通风的地方晾干即成。

中型、大型哺乳动物：由于剥皮时需要取下头骨，充填时，上下颌部只用绳扎紧，头部尚未充填，唇皮和头骨仍然完全分离，并且具角的种类，其头部后侧的剖口线又尚未缝合，所以整形工作比较复杂。首先应将绳解下，并将上、下唇的唇皮翻开，在两唇皮内侧中间、鼻端、面颊、眼眶周围和上下两颌等处，填入适量的油泥(根据原来肌肉多少而定)，接着使两唇皮翻转复原，并借助油泥的黏性和可塑性，在头部外表用手指揿、捏，使毛皮紧密地附在油泥上，利用油泥的可塑性，把标本的颜面部形象塑成它在生活时的形态。上下唇之间，可用针线将其缝合，也可用小铁钉钉入上下唇的边缘，以防干燥过程中变形，这时应当耐心细致地琢磨其面部表情，如有不妥之处，应及时加以矫正，尽量使标本保持本来面目。然后将义眼嵌入眼眶中。

虎、豹等猛兽的面部形象凶猛，义眼嵌入眼窝时应深陷眼窝，上眼睑几乎呈一字形，下眼睑呈半圆形，使凶相显露；性情温善的种类应将义眼稍浮于表面，眼睑呈圆形，使形象温善柔和。必须注意，义眼质量的好坏与标本的表情、神气也有很大的关系，所以应尽量选择质优的义眼。

为了突出表现猛兽的凶恶形象，还应将标本的口腔张开，使其呈现张牙之势。凡张开口腔的标本，必须安装假舌，一般常用木头雕刻或用石膏、纸浆塑成原来舌头的形状，并用颜料涂成原来的色泽。

在干燥过程中，耳朵极易收缩变形，一般用两片马粪纸，剪成稍大于耳朵的形状，夹在耳朵的内外侧，并用回形针夹紧。

四肢内侧腋部和鼠蹊部的皮肤，也极易收缩变形，常用薄木板，削成适当的凹槽形状，将其顶住，待标本干燥后取下。

偶蹄目等具角的种类，头部后面的剖口线，应适当充填后缝合。

然后，将标本置于通风处晾干，切忌在阳光下暴晒。在干燥过程中，必须经常观察，防止姿态变形，尤其需要注意的是一旦发现头部姿态走样，应及时加以矫正。标本干燥后，某些有颜色的裸出部位，根据剥制前记录，用油画颜料涂上，角、蹄、爪等用清漆加固。

项目二十二
宠物鸟的选择与护理

任务一 宠物鸟的生物学特征

知识目标

1. 熟练掌握宠物鸟外部形态的各个部位。
2. 掌握宠物鸟的一般生活习性。

技能目标

1. 掌握宠物鸟外部形态及各部位名称。
2. 掌握宠物鸟的呼吸系统特点及食性、繁殖、换羽、迁徙等生活习性。

学习任务

宠物鸟外部形态名称及外形测量。

宠物鸟，通常是指智商较高，可以和人进行互动交流的鸟类。与普通的笼养鸟不同，它们需要的不仅仅是饲料与水，而是与人基本平等的地位。

通常来说，宠物鸟可以分为4类，分别为：观赏型、鸣唱型、技巧型、鹦鹉型。

一、宠物鸟的外貌形态

（一）外形

（1）体形。观赏鸟的身体呈纺锤形，体外被覆羽毛。

（2）嘴形。嘴（或称喙）由上颌与下颌延长而成，外被一层坚硬的角质鞘。

（3）羽形。观赏鸟的羽毛数量多，结构复杂，其羽毛可分为正羽、绒羽和纤羽3种类型。

（4）翼形。翼也称翅膀，由前肢演化而成，主要由飞羽构成。

（5）尾形。鸟尾的形状千变万化，多种多样，大小不一，是观赏鸟分类的依据之一。

（6）脚形。鸟脚可分为股（即大腿）、胫（小腿）、跗跖和趾等部分。

(二)形态

鸟身体部位结构如图 22-1 所示。

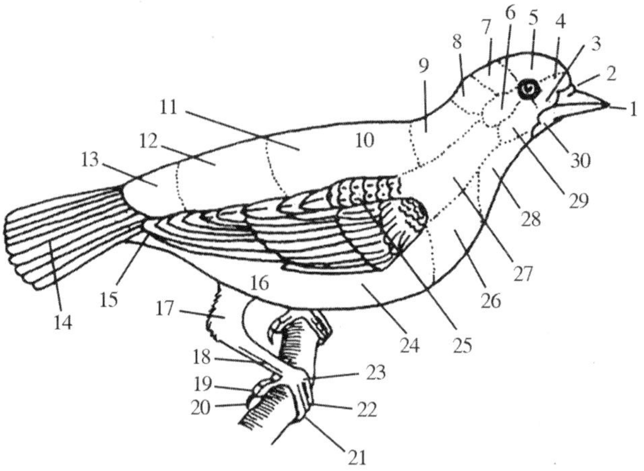

图 22-1 鸟身体部位结构图

1.嘴 2.蜡膜 3.眼睑 4.额 5.头顶 6.耳羽 7.枕 8.颈项 9.下颈 10.肩间部 11.后背 12.腰 13.尾上覆羽 14.尾羽 15.尾下覆羽 16.腹 17.腿 18.跗跖 19.后趾 20.后爪 21.外趾 22.中趾 23.内趾 24.胁 25.肩羽 26.胸 27.颈侧 28.喉 29.颊 30.颏

(三)外形测量

(1)全长。嘴端至尾端的直线长度。

(2)翼长。自翼角(即腕关节)至最长尾羽先端的直线长度。

(3)展翼长。两翼伸展后,左右两翼尖端的直线距离。

(4)尾长。自尾羽基部至最长尾羽先端的直线长度。

(5)嘴峰长。自嘴峰长羽处至上嘴先端的直线长度。

(6)跗跖长。自胫骨与跗跖关节后中点至跗跖与中趾关节前面最下方之整片鳞的下缘。

二、宠物鸟的身体内部结构

(一)骨骼系统

(1) 轻质。鸟类的骨骼结构比其他动物的骨骼要轻得多,多为气质骨,骨骼中空充气,与气囊相通,有利于飞翔时减轻体重。

(2)关节。鸟类的骨骼具有较多的关节,有利于在空中更自由地活动。

(3)鸟翅。鸟类的骨骼中有一对特殊的翅膀,它们可以帮助鸟类在空中灵活地飞行。

(4)鸟爪。有四趾,三前一后,有利于它们抓住树枝或其他物体,以便能够更轻松地悬停在空中。

(二)皮肤肌肉系统

皮肤肌肉系统主要包括头颈部、躯干、尾部、翼、胸、后肢、皮、鸣管等部位的肌肉。胸肌发达,与飞翔有关,胸肌具胸大肌和胸小肌(拮抗肌),支配前后肢的肌肉集中于身体的中心部位。鸟类有较发达的鸣管肌。

（三）呼吸系统

呼吸系统包括鼻腔、喉、气管、鸣管、肺和气囊。鸟类的呼吸是双重呼吸。它有非常发达的气囊系统与肺气管相连。气囊广布于内脏、骨腔以及某些运动肌肉之间。气囊的存在，也是鸟类为了有利于飞翔演化出来的。

（四）循环系统

鸟类心脏容量大且跳动快，因此具有相对大的心输出血量。血压也稍高于哺乳动物。一般来讲，雄鸟的血压比雌鸟高。飞行中的虎皮鹦鹉心排血量大约是快速奔跑的犬的7倍。鸟类心脏通过冠状循环满足自身的呼吸及营养需求，而通过体动脉满足身体的呼吸及营养需求。

（五）消化系统

鸟类的消化系统基本上与哺乳动物相似，但其中有几个器官则是属于鸟类所特有，如嗉囊、前胃、肌胃以及泄殖腔。在宠物鸟的饲养的过程中，消化系统疾病占常见疾病的多数。

（六）神经系统

与飞翔活动有关的大脑、中脑、小脑特别发达。大脑和小脑的表面都比较平滑，大脑顶壁很薄，但底部较发达。

（七）感觉系统

(1)视觉。眼大，可双重调节。

(2)听觉。较发达，具耳孔、中耳、内耳。

(3)嗅觉。嗅觉退化，仅少数发达。

（八）发声系统

和哺乳动物一样，鸟类是用嘴来发出声音的。鸟类的发声器官称为鸣管。鸣管分叉处的中间有一根鸣骨，顺着鸣骨有一叶状薄膜伸出，称为半月膜，这个结构随呼气、吸气而振动发声。鸣骨的下方是气室，压力变化影响鸣膜的张力及鸣管的内径。

（九）飞行系统

鸟类的身体外面是轻而温暖的羽毛，羽毛不仅具有保温作用，而且使鸟类外形呈流线型，在空气中运动时受到的阻力最小，有利于飞翔。鸟类躯体呈流线型，胸肌发达，骨骼纤细，有气囊系统，腿足强健，扇形尾羽控制方向。

（十）繁殖系统

雄鸟有一对睾丸，雌鸟只有左侧卵巢发育正常。多数鸟类无交配器，很多鸟都没有阴茎，一般是通过以雌雄鸟泄殖孔的开孔处相吻合，直接进行交尾的，雄鸟将精液排到雌鸟的泄殖腔内。某些雄鸟如鸭类、鸵鸟等有类似阴茎的隆起物，称为交接器。

三、宠物鸟的生活习性

（一）食性

多数宠物鸟为杂食性，但以动物性食物和植物性食物为主。也可分主食饲料和保健饲料2类。主食饲料又分谷类和虫类两种。

(二)繁殖习性

鸟类的繁殖过程是一个复杂而精密的过程,一般在春季繁殖,涉及选择配偶、筑巢、交配、产卵、孵化和育雏等多个阶段。

(三)换羽

宠物鸟换羽具有季节性,多数每年在繁殖后仅秋季换羽1次。换羽是鸟类的一个重要的生物学现象。换羽可以使羽毛长年保持完好,并能应对羽毛的损伤。

(四)迁徙

一年四季周期性的更替,鸟类在繁殖区与越冬区之间进行一年两次的移居,称为迁徙。几乎大部分生活在高纬度温带、寒温带、寒带或高寒高原(如青藏高原)的繁殖鸟类,都进行各种形式的迁徙。由于长期饲养环境的改变,笼养宠物鸟多数已无此习性。

任务二 宠物鸟的分类及品种介绍

知识目标

1. 掌握宠物鸟的分类及代表鸟种。
2. 熟练掌握几种常见宠物鸟的外貌形态和生活习性。

技能目标

1. 掌握宠物鸟的分类方法和代表鸟种。
2. 掌握几种常见宠物鸟外貌形态、生活习性。

学习任务

掌握常见宠物鸟雌雄的外貌形态鉴别。

一、宠物鸟的分类

(一)观赏型

此型鸟类以鸟的羽毛是否美丽作为观赏标准。具有较高观赏价值的鸟有红嘴蓝鹊、黄雀、寿带鸟、翡翠、交嘴雀、燕雀、太平鸟、金丝雀、白喉矶鸫、灰顶红尾鸿、相思鸟、绣眼鸟、戴胜鸟、三宝鸟、蓝翅八色鹤、金山珍珠、白腹蓝翁、牡丹鹦鹉、高冠鹦鹉。还有一些体型较大的,如孔雀、锦鸡等。另外鸟类飞舞的姿态是否优美也是重要的观赏标准,善飞的鸟有百灵、云雀、绣眼鸟等。

(二)鸣唱型

此型鸟类鸣声柔润婉转,清朗流畅,轻盈悦耳,以鸣叫为主的观赏鸟有画眉、百灵、云雀、黄雀、金翅雀、白头鹎、红耳鸦、红嘴蓝鹊、白喉矶鸫、鹊鸽、相思鸟、红点颏、蓝点须、柳莺、树莺、乌鹤等。

(三)技艺型

此型鸟类聪明,伶牙俐齿,善模仿,是能接受训练而学会技艺的鸟类。该类型鸟较聪明,经训练可能掌握一定的技艺与表演能力,如八哥、蓝歌鸥、白腰文鸟、棕头鸦雀、黑头蜡嘴雀、黄雀、金翅雀、交嘴雀、燕雀、朱顶雀等。这些鸟,有的能模仿人类语言、自然界其他鸟兽的叫声以及汽车、火车的鸣笛声等多种声响。有的能依照人的指示叼携物体,逗人开心。有的甚至能帮人打猎,如猎鹰、猎隼等。

(四)鹦鹉型

此型鸟类经训练都可模仿人类语言,如金刚鹦鹉、凤头鹦鹉等。

二、常见宠物鸟的品种介绍

(一)金丝雀

金丝雀别称芙蓉鸟、芙蓉、白玉、白玉鸟、玉鸟、白燕,属于燕雀科、丝雀属。

金丝雀体长 12～14 cm,体型较麻雀细瘦但较麻雀细长。身体的羽毛,原种似中国的鹇类,黄绿色配上暗色纵纹,叫声不甚美,经过人工培育出现了黄色、白色、绿色、橘红色、古铜色等羽色(图 22-2、图 22-3),叫声也比原种好听。

刚出窝的金丝雀幼鸟,单从外观难以鉴别雌雄。但经过 2～3 个月后,雄鸟的肛门突起(泄殖腔突)呈锥形,而雌性的则较平,呈馒头状。鉴别时将鸟捉住,吹起肛门周围的羽毛就可看清。另外,幼金丝雀出生 35～45 d 就开始鸣啭,这时从它们的鸣啭姿态上可区分雌雄。鸣啭时喉部鼓起,上下波动,声音连续不断者是雄鸟。金丝雀成鸟的雌雄鉴别比较容易,因雄鸟的鸣声悠扬动听,雌鸟的鸣声单调。

图 22-2　金丝雀(一)

图 22-3　金丝雀(二)

(二)黑头蜡嘴雀

黑头蜡嘴雀,又称铜蜡嘴雀、梧桐蝎嘴雀,俗称大蜡嘴,属于鸟纲、雀形目、雀科,为我国所产雀科鸟类中一种大型家庭饲养鸟类。

黑头蜡嘴雀,体长 20～21 cm,体重约 70 g,是雀科中的大型鸟类。喙呈粗圆锥形,粗大短强而厚,蜡黄色,故得名“蜡嘴”。到了春季,从喙基开始逐渐变为铅青色,到了秋季又转为蜡黄色。黑头蜡嘴雀雌雄鸟相似，头、颊和颏、翼和尾均灰黑色。头颈的侧面及上体羽背有白斑，喉胸部和腹侧两肋均呈浅灰褐色，腹部中央灰白色，尾羽部的长羽和中央尾羽呈黑色，而具光泽，外侧尾羽灰黑色有光泽，跗跖、趾、爪黄褐色(图 22-4、图 22-5)。

黑头蜡嘴雀羽色朴素美观，姿态活泼，性情温顺，易驯养。经过驯养调教能表演放飞、学会叼物、空中衔弹等技艺，为人们增添情趣，给人带来欢乐，使人精神愉快，有利健康。

图 22-4　黑头蜡嘴雀(一)

图 22-5　黑头蜡嘴雀(二)

(三)画眉

画眉在分类上属于鸟纲，雀形目，鹟科，画眉亚科，中国特产鸟类，国家二级保护动物。分布较广，主产安徽、浙江、江西、江苏、湖北、陕西、四川、云南和贵州等地，是我国传统的笼养鸣鸟之一。画眉鸟体长 24 cm，尾长 100～107 mm，体重 65～76 g。头顶羽色为褐色，并有暗色纵纹。它的背部为橄榄褐色，上背部的羽毛绿褐色带有深褐色的纵纹，下体棕黄色，腹部中央灰色。嘴黄色，有非常显眼的白色眼圈，并由眼上方向后延伸成眉状，眉纹曲而长如画眉，故得名“画眉”(图 22-6、图 22-7)。

画眉雄鸟鸣声复杂多变，清脆嘹亮，音调激昂悠扬，富有音韵，婉转动听，经过人工驯养压口后鸣唱，并能模仿很多种鸟类的鸣声，因此驰名中外。

图 22-6　画眉(一)

图 22-7　画眉(二)

(四)红嘴相思鸟

红嘴相思鸟又称五彩相思、红嘴玉、红嘴绿观音，属于鸟纲、雀形目、画眉科。红嘴相思鸟是人们喜爱的名贵笼养观赏鸟。红嘴相思鸟羽衣华丽鲜艳，体型娇小玲珑，动作活泼灵巧，姿态优美，性格活泼，常一刻不停地活动，鸣声响亮，优美动听，但它鸣叫比其他鸟音韵少，又不善于模仿其他鸟及动物叫，只能听其本口。

红嘴相思鸟体长 14 cm 左右，体型伶俐，羽色鲜艳。头部橄榄绿色，雄鸟嘴呈鲜红色，脸部淡黄色，额和喉羽至胸部黄色或橙黄色，背羽橄榄绿色，胸部赤橙色。红嘴相思鸟腹部苍灰色，两翼羽色鲜艳，具有明显红黄色翼斑。尾具小叉，尾上覆羽很长，灰绿色，中央有白色半月形花纹。脚呈黄色。红嘴相思鸟的雌鸟，嘴暗红色，脸部发灰，雌雄鸟的羽色相近。年龄可从嘴上区分。老鸟嘴全红；幼鸟嘴基部多呈黑色，头部宽阔，嘴颜色鲜艳(图 22-8、图 22-9)。

红嘴相思鸟可成对饲养，雌雄形影不离，它们于笼中相互偎依、梳理羽毛的种种表现十分亲昵，当人们看到时，会给人们恩爱白头的感觉，增添许多乐趣。

图 22-8　红嘴相思鸟(一)

图 22-9　红嘴相思鸟(二)

(五)百灵鸟

百灵鸟简称百灵，又称蒙古鹨、华北沙鹨等，属于鸟纲、雀形目、百灵科。百灵鸟的种类较多，在我国分布的约有 12 种，为驰名中外的笼养鸣鸟。

百灵鸟聪明伶俐，羽色素雅，天生能歌善舞，鸣声嘹亮，驯养后能进行有节律的鸣叫，表演口技强，享有“鸟中歌星”“花腔男中音”等称号，在国内外都享有盛名，因而获得了“百灵鸟”的美名。

百灵鸟身体呈纺锤形，具有流线型的外廓，头顶和后颈部羽尾基部呈栗棕色，头顶中部为棕黄色，眼周及眉纹棕白色，颊、喉部白色，胸部左右各有一块黑色斑块。百灵鸟较为明显的标志是白眉，两眼上方由前至后各有一条白色条纹伸至脑后相连。成鸟雄鸟全身羽毛色深，在头顶中央呈棕黄色，前额和头顶两侧至后枕部、后颈圈均呈栗棕色；眼周和眉纹呈淡黄白色，颊部和耳羽黄褐色；上体背肩部棕褐色，羽缘棕黄色或棕灰褐色；腰部和尾上覆羽栗褐色；翅飞羽黑褐色，飞羽边缘污白色，飞羽先端棕褐色(图 22-10、图 22-11)。

图 22-10　百灵鸟(一)

图 22-11　百灵鸟(二)

(六)鹦鹉

在动物分类学上属于鸟纲——鹦形目，是典型的攀禽，种类繁多，大小不同，形态各异，羽色艳丽，善学人语。世界各地都有分布。比较著名的有虎皮鹦鹉、玄凤鹦鹉、桃脸牡丹鹦鹉、绯胸鹦鹉、金刚鹦鹉等。

鹦鹉的足为对趾型，两趾向前，两趾向后，适合抓握；鹦鹉的喙强劲有力，可以食用硬壳果。大多数鹦鹉主食树上或者地面上的植物果实、种子、坚果、浆果、嫩芽、嫩枝等，兼食少量昆虫。吸蜜鹦鹉类则主食花粉、花蜜及柔软多汁的果实。

鹦鹉体态秀丽多姿，羽色鲜艳，性情温顺，并且鸣叫声嘹亮、婉转动听，尤其是舌多肉厚而柔软，能模仿其他鸟类叫声，经常调教训练，善模仿简单的人类语言(图 22-12、图 22-13)。

图 22-12　凤鹦鹉

图 22-13　金刚鹦鹉

任务三　宠物鸟的繁育

知识目标

掌握宠物鸟繁育技术。

技能目标

掌握宠物鸟繁殖期的饲养管理技术。

学习任务

能够准确进行宠物鸟的雌雄鉴别。

一、宠物鸟的性成熟

多数小型鸟类出生后8～10月龄进入性成熟期，中型鸟类2～3岁达到性成熟，大型鸟类4～5岁开始产卵繁殖。

二、宠物鸟的雌雄鉴别

(一)从形体看

雄性比雌性个头大，头颈略粗，额部、颈部稍宽，胫、趾较粗长。

(二)从羽色看

雄性鸟羽色比雌性的艳丽多彩，光泽较强。

(三)从鸣叫看

雄性比雌性善鸣，叫声响亮富有音韵，鸣声较长，婉转动听，鸣叫时喉部鼓起。

(四)从泄殖腔看

雄鸟的泄殖腔呈小圆柱形突起，顶端较尖细，在突起的顶端长有束状的小羽毛；雌性泄殖腔较雄性平坦，呈圆形，周围松弛地长着一圈小羽毛。

(五)从特殊部位看

雌性娇凤鼻色是肉色或姜黄色，雄性是蓝白色或蓝色、深蓝色。

三、种鸟的选择

种鸟的选择一般要经过两个阶段：预选，在孵化出壳的幼鸟中选择体形匀称、健壮、羽毛丰富，作为种鸟；精选，对预选出来的后备种鸟在性成熟并进入繁殖期后再进一步选择。

四、宠物鸟的人工繁殖

(一)宠物鸟的配种、孵化

目前适宜进行人工繁殖的宠物鸟主要有金丝雀、珍珠鸟、鹦鹉、孔雀等。首先进行人工配对,后筑巢配种,再进行孵化育雏。孵卵、育雏一般由雌雄共同进行,对于有些不愿孵化或由于种种原因孵育本能退化的鸟类可用电动孵化器进行人工孵化。

(二)宠物鸟的育雏

(1)绒羽期。此期的雏鸟不便人工哺育,应在繁殖巢内由亲鸟哺育。人工哺喂时,通常需进行强制填食。

(2)针羽期。此期宜把体弱的雏鸟先挑出来,单独喂食。喂食时用食扦挑取饲料少许,当雏鸟张口乞食时将饲料送入口中,每天喂 5～6 次。

(3)正羽期。此期的饲料配方是熟鸡蛋黄 4 份、玉米粉 4 份、青菜 2 份研磨成粥状,如太干可加入清水调稀;天气较热时,饱食后可加喂 3～4 滴清水,每隔 2～3 h 喂食 1 次。

(4)齐羽期。此期最好将幼鸟移入体积较大的鸟笼或鸟房内饲养,并备足清水,以使幼鸟能进行水浴和充分运动。

五、宠物鸟繁殖期的饲养管理

(一)繁殖期饲料的调制

为让宠物鸟及时发情,应给鸟喂催情饲料,促其早些发情。除常规饲料外,应增加新鲜蔬菜、熟鸡蛋、蛋黄、粟米等营养价值高的饲料,同时应加喂矿物质饲料,特别是含钙饲料,以满足鸟类生长发育和繁殖后代的需要。

(二)繁殖期适宜环境的创造

保持安静的饲养环境的相对稳定;繁殖期笼鸟的环境温度宜控制在 15～25 ℃,湿度在 50%左右;注意繁殖巢的通风换气;更换粪板、饮水槽(罐)、食槽(罐)时应谨慎。

六、宠物鸟的雌雄鉴别

宠物鸟雌雄鉴别主要通过羽色、体型、泄殖腔形状、鸣音、特殊部位的典型特征等方面进行。

1. 体形鉴别

从同龄鸟体形看,除鹌鹑以外,雄鸟的体型一般都比雌鸟大,雄鸟一般体型修长,雌鸟短胖;从头形区别,雄鸟头大且长,雌鸟圆而小;嘴形上,雄鸟嘴长而粗,雌鸟的嘴短而细。另外,雄鸟的羽毛一般比雌鸟更加明亮、艳丽。

2. 鸣声鉴别

雄鸟鸣叫富有韵律,婉转动听,而雌鸟叫声单调,往往只有一个音阶,此方法常用于鉴别雏鸟、幼鸟期毛色不易区分的雌雄宠物鸟,如画眉、八哥等。

3. 触摸鉴别

此方法适用于水禽类的鸟，如鸭、鹅、鸳鸯等，因为这类雄鸟有交配器，用手指触摸可以明显地感觉出来。

4. 翻肛鉴别

此方法适用于刚孵化出的雏鸟雌雄鉴别，可以用一只手抓住鸟的身体，同时用另一只手拇指和食指轻轻将泄殖腔翻开，可以看到生殖突起。鸵鸟类、鸭、鹅等雄鸟的生殖突起明显，而雌鸟很小。一般雄鸟泄殖腔顶端有尖细、呈锥形的突起，而雌鸟的突起则是比较平坦，呈圆形。

5. 不同鸟类的特殊鉴别方法

经验丰富的养鸟人，可以通过对不同种类鸟的外形或羽毛的细微差别，区分雌雄鸟，如画眉，行话中有“鼻孔不通是母鸟”的说法，此类鸟雌鸟的鼻孔小，从侧面看，两鼻孔不透光或透光不强。此方法的准确性比较高。

任务四　宠物鸟的饲养管理

知识目标

熟练掌握宠物鸟的饲养管理方法和技术。

技能目标

1. 掌握宠物鸟的常规饲养管理。

2. 掌握生鸟的初期驯养。

学习任务

能够进行野生鸟的野性驯服。

一、宠物鸟的营养需要

(一)水分

鸟类体重的 2/3 是水，水分对鸟类很重要，宠物鸟饲养时一般采用自由饮水。

(二)蛋白质

蛋白质是鸟类生存的重要物质，是组成鸟类细胞的重要成分。鸟类的皮肤、羽毛、肌肉、内脏，都是由蛋白质构成的。生长发育、产后都需要大量的蛋白质作为营养物质。它的重要作用是其他营养物质所不能替代的。

(三)碳水化合物

鸟类热量的主要来源之一是碳水化合物，主要来自植物性饲料，宠物鸟饲料中含有丰富的碳水化合物，所以一般情况下鸟不会缺乏。但是碳水化合物过量则会转化为脂肪，对鸟繁殖就会造成影响。

(四)脂肪

注意换羽期间的脂肪添加。

鸟类把油脂类饲料经过消化系统消化和分解后转化为脂肪,油性饲料包括菜籽、火麻仁(麻子)、葵花籽、芝麻、花生、松子等。这类饲料不宜过量食用,否则容易使鸟体发胖,无法正常产蛋,但是在育雏时期可以增加油性饲料的投喂,这样可以使生长期的小鸟身体强壮。

(五)维生素

维生素是鸟类发育不可缺少的一种特殊物质。缺少维生素的鸟不能正常生长,鸟类需要的维生素主要包括维生素 A、B 族维生素、维生素 D、维生素 K、维生素 E 等,这些维生素广泛存在于蛋黄、鱼肝油、酵母粉、米糠、骨粉和新鲜的青绿植物中。

(六)矿物质

矿物质主要有钙、磷、铁等。矿物质是鸟类组成骨骼的主要成分,且与鸟体造血功能、消化功能、食欲、精神、发情、生殖等有关。鸟类对矿物质元素需要量一般能在饲料中满足,但应特别重视的是补充钙,因为鸟需要大量的钙,仅靠饲料内含有的钙不能满足需要。常用的补钙饲料有蛋壳粉、骨粉、墨鱼骨、石粉等。

二、宠物鸟的饲料种类

(一)粒料

主要有粟、黍、稗、稗、玉米等。

(二)粉料

多做成虫体形状。

(三)青绿饲料

主要有蔬菜类、野草、野菜等。

(四)特殊饲料

(1)发情饲料。主要是蛋小米、蛋大米等,蛋米比通常为 4 枚鸡蛋配 500 g 米。

(2)雏鸟饲料。为蛋米饲料或湿拌粉料,蛋米比通常为 2 枚鸡蛋配 500 g 米。

(3)色素饲料。增加观赏鸟的羽毛颜色的饲料,主要成分是胡萝卜素和叶黄素。

(4)矿物质饲料。为满足骨骼生长、加强消化、卵壳形成的需要。

(5)昆虫类饲料。如黄粉虫、蚯蚓、松毛虫、舞毒蛾、春蟓、玉米螟和蝇蛆等,为全价蛋白质饲料。

(五)辅助饲料

主要有油葫芦、鱼粉、蚕蛹粉、骨粉、钙粉、墨鱼骨粉、贝壳粉、羽毛粉、熟石灰、鱼肝油及各种维生素及微量元素添加剂等。

三、宠物鸟的饲料加工调制

(一)粒料的加工调制

(1)粒料调配。主要将颗粒饲料原料按比例混合均匀。

(2)蛋与小(大)米调配。主要是将米与鸡蛋混合,一般为 2～4 枚鸡蛋配 500 g 米。

(二)粉料的加工调制

(1)干粉调制方法

原料准备:需准备玉米粉、豆粉、鱼粉、蚕蛹粉、熟鸡蛋、青菜叶等原料,要保证原料新鲜无变质,豆类需焙炒后磨粉 。

混合研磨:按配方比例取各原料,如芙蓉鸟粉,将 100 g 玉米粉与 150 g 熟鸡蛋混合;相思鸟粉则把 150 g 玉米粉、20 g 鱼粉、20 g 蚕蛹粉、50 g 黄豆粉、20 g 熟鸡蛋、10 g 青菜叶准备好。先将青菜叶研磨成菜泥备用,再将其他粉料加少量水混合研匀,最后加入菜泥搅拌均匀。

搓散过筛:将混合好的粉料搓散,使其不成团块,再用研钵研成细粉,过筛去除杂质和较大颗粒,保证粉料细腻均匀,便于宠物鸟食用。

(2)湿粉调制方法

原料准备:与干粉类似,但因要加水调制,需注意水的质量,应使用清洁的饮用水。

混合研磨:以百灵粉为例,将 1 000 g 豌豆粉或绿豆粉、500 g 熟鸡蛋、50 g 青菜叶研磨均匀;黄鹂粉则把 100 g 玉米粉、40 g 黄豆粉、20 g 蚕蛹粉或鱼粉、40 g 熟鸡蛋研匀。

加水调湿:研磨好的干粉中加入适量水,天热时宜多加,天冷时则少加,如绣眼鸟粉,加水至粉能成块,用手轻搓即松散的程度即可。

(三)催情饲料的加工调制

(1)搓蛋米。直接将小米(或大米)与蛋液混匀,晾干,搓散即成。

(2)炒蛋米。将鸡蛋打入小米(或大米)中拌匀,上锅不断翻炒,至米微黄,并散发鸡蛋香味为止,放凉后密封保存。

(3)蒸蛋米。先将小米(或大米)用清水洗一遍,水稍沥干后再与蛋液混匀,在锅中加盖用旺火蒸煮 10 min 左右,然后放在风扇下快速吹凉,晾干后搓散即成。

(4)拌蛋米。将煮熟的鸡蛋黄放在小米(或大米)中拌匀,手感较湿时在热锅上略炒。

四、宠物鸟的饲养设施及用具

(一)鸟房

1. 鸟房的类型

鸟房主要分为室内鸟房和室外鸟房两种。

(1)室内鸟房。通常采用封闭式或半封闭式设计,以隔绝外界不利因素(如极端天气、噪音、捕食者)。内部布局需合理,确保每只鸟都有足够的活动空间和飞行区域,同时设置不同高度的栖息平台,模拟自然生态环境。同时,良好的自然光照对宠物鸟的健康至关重要,可通过大面积窗户或专业照明设备来补充。通风系统需保持空气新鲜,减少细菌滋生,但需避免直接风吹,以防鸟儿感冒。室内鸟房应关注温湿度控制,需根据宠物鸟品种习性调节和设定室内温湿度,多数宠物鸟适宜的温度在 20～25 ℃,湿度适中,可通过空调、加湿器等设备进行合理调节。鸟房卫生必须足够重视,饲养宠物鸟需要定期清理鸟粪、更换垫料,保持地面干燥无异味,定期消毒以减少疾病传播。

（2）室外鸟房。一般选在避风、向阳、排水良好的地方，需要环境安静，远离污染源和噪声源。一般要采用坚固耐用、防腐蚀的材料建造，如木材搭配金属网，既美观又实用。屋顶需有遮阳设计，以防夏日暴晒。内部环境可栽种真实树木、绿植或修建休憩台，如条件不具备可以模拟自然环境，设置模拟绿植、攀爬架等，模拟自然环境，增加宠物鸟的活动乐趣和归属感。值得注意的是在饲养宠物鸟时需要安装防鸟网，预防其他鸟类或小动物入侵，同时设置防雨、防风设施，确保恶劣天气下鸟儿的安全。

2. 鸟房设计注意事项

观赏鸟房的设计除了要注意外形、结构等方面外，还要根据鸟类的习性，辅以栖架、水池、树段、巢箱等设施，并安排放置食盆、水盆位置。

（二）鸟笼

鸟笼是观赏鸟进行活动与栖息的主要环境，因此需要对鸟笼的形状、结构与工艺有所要求，使之既适合鸟的活动，又细致美观。鸟笼可选用竹、木或金属丝之类的材料制作，形状有长方形、圆形、方形、扁形、半圆形、房式、腰鼓形等。我国的鸟笼素以选材考究，做工精细，既适用又美观而闻名于世。为适应不同鸟的生活习性，观赏笼按鸟的种类大致分为食谷类和食虫类两类鸟笼。食谷类鸟笼有金丝雀笼、黄雀笼、文鸟笼、百灵笼、绣眼笼等，食虫类鸟笼有画眉笼、点颏笼、八哥笼等。此外，还有适合饲养鹦鹉的虎皮鹦鹉笼和各种栖架等（图 22-14 至图 22-18）。

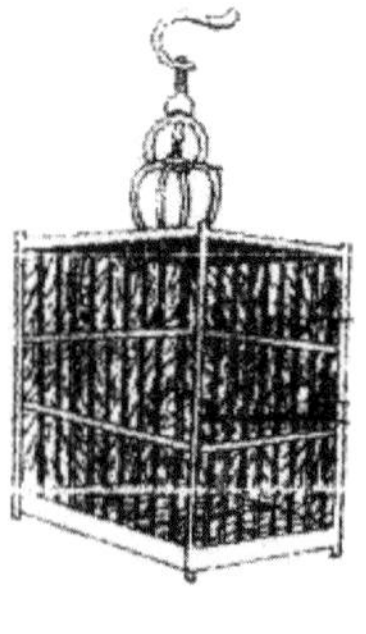

图 22-14　画眉亮笼

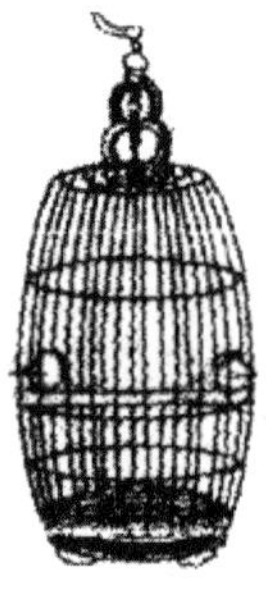

图 22-15　画眉板笼

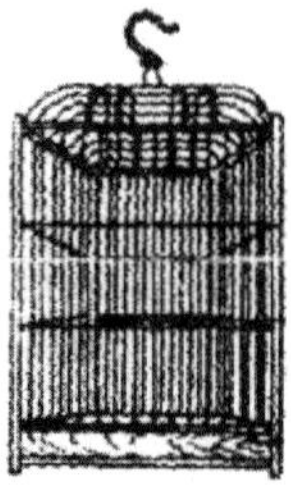

图 22-16　金丝雀笼

图 22-17　八哥笼

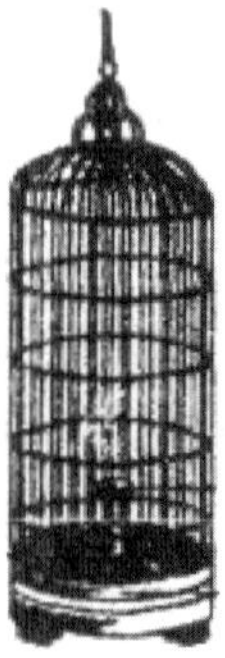

图 22-18　百灵高笼

（三）鸟架

鸟架需设计稳固，能够承受鸟儿的重量及活动时的冲击力，防止倒塌或晃动造成伤害。根据饲养环境和鸟种习性选择合适的高度和位置，一般应高于地面，避免地面湿气、灰尘和潜在威胁。选用天然木材、金属等材质，造型美观大方，既符合观赏需求，又能融入家居或庭院环境。部分鸟架还设有遮阳棚或防雨罩，增加实用性。部分高级鸟架还配备有自动喂食器、饮水器等智能设备，方便饲养者管理，同时减少人为干扰对鸟儿的影响。

（四）食具、水具及其他用具

（1）食具。按其用途可分为粟子缸、蛋米缸、粉缸、菜缸、食扦、自动食槽。

（2）水具。可以用粟子缸或蛋米缸代替，也可用小型自动饮水器。

（3）其他用具。有巢箱、取卵勺、笼罩（衣）、笼刷。

五、宠物鸟的常规饲养管理

(一)日常饲养管理

1.喂食

鸟类体形小,消化和代谢能力比其他动物强,对食物的消化速度很快。鸟类在野生状态时几乎整天都在觅食,小型鸟尤其如此。饲养宠物鸟要经常检查食缸中是否有饲料,无料时予以补充,要喂足食物以防鸟只因断食而饥饿死亡。

2.饮水

宠物鸟在饲养过程中活动空间局限性较大,饮水很容易被鸟粪、饲料污染而变质引发鸟生病,甚至死亡。因此,供鸟饮用的水一般每天更换1次,添水前要将水具清洗干净,对于喜欢脚踏饮水和抓拨水缸的鸟,要随时清洁和更换清水。

3.水浴、沙浴、日光浴

水浴、沙浴、日光浴俗称鸟的“三浴”。

日光浴:是鸟类最重要的洗浴方式。通过日浴,能吸收热能,使鸟体温度增高,加速血液循环,增进食欲。同时,阳光能刺激脑垂体,增强性激素和甲状腺素的分泌,促进鸟类的生长发育,并且还有杀菌消毒的功能。夏季最好上午将鸟笼挂于阴处,用反射光进行日浴,冬季则全日可以进行日浴。

水浴:夏季应每天1次,冬季则可3 d左右1次。水浴时,可将鸟笼放入盛有清水的盆中,让鸟自由淘洗。入笼时间不长,不会主动洗浴的鸟,可用少量清水从笼顶淋在鸟体上,使其逐渐适应笼内洗浴。

沙浴:许多地栖鸟类,如百灵、云雀等,都有沙浴的习性,所以,笼养鸟类应在笼内设置沙盘,盘内放入洁净的干细沙,让鸟啄取进行沙浴。沙浴可增强皮肤健康,增强鸟的消化功能。

4.定期修剪

宠物鸟的爪子和喙都需要定期进行修剪。宠物鸟由于活动范围有限,很少与砂砾、土壤、树木等接触,这样会导致它们爪磨损减少,造成爪子过长,从而影响其自身的正常活动和站立。此外,过长的爪子还容易插入鸟笼的缝隙,从而导致胫骨或脚趾折断。饲养过程中,一旦宠物鸟的爪子超过趾长的2/3,就需要进行修剪。

5.环境卫生

宠物鸟由于饲养空间受到限制,为防止疾病发生,搞好清洁卫生,是养好宠物鸟的关键。鸟笼、食缸、饮水缸需要每天进行清洁,如果承粪板和栖架沾有粪迹,除及时清扫外,每3～5 d还要清洗消毒1次。饲养百灵、云雀等的鸟笼底铺的砂或细沙,要隔日过筛1次以清除粪便,并要经常更换经过暴晒或焙过的清洁河沙。

6.保温防暑

鸟类的羽毛有良好的绝热性,使热量不易散发,具有保温功能。但是鸟类没有汗腺,会影响体热的散失。在炎热的夏天,如果放置宠物鸟的室内温度过高、通风条件差、闷热,加上饮水供给不及时，使鸟散热困难，常会引起中枢神经系统和呼吸系统的功能障碍。除上述发生中暑的原因外，鸟在封闭、拥挤的条件下运输，也容易发生中暑。为了避免宠物鸟出现中暑现象，在夏季应把鸟笼放在凉爽、通风、安静、宽敞的地方，避免阳光直射。遇闷热天气时，应经常观察鸟的表现，并供给充足的饮水，每天更换清凉的饮水 1～2 次。

7. 遛鸟

遛鸟可以让鸟接触更多自然界的环境和声音，有益于它的健康，有利于鸣唱训练。通常生鸟在定笼期是不需要遛的，只要找个安全的地方，将鸟笼放在桌上或挂在墙边就可以了。过了定笼期开始遛鸟。最好的遛法是打开或闭上笼衣，多提着鸟笼走动，这样既可加速鸟进一步适应笼内生活，又可使鸟顺利进入上笼阶段。

8. 运输

在运输过程中要保证良好的温度、湿度、通风等。运输前一天可在宠物鸟的饮水中添加电解质或维生素 C，防止运输途中发生应激反应。

9. 疾病防治

保持宠物鸟的卫生和环境是预防疾病的关键，饲养者应定期检查鸟的身体状况，及时发现问题并采取措施处理。同时，注意科学饲养宠物鸟，给它们提供适宜的食物和生活环境，能够有效预防疾病的发生。

(二)四季管理

(1)春季管理。注意保温、发情鸟的管理。

(2)夏季管理。注意多供给水浴和沙浴，注意换羽期的管理。

(3)秋季管理。注意养膘，确保安全越冬。

(4)冬季管理。做好防寒保暖。

六、生鸟的初期驯养

(一)野生鸟

(1)降低其野性。提供安静的初驯环境，促其尽快适应新的环境。

(2)较暗环境。宜提供较暗光线，减少光的刺激。

(3)细心诱食。尽早诱导上食。

(4)适当填饲。对于少数食肉食虫鸟可适时进行人工填喂。

(5)鸣禽管理。对野性较大的食虫鸣禽，宜单笼驯养。

(二)新购生鸟

(1)上食。主要指食谷类、杂食类、食虫类鸟的上食。

(2)初驯。先驯服鸟的野生性，使鸟初步伏笼。

(3)遛鸟和挂鸣。遛鸟可以增强鸟的胆量，与其他野鸟竞鸣。

任务五　宠物鸟的常见疾病防治

知识目标

掌握宠物鸟的疾病防治技术。

技能目标

1. 掌握宠物鸟消毒的方法。
2. 熟练掌握宠物鸟的健康表现。

学习任务

会进行鸟健康与否的外部观察。

一、加强饲养管理

定时定量饲喂，保证饲料营养全面，及时供给足量的清洁饮水，遛鸟，饮水中添加适量的维生素、葡萄糖和抗生素等。

二、搞好鸟舍(笼)卫生

鸟舍应定期打扫，及时清除地面和笼网上的粪便和污物，每天至少打扫1次，每1个月对圈舍墙壁、地面及饮饲用具彻底清洁消毒1次。

三、严格执行消毒制度

1. 经常性消毒

集约化养殖的鸟场和鸟舍进出口处浸撒石灰粉或设置消毒池，以便人员和车辆出入消毒；消毒装运鸟的笼具及车辆；经常性消毒孵化室、孵化器及各种用具；消毒每批入孵种蛋。

2. 定期性消毒

集约化养殖的鸟场周围每2～3个月必须消毒1次；净棚消毒；定期消毒孵化器及用具。

3. 重点突击性消毒

养鸟场发生疫病后重点进行突击性消毒，扑灭疫病，根除疫源，防止疫病扩大蔓延。

4. 常用消毒剂

(1)生石灰。10%～20%石灰乳用于涂刷鸟舍墙壁、地面及车船消毒，干石灰粉撒地消毒。

(2)烧碱。2%～3%浓度用于鸟舍、车船和用具的消毒，消毒后数小时，用水冲洗备用。

(3)来苏尔。3%～5%浓度用于鸟舍、用具及手术器械的消毒。

(4)福尔马林。5%～10%浓度用于喷雾消毒墙体和地面;孵化器、用具及种蛋的消毒液用量为15～25 mL/m^3+7.5 g $KMnO_4$,熏蒸。

(5)新洁尔灭。0.1%浓度用于洗手和蛋壳的消毒。

(6)漂白粉。3%～5%浓度用于消毒鸟舍、车船及排泄物;饮水消毒浓度为1∶500 000。

(7)氯化磷酸三钠。药与水配比为1∶100,用于水槽、食槽及器具的洗涤。

四、加强检疫,适时接种

新购入的鸟经隔离观察至少14 d,确认无病时,才能与原住鸟接触;平时应加强对鸟粪便的检查,对患病鸟的粪便集中处理,消灭传染源,切断传播途径。

五、密切关注宠物鸟的平时表现

1. 精神状态

健康鸟应十分机灵,对外界环境非常敏感,精神活泼,一旦受到惊动,立刻伸颈四顾,乃至飞蹦跳跃。

2. 采食与饮水

鸟患病时,一般采食量减少,但饮水量有所增加;如果采食量和饮水量同时突减,则预示该鸟将有较严重的疾病发生。

3. 姿势与形态

正常情况下宠物鸟翅膀合拢在背后,所有的羽毛干净、有光泽。患病时,往往翅膀下垂,羽毛蓬乱,失去光泽,整体形态显得臃肿。

4. 嗉囊与粪便

健康鸟在进食后数小时,饲料下移,嗉囊缩小,触摸时无硬物或波动感。注意粪便的形状、颜色、气味,有无黏液和血液,有无寄生虫等异物及尿酸盐等。

5. 头部与眼睛

健康鸟的头部和眼睛转动灵活,头部颤痉或颈后转,眼虹膜正常。对宠物鸟的检查还包括:耳朵、眼睛、鼻孔和口腔是否干净,有无渗出物、肿块或肿胀。

六、宠物鸟饲养中常用药物

1. 电解质

用于维持宠物鸟体力的药物,尤其在宠物鸟生病或处于应激状态时。可以提供能量,维持体能及维生素补充,并能有效防止由于体力消耗或环境因素导致的电解质失衡。

2. 鱼肝油

常备营养药,主要含有维生素A和维生素D。这些营养成分有助于治疗和预防因维生素A和维生素D缺乏导致的疾病,如骨软化症。此外,它还能提高宠物鸟的繁殖率。

3. 禽类益生菌

禽类益生菌是一种对调理消化不良和促进肠道蠕动有显著效果的营养补充品。它能改善消化不良和调节肠道功能，特别适用于积食或肠胃不佳的鸟。

4. 碘酒

碘酒对局部创伤具有消毒作用，且药效时间较长，尤其适用于蚊虫叮咬后的红肿发炎。在宠物鸟受到局部伤害时，涂抹少量碘酒能够有效防止感染，而且对感染还具有很好的预防作用。

5. 维生素 B_1

维生素 B_1 也称盐酸硫胺素，主要用于治疗因维生素 B_1 缺乏导致的神经炎、痉挛、胃肠弛缓及食欲减退等症状。

6. 复合维生素 B

复合维生素 B 能预防 B 族维生素缺乏导致的疾病，同时还能有助于消化并提高食欲。此药物有助于宠物鸟的消化和食欲增加，确保其健康。

7. 液状石蜡

为一种常见的润滑剂，可滴注于宠物鸟肛门或泄殖腔，治疗便秘和辅助产卵。而且液状石蜡具有特殊的润滑性质，可有效缓解宠物鸟便秘，同时对于卵子的孵化也有帮助。

8. 恩诺沙星

恩诺沙星是一种广谱抑菌药，对宠物鸟的肠道和呼吸道感染有很好的疗效，对多种细菌有杀菌作用，包括大肠杆菌、克雷白杆菌、沙门氏菌等。一般可用于治疗宠物鸟痢疾、肠炎、胃溃疡等胃肠道疾病，也常用于宠物鸟白痢病、副伤寒病的治疗。

9. 抗生素类药

抗生素类药包括土霉素、氯霉素、青霉素、庆大霉素等。具有抑菌杀菌作用，可以抑制细菌的生长或消灭细菌。可用于宠物鸟支原体病、衣原体病、链球菌病以及葡萄球菌病的治疗。

参 考 文 献

[1] 孙若雯.宠物美容师:初级、中级[M].北京:中国劳动社会保障出版社,2006.
[2] 毕聪明,曹授俊.宠物养护与美容[M].北京:中国农业科学技术出版社,2008.
[3] 陈张华,张斌,林建和.宠物美容与护理[M].成都:西南交通大学出版社,2018.
[4] 王艳立,马明筠.宠物美容与护理[M].3版.北京:化学工业出版社,2020.
[5] 吴孝杰,李和国.宠物美容与护理[M].北京:中国农业大学出版社,2020.